CAD/CAM/CAE 工程应用丛书

新手案例学——AutoCAD 2016 中文版从入门到精通

杜　鹃　等编著

机械工业出版社

本书共分为入门篇、进阶篇、提高篇和实战篇 4 篇，详细介绍了 AutoCAD 2016 软件入门、绘图环境的基本设置、控制视图与图形的显示、图层的管理与应用、常用基本绘图命令、二维图形对象的编辑、创建面域与图案填充、图块、外部参照和设计中心、编辑文字与表格、创建与编辑标注、三维绘图环境设置、创建与修改三维图形、渲染与后期处理图形、机械零件设计、机械模型设计、室内电气设计、室内装潢设计以及室外规划设计等内容，使读者可以融会贯通、举一反三，制作出更多更加精彩、漂亮的效果。

本书结构清晰、语言简洁，适合于 AutoCAD 的初、中级读者阅读，包括机械设计、模具设计、室内设计、室外建筑设计等，同时也可以作为各类计算机培训中心、中职中专、高职高专等院校及相关专业的辅导教材。

本书光盘包括两部分内容：

1）所有实例的素材与效果文件，共 490 多个。

2）所有实例的视频文件，共 220 多段，容量达 1.75GB，时长 8 个多小时。

图书在版编目（CIP）数据

新手案例学. AutoCAD 2016 中文版从入门到精通 / 杜鹃等编著.—北京：机械工业出版社，2015.8

（CAD/CAM/CAE 工程应用丛书）

ISBN 978-7-111-51528-9

Ⅰ．①新… Ⅱ．①杜… Ⅲ．①计算机辅助设计－AutoCAD 软件 Ⅳ．①TP391.72

中国版本图书馆 CIP 数据核字（2015）第 217190 号

机械工业出版社（北京市百万庄大街 22 号 邮政编码 100037）

策划编辑：张淑谦　　　责任编辑：张淑谦
责任校对：张艳霞　　　责任印制：李　洋

三河市宏达印刷有限公司印刷

2015 年 10 月第 1 版 • 第 1 次印刷
184mm×260mm • 25.25 印张 • 626 千字
0001－3000 册
标准书号：ISBN 978-7-111-51528-9
　　　　　ISBN 978-7-89405-856-0（光盘）
定价：69.80 元（含 DVD）

凡购本书，如有缺页、倒页、脱页，由本社发行部调换

电话服务　　　　　　　　　　　　　　　网络服务

服务咨询热线：（010）88361066　　　机工官网：www.cmpbook.com

读者购书热线：（010）68326294　　　机工官博：weibo.com/cmp1952

　　　　　　　（010）88379203　　　教育服务网：www.cmpedu.com

封面无防伪标均为盗版　　　　　　金书网：www.golden-book.com

前　言

■ 软件简介

AutoCAD 2016 是美国 Autodesk 公司推出的最新版绘图软件，是一款计算机辅助绘图与设计软件，具有功能强大、易于掌握、使用方便和便于体系结构开放等特点。AutoCAD 2016 能够绘制二维与三维图形、渲染图形、打印输出图样等，深受广大机械、建筑、电气设计等行业技术人员的青睐。

■ 本书特色

特　色	特　色　说　明
4 大 篇幅内容布局	本书精讲了 4 大专题案例：入门篇、进阶篇、提高篇、实战篇，精心挑选素材并制作了大量设计案例：螺钉、阀管、带轮、轴承座等，让读者学有所成，快速领会
18 大 技术专题精讲	本书内容全面，由浅入深地对 AutoCAD 2016 软件进行了技术精讲，内容包括：创建二维图形、修改二维图形、编辑文字与表格、创建与编辑标注、创建三维图形和修改三维图形等，帮助读者从入门到精通
220 个 技能实例奉献	本书是一本操作性非常强的技能书，全书通过 220 个实例的演练，帮助读者逐步掌握软件的核心技能与操作技巧，与同类书相比，可以省去学习无用理论的时间，掌握超出同类书的大量技能，迅速从新手成为高手
118 个 专家提醒放送	编者在写作过程中，将工作中各方面的 AutoCAD 实战技巧、设计经验等，通过 118 个专家提醒内容奉献给读者，方便读者提升实战技巧与经验，从而提高学习与工作效率
530 多 分钟视频播放	书中的所有技能实例都录制了带语音讲解的视频，时间长度达 530min（近 9h），全程同步重现书中所有技能实例操作，读者可以结合书本学习，也可以独立观看视频
450 多个 素材效果提供	全书使用的素材与制作的效果共计 457 个，其中包含约 235 个素材文件和 222 个效果文件，涉及建筑、园林、家具、电气、模具、机械、电器产品以及电子产品等，应有尽有
1160 多张 图片全程图解	本书采用了 1167 张图片，通过对软件的技术、实例的讲解，进行了全程图解，让实例内容变得更通俗易懂，读者可以一目了然，快速领会，大大提高学习效率，让读者的印象更深刻

■ 适合读者

本书结构清晰、语言简洁，适合 AutoCAD 的初、中级读者阅读，包括机械设计、模具设计、室内设计、室外建筑设计等，同时也可以作为各类计算机培训中心、中职中专、高职高专等院校及相关专业的辅导教材。

■ 作者团队

本书主要由杜鹃编写，参加编写的人员还有曾杰、罗权、苏高、罗磊、刘嫔、罗林、谭贤、宋全梅、张园文、李四华、吴金蓉、陈国嘉、柏松、周旭阳、袁淑敏、谭俊杰、徐茜、杨端阳和谭中阳等人，在此表示感谢。由于作者知识水平有限，书中难免有疏漏之处，恳请广大读者批评、指正。

■ 版权声明

本书及光盘中所采用的图片、模型、音频、视频和赠品等素材，均为所属公司、网站或个人所有，本书引用仅为说明（教学）之用，绝无侵权之意，特此声明。

编　者

新手案例学
AutoCAD 2016 中文版从入门到精通

目　　录

进 阶 篇

新手案例学
AutoCAD 2016 中文版从入门到精通

提 高 篇

新手案例学
AutoCAD 2016 中文版从入门到精通

新手案例学
AutoCAD 2016 中文版从入门到精通

实 战 篇

新手案例学
AutoCAD 2016 中文版从入门到精通

入 门 篇

第 1 章　AutoCAD 2016 入门

学前提示

　　AutoCAD 2016 是美国 Autodesk 公司为在计算机上应用 CAD 技术开发的绘图软件，可以帮助用户绘制二维和三维图形。在目前的计算机辅助绘图软件中，AutoCAD 的使用最为广泛。

本章教学目标

▶ AutoCAD 2016 新增功能
▶ 启动与退出 AutoCAD 2016
▶ 体验 AutoCAD 2016 全新界面
▶ 掌握 AutoCAD 2016 基本操作

学完本章后你会做什么

▶ 了解 AutoCAD 2016 主要新增功能及应用
▶ 感受 AutoCAD 2016 的界面
▶ 掌握 AutoCAD 2016 的基本操作方式，如创建、打开、另存为等

视频演示

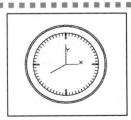

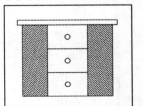

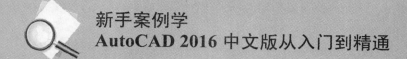
1.1 AutoCAD 2016 的新增功能

AutoCAD（Auto Computer Aided Design）是 Autodesk（欧特克）公司于 1982 年开发的计算机辅助设计软件，用于二维绘图、详细绘制、设计文档和基本三维设计，现已经成为国际上广为流行的绘图工具。

AutoCAD 2016 在以前版本的技术基础上，进行了大量的升级优化，增加了许多新功能，从而使工作和学习更加方便、简单。AutoCAD 2016 优化了界面、新标签页、功能区库、命令预览、帮助窗口、地理位置、实景计算、Exchange 应用程序、计划提要和线平滑。新增暗黑色调界面，使得界面协调深沉从而有利于工作，底部状态栏整体优化，更实用便捷。AutoCAD 2016 的硬件加速，无论平滑效果与流畅度都令人完全满意。

1.1.1 "开始"对话框

"开始"对话框分为"了解"和"创建"页面。"了解"页面提供了对学习资源（如视频、提示和其他相关联机内容或服务）的访问。当有新内容更新时，在页面的底部会显示通知标记。"创建"页面是一个快速启动窗口，显示快速入门和最近使用的文档两大部分，用户可以自由决定要执行的操作。"开始"对话框如图 1-1 所示。

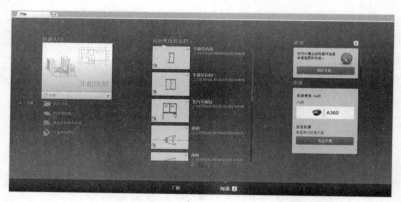

图 1-1 "开始"对话框

1.1.2 新增 5 个选项卡

AutoCAD 2016 新增了"附加模块""A360""精选应用""BIM360"和"Performance"5 个选项卡，如图 1-2 所示。

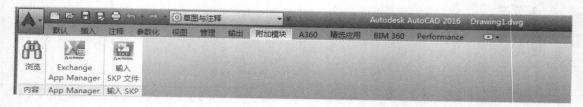

图 1-2 新增选项卡

1.1.3　AutoCAD 2016 的改进

AutoCAD 2016 改进了一些功能，能够让用户在使用 AutoCAD 2016 时更为便捷。

◆ 可以在不改变当前图层前提下，固定某个图层进行标注。

◆ 云线功能增强，可以直接绘制矩形和多边形云线。

◆ AutoCAD 2015 的"newtabmode"命令取消，通过 startmode=0，可以取消开始界面。

◆ 增加了系统变量监视器（"SYSVARM ONITOR"命令），如 FILEDIA 和 PICKADD 等变量。该监视器可以监测这些变量的变化，并可以恢复默认状态。

◆ 新增了封闭图形的中点捕捉，但必须是连续的封闭图形才能应用此功能。

◆ 全新革命性的"dim"命令。这个命令非常古老，AutoCAD 2016 重新设计了它，可以理解为智能标注，几乎一个命令即完成常规的标注，实用性非常强。

◆ 自动联机更新：在本地修改图形时，可以选择自动更新用户联机账户中的文件。该选项称为"Autodesk Sync"，当用户在 AutoCAD 中保存图形时，它可确保自动更新 Autodesk 360 账户中的副本。

1.2　AutoCAD 2016 的启动与退出

在使用 AutoCAD 2016 程序之前，首先要学会正确地启动和退出 AutoCAD 2016 程序等基本操作。

1.2.1　启动 AutoCAD 2016

安装好 AutoCAD 2016 之后，若要进行工作，首先需要启动它。

步骤 01　双击桌面上的 AutoCAD 2016 程序图标，弹出 AutoCAD 2016 程序启动界面，显示程序启动信息，如图 1-3 所示。

步骤 02　程序启动后，将弹出"开始"对话框，如图 1-4 所示。

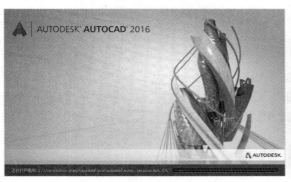
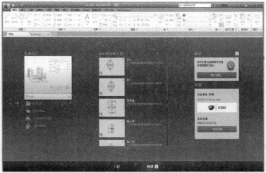

图 1-3　程序启动界面　　　　　　　　　　　　图 1-4　"开始"对话框

步骤 03　单击对话框下方的"创建"页面，单击"开始绘制"图标即可启动 AutoCAD 2016 应用程序，如图 1-5 所示。

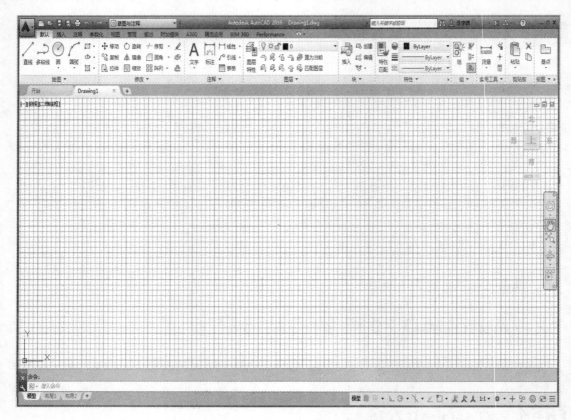

图 1-5　启动 AutoCAD 2016 应用程序

1.2.2　退出 AutoCAD 2016

如果用户完成了工作，则需要退出 AutoCAD 2016。退出 AutoCAD 2016 与退出其他大多数应用程序一样，选择菜单栏中的"文件"→"退出"命令即可。若在工作界面中进行操作，之前也未保存，在退出该软件时，会弹出信息提示框，提示保存文件。

执行退出操作的 3 种方法如下。

◆ 按钮法：单击标题栏右侧的"关闭"按钮 ❌。

◆ 快捷键：按〈Ctrl＋Q〉组合键，或按〈Alt＋F4〉组合键。

◆ 程序菜单：单击软件界面左上角中的"应用程序"按钮 ▲，在弹出的"应用程序"菜单中单击"退出 Autodesk AutoCAD 2016"按钮。

1.3　AutoCAD 2016 操作界面

AutoCAD 2016 操作界面是 AutoCAD 显示、编辑图形的区域。一个完整的 AutoCAD 操作界面如图 1-6 所示，包括"应用程序"按钮、快速访问工具栏、标题栏、功能区选项板、绘图区、命令行、导航面板、文本窗口和状态栏等。

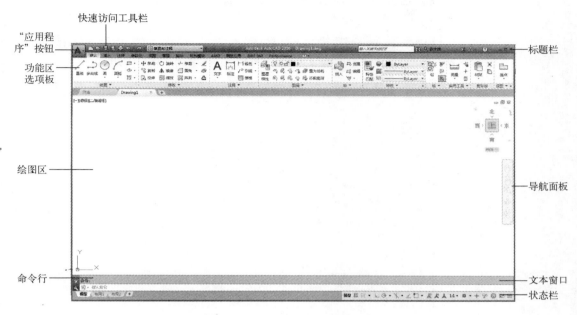

图 1-6　AutoCAD 2016 操作界面

1.3.1　标题栏

　　标题栏位于应用程序窗口最上方，用于显示当前正在运行的程序名及文件名等信息。AutoCAD 默认的图形文件，其名称为 Drawing$N$.dwg（N 表示数字），如图 1-7 所示。

图 1-7　标题栏

　　标题栏中的信息中心提供了多种信息资源。在文本框中输入需要的内容，并单击"搜索"按钮 ，即可获取相关的帮助；单击"登录"按钮 ，可以登录 Autodesk Online，以访问与桌面软件集成的服务；单击"交换"按钮 ，显示交流窗口，其中包含信息、帮助和下载内容，并可以访问 AutoCAD 社区；单击"帮助"按钮 ，可以访问帮助，查看相关信息；单击标题栏右侧的按钮组 ，可以最小化、最大化或关闭应用程序窗口。

1.3.2　应用程序菜单

　　单击快速访问工具栏左侧的"应用程序"按钮 ，系统将弹出"应用程序"菜单，如图 1-8 所示。其中包含了 AutoCAD 的一些功能和命令。选择相应的命令，可以创建、打开、保存、打印和发布 AutoCAD 文件，将当前图形作为电子邮件附件发送，以及制作电子传送集。此外，还可以执行图形维护以及关闭图形等操作。

图 1-8 "应用程序"菜单

1.3.3 快速访问工具栏

AutoCAD 2016 的快速访问工具栏中包含了最常用的操作快捷按钮，以方便用户使用。在默认状态下，快速访问工具栏中包含 7 个快捷工具，分别为"新建"按钮、"打开"按钮、"保存"按钮、"另存为"按钮、"打印"按钮、"放弃"按钮和"重做"按钮，单击右侧的展开按钮，弹出"工作空间"列表框。快速访问工具栏如图 1-9 所示。

图 1-9 快速访问工具栏

1.3.4 功能区选项板

功能区选项板是一种特殊的选项板，位于绘图区的上方，是菜单和工具栏的主要替代工具，用于显示与基于任务的工作空间关联的按钮和空间。默认状态下，在"草图与注释"工作界面中，功能区选项板中包含"默认""插入""注释""参数化""视图""管理""输出""附加模块""A360""精选应用""BIM360"和"Performance"12 个选项卡，每个选项卡中包含若干个面板，每个面板中又包含许多命令和按钮，如图 1-10 所示。

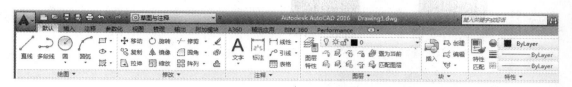

图 1-10　功能区选项板

专家提醒

如果需要扩大绘图区域，则可以单击标签右侧的三角形按钮，使各面板最小化为面板按钮；再次单击该按钮，使各面板最小化为面板标题；再次单击该按钮，使功能区选项板最小化为选项卡；再次单击该按钮，可以显示完整的功能区选项板。

1.3.5 绘图区

工作界面中央的空白区域称为绘图区，也称为绘图窗口，是用户进行绘制工作的区域，所有的绘图结果都反映在这个区域中。如果图样比例较大，需要查看未显示的部分时，可以单击绘图区右侧与下侧滚动条上的箭头，或者拖曳滚动条上的滑块来移动图样。

在绘图区中除了显示当前的绘图结果外，还显示了当前使用的坐标系类型、导航面板以及坐标原点、*X* 轴、*Y* 轴和 *Z* 轴的方向等，如图 1-11 所示。

图 1-11　绘图区

导航面板是一种用户界面元素，用户可以从中访问通用导航工具和特定于产品的导航工具。

1.3.6 命令行与文本窗口

命令行位于绘图区的下方，用于显示提示信息和输入数据，如命令、绘图模式、变量名、坐标值和角度值等，如图 1-12 所示。

图 1-12　命令行

按〈F2〉键，弹出 AutoCAD 文本窗口，如图 1-13 所示，其中显示了命令行的所有信息。文本窗口也称专业命令窗口，用于记录在文本窗口中操作的所有命令，如单击按钮和选择的

菜单项等。在文本窗口中输入命令，按〈Enter〉键确认，即可执行相应的命令。

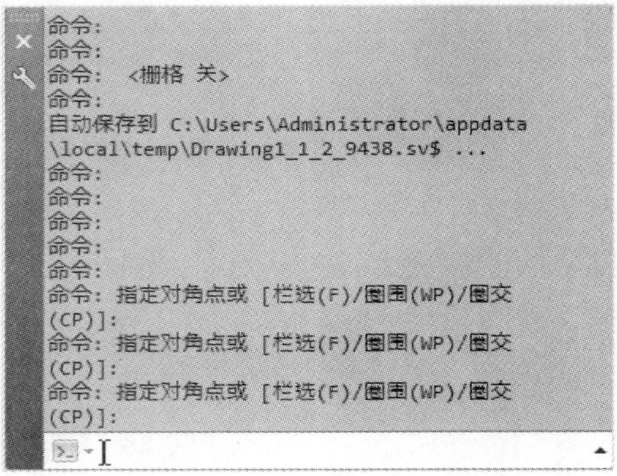

```
命令:
命令:
命令:  <栅格 关>
命令:
自动保存到 C:\Users\Administrator\appdata
\local\temp\Drawing1_1_2_9438.sv$ ...
命令:
命令:
命令:
命令:
命令:  指定对角点或 [栏选(F)/圈围(WP)/圈交
(CP)]:
命令:  指定对角点或 [栏选(F)/圈围(WP)/圈交
(CP)]:
命令:  指定对角点或 [栏选(F)/圈围(WP)/圈交
(CP)]:
```

图 1-13　AutoCAD 文本窗口

1.3.7　状态栏

状态栏位于 AutoCAD 2016 应用程序窗口的最下方，用于显示当前光标状态，如 x、y 和 z 的坐标值，用户可以以图标或文字的形式查看图形工具按钮。通过捕捉工具、极轴工具、对象捕捉工具和对象追踪工具的快捷菜单，用户可以轻松地更改这些绘图工具的设置，使用户在绘图过程中操作更为快捷。如图 1-14 所示。

图 1-14　状态栏

1.4　软件的基本操作

AutoCAD 图形文件的扩展名为"dwg"。图形文件的管理一般包括创建图形文件、打开图形文件、另存为图形文件、输出图形文件以及关闭图形文件等，本节将分别进行介绍。

1.4.1　创建图形文件

启动 AutoCAD 2016 之后，系统将自动新建一个名为"Drawing1"的图形文件，该图形文件默认以 acadiso.dwt 为模板。根据需要用户也可以新建图形文件，以完成相应的绘图操作。

执行创建图形文件操作的 5 种方法如下。

◆ 命令行：输入"NEW"或"QNEW"命令。

◆ 菜单栏：选择菜单栏中的"文件"→"新建"命令。

◆ 按钮法：单击快速访问工具栏中的"新建"按钮 。

◆ 快捷键：按〈Ctrl＋N〉组合键。

◆ 程序菜单：单击软件界面左上角中的"应用程序"按钮 ，在弹出的"应用程序"

菜单中选择"新建"→"图形"命令。

按以上任意一种方式执行后，都将弹出"选择样板"对话框，如图 1-15 所示。在该对话框中，用户可以在样板列表框中选择样板文件，并在右侧的"预览"选项区中查看所选择的样板图像，单击"打开"按钮，则可将所选样板文件作为样板来新建图形文件。如果用户不想选择样板，则可以单击"打开"按钮右侧的下拉按钮，弹出下拉列表，如图 1-16 所示，其中各选项的含义如下。

◆ "打开"选项：以正常方式新建图形。
◆ "无样板打开-英制"选项：基于英制测量系统创建新图形，图形将使用内部默认值，默认栅格显示边界为 12in×9in。
◆ "无样板打开-公制"选项：基于米制测量系统创建新图形，图形将使用内部默认值，默认栅格显示边界为 420mm×290mm。

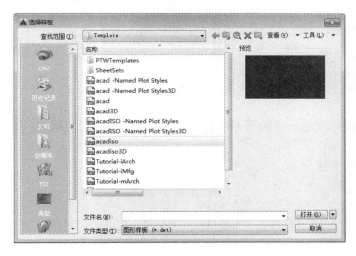

图 1-15　"选择样板"对话框　　　　　　　图 1-16　"打开"下拉列表

专家提醒

样板文件是扩展名为"dwt"的 AutoCAD 文件，通常包含一些通用设置以及一些常用的图形对象。

1.4.2　打开图形文件

在使用 AutoCAD 2016 进行图形编辑时，常需要对图形文件进行改动或再设计，这时就需要打开相应的图形文件。

执行打开图形文件操作的 5 种方法如下。

◆ 命令行：输入"OPEN"命令。
◆ 菜单栏：选择菜单栏中的"文件"→"打开"命令。
◆ 按钮法：单击快速访问工具栏中的"打开"按钮📂。
◆ 快捷键：按〈Ctrl＋O〉组合键。
◆ 程序菜单：单击"应用程序"按钮🔺，在弹出的"应用程序"菜单中选择"打开"→"图形"命令。

> 步骤 01 按〈Ctrl+O〉组合键，弹出"选择文件"对话框，选择图形文件，如图 1-17 所示。

> 步骤 02 单击"打开"按钮，即可打开图形文件，如图 1-18 所示。

图 1-17 "选择文件"对话框

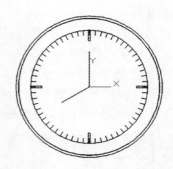

图 1-18 打开的图形文件

1.4.3 另存为图形文件

如果用户需要重新将图形文件保存至磁盘中的另一位置，可以使用"另存为"命令，对图形文件进行另存操作。

执行另存为图形文件操作的 5 种方法如下。

◆ 命令行：输入"SAVEAS"命令。

◆ 菜单栏：选择菜单栏中的"文件"→"另存为"命令。

◆ 按钮法：单击快速访问工具栏中的"另存为"按钮 ⦞。

◆ 快捷键：按〈Ctrl+Shift+S〉组合键。

◆ 程序菜单：单击"应用程序"按钮 ⦞，在弹出的"应用程序"菜单中选择"另存为"→"图形"命令。

> 步骤 01 按〈Ctrl+O〉组合键，打开素材图形，如图 1-19 所示。

> 步骤 02 在命令行输入"SAVEAS"（另存为）命令，按〈Enter〉键确认，弹出"图形另存为"对话框，设置文件名及路径，如图 1-20 所示，单击"保存"按钮，即可另存图形文件。

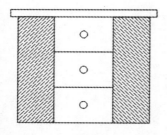

图 1-19 打开的素材图形

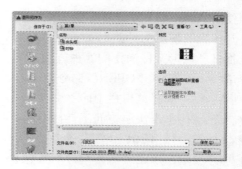

图 1-20 设置文件名及路径

1.4.4　输出图形文件

用户可以将 AutoCAD 文件输出为其他格式的文件，以适合在其他程序软件中编辑的需要。

执行输出图形文件操作的 3 种方法如下。

◆ 命令行：输入"EXPORT"（快捷命令：EXP）命令。

◆ 菜单栏：选择菜单栏中的"文件"→"输出"命令。

◆ 程序菜单：单击"应用程序"按钮 🔺，在弹出的"应用程序"菜单中选择"输出"命令，在弹出的子菜单中选择相应的命令。

步骤　01　按〈Ctrl＋O〉组合键，打开素材图形，如图 1-21 所示，在命令行中输入"EXPORT"（输出）命令，按〈Enter〉键确认。

步骤　02　弹出"输出数据"对话框，设置文件名和保存路径，如图 1-22 所示，单击"保存"按钮，即可输出图形文件。

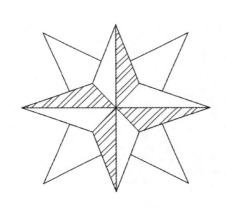

图 1-21　打开的素材图形图　　　　　　　图 1-22　"输出数据"对话框

1.4.5　关闭图形文件

当完成对图形文件的编辑之后，如果用户只是想关闭当前打开的文件，而不退出 AutoCAD 程序，可以根据相应的操作，关闭当前的图形文件。

执行关闭图形文件操作的 3 种方法如下。

◆ 命令行：输入"CLOSE"命令。

◆ 菜单栏：选择菜单栏中的"文件"→"关闭"命令。

◆ 程序菜单：单击"应用程序"按钮 🔺，在弹出的"应用程序"菜单中选择"关闭"→"当前图形"命令。

第 2 章　绘图环境的基本设置

学前提示

　　在进行绘图之前，用户首先应确定绘图环境参数，才能精确定位图形对象。在 AutoCAD 2016 中，设置绘图环境包括设置系统绘图环境、设置用户界面以及设置坐标系和坐标等。

本章教学目标

▶ 系统参数的设置
▶ 绘图环境的设置
▶ 坐标系和坐标的设置
▶ 绘图辅助功能的设置

学完本章后你会做什么

▶ 掌握系统参数的设置
▶ 掌握坐标系和坐标的设置
▶ 掌握绘图辅助功能的设置，如设置捕捉、栅格、极轴等

视频演示

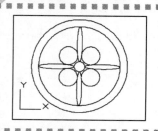
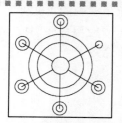
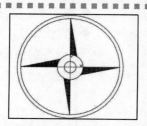

2.1　系统参数的设置

AutoCAD 2016 作为一个开放的绘图平台，用户可以很方便地在其中设置绘图环境参数。

2.1.1　"选项"对话框的设置

设置"选项"对话框的 4 种方法如下。

◆ 命令行：输入"OPTIONS"（快捷命令：OP）命令。

◆ 菜单栏：选择菜单栏中的"工具"→"选项"命令。

◆ 按钮法：切换至"视图"选项卡，在"用户界面"面板中单击"选项：显示"选项卡按钮。

◆ 程序菜单：单击"应用程序"按钮，在弹出的"应用程序"菜单中单击"选项"按钮。

按上述方法执行"选项"命令后，将弹出"选项"对话框，其中包含多个选项卡，各个选项卡中又包含了多个选项，下面介绍它们各自不同的含义。

1. "文件"选项卡

"文件"选项卡主要用于指定 AutoCAD 搜索支持文件、驱动程序、菜单文件和其他文件的目录等，如图 2-1 所示。

图 2-1　"文件"选项卡

"文件"选项卡左侧的列表以树状结构显示了 AutoCAD 所使用的目录和文件，其各主要选项的含义如下。

◆ "支持文件搜索路径"选项：指定文件夹，当在当前文件夹中找不到文字字体、自定义文件、插件、要插入的图形、线型以及填充图案时，在该文件夹中进行查找。

◆ "有效的支持文件搜索路径"选项：显示程序在其中搜索针对系统的支持文件的活动目录。该列表是只读的，显示"支持文件搜索路径"中的有效路径，这些路径存在于当前目录结构和网络映射中。

◆ "设备驱动程序文件搜索路径"选项：指定视频显示、定点设备、打印机和绘图仪的设备驱动程序的搜索路径。

13

◆ "工程文件搜索路径"选项：指定图形的工程名。工程名应与该工程相关的外部参照文件的搜索路径相符。可以按关联文件夹创建任意数目的工程名，但每个图形只能有一个工程名。

◆ "自定义文件"选项：用于指定各类文件的名称和位置。

◆ "帮助和其他文件名"选项：指定各类文件的名称和位置。

◆ "文本编辑器、词典和字体文件名"选项：指定一些可选的设置。

◆ "打印文件、后台打印程序和前导部分名称"选项：指定与打印相关的设置。

◆ "打印机支持文件路径"选项：指定打印机支持文件的搜索路径设置。将以指定的顺序搜索具有多个路径的设置。

◆ "自动保存文件位置"选项：在选择"打开和保存"选项卡中的"自动保存"选项时，指定创建的文件路径。

◆ "配色系统位置"选项：在"选择颜色"对话框指定颜色时，指定使用的配色系统文件的路径。可以为每个指定的路径定义多个文件夹。该选项与用户配置文件一起保存。

◆ "数据源位置"选项：指定数据库源文件的路径。对此设置所做的修改在关闭并重新启动程序之后生效。

◆ "样板设置"选项：设置图形样板。

◆ "工具选项板文件位置"选项：指定工具选项板所支持的文件路径。

◆ "编写选项板文件位置"选项：指定块编写选项板所支持的文件路径。块编写选项板用于块编辑器，提供创建动态块的工具。

◆ "日志文件位置"选项：在选择"打开和保存"选项卡中的"维护日志文件"选项时，指定创建的日志文件路径。

◆ "动作录制器设置"选项：指定用于存储所录制的动作宏的位置或用于回放的其他动作宏的位置。

◆ "打印和发布日志文件位置"选项：指定日志文件的路径。在选择"打开和保存"选项卡中的"自动保存打印和发布日志"选项时，将创建这些日志文件。

◆ "临时图形文件位置"选项：指定存储临时文件的位置。本程序首先创建临时文件，在退出程序后删除。如果用户打算从写保护文件夹运行程序（例如，正在网络上工作或打开 CD 上的文件），则指定临时文件的替换位置。所指定的文件夹必须是可读写的。

◆ "临时外部参照文件位置"选项：存储按需要加载外部参照文件临时副本的路径。

◆ "纹理贴图搜索路径"选项：指定要从中搜索渲染纹理贴图的文件夹。

◆ "光域网文件搜索路径"选项：指定要从中搜索光域网文件的文件夹。

◆ "i-drop 相关文件位置"选项：指定与 i-drop 内容相关联的数据文件的位置。如果未指定位置，将使用当前图形文件的位置。

◆ "DGN 映射设置位置"选项：指定存储 DGN 映射设置的 dgnsetups.ini 文件的位置。此位置必须存在且具有对"DGN"命令的读/写权限才能正确使用。

"文件"选项卡右侧各个按钮的含义如下。

◆ "浏览"按钮：单击该按钮，将弹出"浏览文件夹"或"选择文件"对话框，具体显示哪一个对话框取决于在"搜索路径、文件名和文件位置"列表中选择的内容。

◆ "添加"按钮：添加文件搜索路径。
◆ "删除"按钮：删除搜索路径或文件。
◆ "上移"按钮：将选定的搜索路径移动到前一个搜索路径之上。
◆ "下移"按钮：将选定的搜索路径移动到下一个搜索路径之后。
◆ "置为当前"按钮：将选定的工程或拼写检查词典置为当前。

2 ."显示"选项卡

在"选项"对话框中，切换至"显示"选项卡，如图 2-2 所示。该选项卡用于设置 AutoCAD 的窗口元素显示情况、显示精度、显示性能、元素布局以及十字光标大小等。

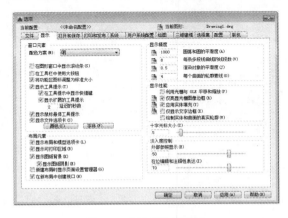

图 2-2　"显示"选项卡

"显示"选项卡中各主要选项的含义如下。

◆ "配色方案"下拉列表框：以深色（暗）或亮色（明）控制元素（如状态栏、标题栏、功能区和应用程序菜单边框）的颜色。
◆ "颜色"按钮：单击该按钮，弹出"图形窗口颜色"对话框，在该对话框中，可以指定主应用程序窗口中元素的颜色。
◆ "字体"按钮：单击该按钮，弹出"命令行窗口字体"对话框，在该对话框中，可以指定命令窗口文字字体。
◆ "布局元素"选项区：用于设置控制现有布局和新布局的选项。布局是一个图纸空间环境，用户可在其中设置图形进行打印。
◆ "显示精度"选项区：用于设置对象的显示质量。如果设置较高的值提高显示质量，则计算机性能将受到显著影响。
◆ "十字光标大小"选项区：拖曳该选项区中的滑块，可以调整十字光标的大小。

3 ."打开和保存"选项卡

"选项"对话框中的"打开和保存"选项卡用于设置是否自动保存文件以及自动保存文件的时间间隔，是否维护日志文件以及是否加载外部参照等，如图 2-3 所示。

"打开和保存"选项卡中各主要选项的含义如下。

◆ "另存为"下拉列表框：显示了使用"SAVE""SAVEAS""QSAVE""SHAREWITHSEEK"和"WBLOCK"命令保存文件时所用的有效的文件格式。

新手案例学
AutoCAD 2016 中文版从入门到精通

◆ "缩略图预览设置"按钮：单击该按钮，弹出"缩略图预览设置"对话框，用于控制保存图形时是否更新缩略图预览。

◆ "自动保存"复选框：选中该复选框，可以以指定的时间间隔自动保存图形。

◆ "文件打开"选项区：控制与最近使用过的文件及打开的文件相关的设置。

4. "打印和发布"选项卡

在"选项"对话框中，切换至"打印和发布"选项卡，如图 2-4 所示。该选项卡主要用于设置与打印和发布相关的选项。

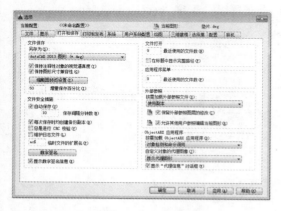

图 2-3 "打开和保存"选项卡   图 2-4 "打印和发布"选项卡

"打印和发布"选项卡中各主要选项的含义如下。

◆ "新图形的默认打印设置"选项区：可以控制不是以 AutoCAD 2000 或更高版本格式保存的图形的默认打印设置。

◆ "打印到文件"选项区：为打印到文件操作指定默认位置。

◆ "后台处理选项"选项区：用于控制是在打印时还是在发布时启用后台打印。

◆ "打印和发布日志文件"选项区：在该选项区中，可以设置是否自动保存打印和发布日志，以及如何保存日志。

◆ "自动发布"选项区：用于指定图形自动发布为 DWF、DWFx 或 PDF 文件，还可以控制用于自动发布图形对象的选项。

5. "系统"选项卡

在"选项"对话框中，切换至"系统"选项卡，如图 2-5 所示。该选项卡主要用于设置与系统相关的一些选项。

"系统"选项卡中各主要选项的含义如下。

◆ "当前定点设备"选项区：可以控制与定点设备相关的选项。

◆ "布局重生成选项"选项区：指定"模型"选项卡和"布局"选项卡中显示列表的更新方式。

◆ "数据库连接选项"选项区：控制与数据库连接信息相关的选项。

◆ "隐藏消息设置"按钮：用于控制是否显示先前隐藏的消息。

◆ "信息中心"选项区：用于控制应用程序窗口右上角的气泡式通知的内容、频率以及持续时间。

16

6."用户系统配置"选项卡

在"选项"对话框中，切换至"用户系统配置"选项卡，如图 2-6 所示。该选项卡用于设置用户使用 AutoCAD 2016 的一些操作习惯。

图 2-5　"系统"选项卡

图 2-6　"用户系统配置"选项卡

"用户系统配置"选项卡中各主要选项的含义如下。

◆ "双击进行编辑"复选框：选中该复选框，可以控制绘图区中的双击编辑操作。

◆ "绘图区域中使用快捷菜单"复选框：选中该复选框，可以控制"默认""编辑"和"命令"模式的快捷菜单在绘图区中是否可用。

◆ "插入比例"选项区：在该选项区中，可以控制在图形对象中插入块和图形时使用的默认比例。

◆ "超链接"选项区：在该选项区中，可以控制与超链接的显示特性相关的设置。

◆ "显示字段的背景"复选框：当选中该复选框时，可以控制字段显示时是否带有灰色背景；取消选中该复选框，则字段将以与文字相同的背景显示。

◆ "坐标数据输入的优先级"选项区：在该选项区中，可以控制在命令行中输入的坐标是否替代运行的对象捕捉。

◆ "关联标注"选项区：在该选项区中，可以控制是创建关联标注对象还是创建传统的非关联标注对象。

7."绘图"选项卡

在"选项"对话框中，切换至"绘图"选项卡，如图 2-7 所示。在该选项卡中，可以设定多个编辑功能的选项（包括自动捕捉和自动追踪）。

"绘图"选项卡中各主要选项的含义如下。

◆ "标记"复选框：选中该复选框，可以控制自动捕捉标记的显示。该标记是当十字光标移到捕捉点上时显示的几何符号。

◆ "磁吸"复选框：选中该复选框，可以打开或关闭自动捕捉磁吸。磁吸是指十字光标自动移动并锁定到最近的捕捉点上。

◆ "自动捕捉标记大小"选项区：在该选项区，可以设定自动捕捉标记的显示尺寸。

◆ "对象捕捉选项"选项区：可以设置执行对象的捕捉模式。

◆ "自动"单选按钮：选中该单选按钮，移动靶框至捕捉对象上，自动显示追踪矢量。

◆ "靶框大小"选项区：以像素为单位设置对象捕捉靶框的显示尺寸。

8. "三维建模"选项卡

在"选项"对话框中，切换至"三维建模"选项卡，如图 2-8 所示。在该选项卡中，可以设定在三维建模工作空间中使用实体和曲面的选项，还可以对三维绘图模式下的三维十字光标、UCS 图标、动态输入、三维对象和三维导航等选项进行设置。

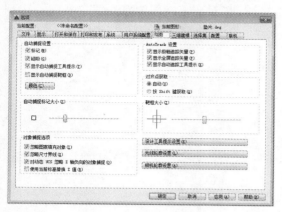
图 2-7 "绘图"选项卡

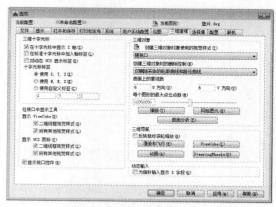
图 2-8 "三维建模"选项卡

"三维建模"选项卡中各主要选项的含义如下。

◆ "三维十字光标"选项区：用于设置三维操作中十字光标指针的显示样式。

◆ "在视口中显示工具"选项区：用于控制 ViewCube、UCS 图标和视口控件显示。

◆ "三维对象"选项区：用于设置三维实体、曲面和网格的显示。

◆ "三维导航"选项区：设定漫游、飞行和动画选项以显示三维模型。

◆ "动态输入"选项区：用于控制坐标项的动态输入字段的显示。

9. "选择集"选项卡

在"选项"对话框中，切换至"选择集"选项卡，如图 2-9 所示，该选项卡用于设置选择对象的选项。

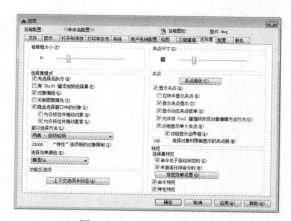
图 2-9 "选择集"选项卡

"选择集"选项卡中各主要选项的含义如下。

◆ "拾取框大小"选项区：在该选项区中可以以像素为单位设置选择目标对象高度。

◆ "选择集模式"选项区：在该选项区中，可以控制与对象选择方法相关的设置。

◆ "夹点尺寸"选项区：在该选项区中，拖曳滑块，可以调整绘图区中的夹点大小。

◆ "显示夹点"复选框：选中该复选框，可以控制夹点在选定对象上的显示。

◆ "预览"选项区：用于设置在何时，当拾取框光标滚动过对象时，亮显对象。

10．"配置"选项卡

在"选项"对话框中，切换至"配置"选项卡，如图 2-10 所示。该选项卡用于控制那些由用户配置的参数。在该选项卡中，用户可以将配置设置以文件的形式保存起来，以便随时调用，其中各主要选项的含义如下。

◆ "可用配置"列表框：用于显示可用配置的列表。

◆ "置为当前"按钮：可以使选定的配置成为当前配置。

◆ "添加到列表"按钮：弹出"添加配置"对话框，用其他名称保存选定配置。

◆ "重命名"按钮：弹出"更改配置"对话框，更改选定配置的名称和说明。

◆ "删除"按钮：单击该按钮，可以删除选定的配置（除非它是当前配置）。

◆ "输出"按钮：单击该按钮，可以将配置文件输出为扩展名为"arg"的文件，以便与其他用户共享该文件。

◆ "输入"按钮：单击该按钮，可以输入使用"输出"选项创建的配置文件。

◆ "重置"按钮：单击该按钮，可以将选定配置中的值重置为系统默认设置。

11．"联机"选项卡

"联机"选项卡用于设置 Autodesk 360 联机工作的选项，并提供对存储在 Cloud 账户中的设计文档的访问，如图 2-11 所示。

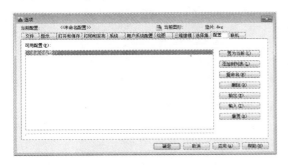

图 2-10 "配置"选项卡

图 2-11 "联机"选项卡

2.1.2 切换或添加工具栏控件

工具栏控件是指工具栏中可影响图形中的对象或程序运行方式的下拉列表，如 UCS 工具栏中包含了"显示当前 UCS"下拉列表，并允许用户恢复已保存的 UCS。使用"自定义用户界面"（CUI）编辑器，可以在工具栏中添加、删除和重新定位控件。

2.1.3 用户的自定义界面

在 AutoCAD 2016 中，可以自定义用户界面来创建绘图环境，以便显示用户需要的工具栏、菜单和可固定的窗口。

执行自定义用户界面操作的 3 种方法如下。

◆ 命令行：输入"CUI"命令。

◆ 菜单栏：选择菜单栏中的"工具"→"工作空间"→"自定义"命令。

◆ 按钮法：切换至"管理"选项卡，单击"自定义设置"面板中的"用户界面"按钮 。

按上述方式执行操作后，将弹出"自定义用户界面"对话框，如图 2-12 所示。该对话框用于管理用户自定义的界面元素。在该对话框中包括两个选项卡，"自定义"选项卡用于控制如何创建或修改用户界面元素，"传输"选项卡用于控制移植或传输自定义设置。

图 2-12 "自定义用户界面"对话框

2.2 绘图环境的设置

在使用 AutoCAD 2016 绘图前，经常需要对绘图环境的某些参数进行设置，使其更符合自己的使用习惯，从而提高绘图效率。

2.2.1 图纸幅面及格式

根据机械制图或建筑制图标准，用户在绘制机械或建筑图样的样板时，必须考虑所规定的幅面以及放置方向（横放或竖放）。绘制机械图样时，应优先采用的基本幅面的尺寸见表 2-1。幅面代号为 A0、A1、A2、A3、A4。

表 2-1　基本幅面的尺寸　　　　　　　　　　　（单位：mm）

幅面代号	A0	A1	A2	A3	A4
B（宽）×L（长）	841×1189	594×841	420×594	297×420	210×297
a	25				
b	10		5		
c	20		10		

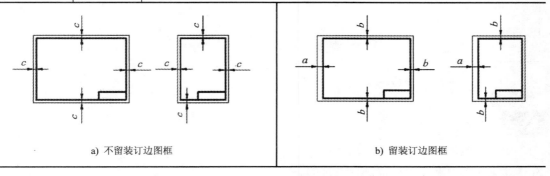

a) 不留装订边图框　　　　　　　　　　　　　b) 留装订边图框

在图样上必须用粗实线画出图框，其格式分为不留装订边和留装订边两种，但同一产品只能采用一种格式。

2.2.2　绘图界限的设置

图形界限是在绘图空间中一个想象的矩形绘图区域，标明用户的工作区域和图纸的边界。设置图形界限可以避免所绘制的图形超出该边界。

设置绘图界限的两种方法如下。

◆ 命令行：输入"LIMITS"命令。

◆ 菜单栏：选择菜单栏中的"格式"→"图形界限"命令。

案例实战 001——设置餐桌绘图界限

	素材文件	光盘\素材\第 2 章\餐桌.dwg
	效果文件	光盘\效果\第 2 章\餐桌.dwg
	视频文件	光盘\视频\第 2 章\案例实战 001.mp4

　步骤 01　按〈Ctrl＋O〉组合键，打开素材图形；在命令行中输入"LIMITS"（图形界限）命令，按〈Enter〉键确认，在命令行提示下输入（0,0），如图 2-13 所示。

　步骤 02　按〈Enter〉键确认，输入（297,210），按〈Enter〉键确认，即可设置图形界限；单击状态栏中的"栅格显示"按钮▦，显示栅格，如图 2-14 所示。

专家提醒

由于 AutoCAD 中图形界限检查只是针对输入点，所以在执行图形界限检查操作后，用户在创建图形对象时，仍有可能导致图形对象某部分绘制在图形界限之外。例如，绘制圆时，在图形界限内部指定圆心点后，如果半径很大，则有可能将部分圆弧绘制在图形界限之外。

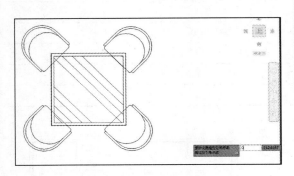

图 2-13 输入参数值

图 2-14 显示栅格

2.2.3 绘图单位的设置

使用"单位"命令，可以控制坐标和角度的显示格式和精度。在 AutoCAD 中，创建的所有对象都是根据图形单位进行测量的。

设置绘图单位的两种方法如下。

◆ 命令行：输入"UNITS"或"DDUNITS"（快捷命令：UN）命令。

◆ 菜单栏：选择菜单栏中的"格式"→"单位"命令。

执行"单位"命令后，将弹出"图形单位"对话框，如图 2-15 所示。通过该对话框可以设置绘图单位，其中主要选项含义如下。

◆ "长度"选项区：用于设置测量的当前单位及当前单位的精度。

◆ "方向"按钮：单击该按钮，将弹出"方向控制"对话框，如图 2-16 所示。在该对话框中，可以定义"基准角度"并指定测量角度时的方向。

图 2-15 "图形单位"对话框

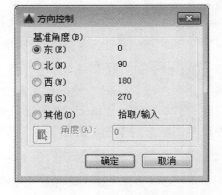

图 2-16 "方向控制"对话框

◆ "角度"选项区：用于设置当前角度格式和当前角度显示的精度。

◆ "插入时的缩放单位"下拉列表框：设置插入到当前图形中图块的测量单位。
◆ "输出样例"选项区：显示用当前单位和角度设置的示例。
◆ "光源"选项区：用于指定当前图形中光源强度的单位。

专家提醒 ☞

　　用户在开始绘图前，必须根据要绘制的图形，确定一个图形单位来代表实际大小。AutoCAD 的绘图区域是无限的，用户可以绘制任意大小的图形。

2.3　世界坐标系和用户坐标系的设置

在绘图过程中，常常需要使用某个坐标系作为参照，来精确定位某个对象。AutoCAD 提供的坐标系可以精确地设计并绘制图形。

2.3.1　世界坐标系

AutoCAD 2016 默认坐标系是世界坐标系（World Coordinate System，WCS）。WCS 是在系统运行时自动建立的，是原点位置和坐标轴方向固定的一种整体坐标系。WCS 包括 X 轴和 Y 轴（在 3D 空间中，还有 Z 轴），其坐标轴的交汇处有一个"口"字形标记，如图 2-17 所示。世界坐标系中所有的位置都是相对于坐标原点计算的，而且规定 X 轴正方向及 Y 轴正方向为正方向。

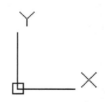

图 2-17　世界坐标系

2.3.2　用户坐标系

在 AutoCAD 中，用户坐标系（User Coordinate System，UCS）是一种可移动的自定义坐标系，用户不仅可以更改该坐标的位置，还可以改变其方向，在绘制三维对象时非常有用。

改变用户坐标系方向的 3 种方法如下。
◆ 命令行：输入"UCS"命令。
◆ 菜单栏：选择菜单栏中的"工具"→"新建 UCS"→"原点"命令。
◆ 按钮法：切换至"视图"选项卡，单击"视口工具"面板中的"UCS"按钮。

案例实战 002——设置圆形拼花的用户坐标系

素材文件	光盘\素材\第 2 章\圆形拼花.dwg
效果文件	光盘\效果\第 2 章\圆形拼花.dwg
视频文件	光盘\视频\第 2 章\案例实战 002.mp4

步骤 01 按〈Ctrl＋O〉组合键，打开素材图形，如图 2-18 所示。

步骤 02 在命令行中输入"UCS"（坐标系）命令，按〈Enter〉键确认，在命令行提示下，输入 UCS 原点坐标（320,221）。

步骤 03 连续按两次〈Enter〉键确认，即可创建用户坐标系，效果如图 2-19 所示。

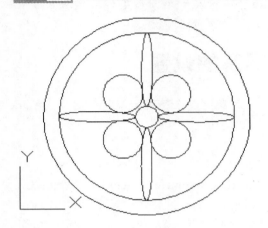

图 2-18 素材图形

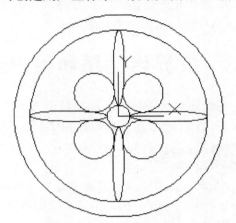

图 2-19 创建用户坐标系

执行"坐标系"命令，命令行提示如下。

指定 UCS 的原点或 [面 (F) / 命名 (NA) / 对象 (OB) / 上一个 (P) / 视图 (V) / 世界 (W) /X/Y/Z/Z 轴 (ZA)] <世界>：（使用一点、两点或三点定义新的 UCS，或输入选项以确定坐标系的类型）

命令行中各选项含义如下。

◆ 原点：通过移动当前 UCS 的原点，保持其 *X*、*Y* 和 *Z* 轴的方向不变，从而定义新坐标系原点，并可以在任何高度建立坐标系。

◆ 面（F）：将 UCS 与实体选定面对齐。

◆ 命名（NA）：保存或恢复命名 UCS 定义。

◆ 对象（OB）：根据选择对象创建 UCS。

◆ 上一个（P）：退回到上一个坐标系，最多可以返回至前 10 个坐标系。

◆ 视图（V）：使新坐标系的 *XY* 平面与当前视图的方向垂直，*Z* 轴与 *XY* 平面垂直，而原点保持不变。

◆ 世界（W）：将当前坐标系设置为 WCS 世界坐标系。

◆ X/Y/Z：将坐标系分别绕 *X*、*Y*、*Z* 轴旋转一定的角度，生成新的坐标系，可以指定两个点或输入一个角度值来确定所需角度。

◆ Z 轴（ZA）：在不改变原坐标系 *Z* 轴方向的前提下，通过确定新坐标系原点和 *Z* 轴正方向上的任意一点来创建 UCS。

专家提醒 ☞

为了能够更好地辅助绘图，经常需要修改坐标系的原点和方向，这时世界坐标系将变为用户坐标系（UCS）。

2.3.3　绝对坐标与相对坐标

绝对坐标是以原点（0,0）或（0,0,0）为基点定位所有的点。AutoCAD 默认的坐标原点位于绘图区左下角。在绝对坐标系中，x 轴、y 轴和 z 轴在原点（0,0,0）处相交。绘图区中的任意一点都可以使用（x、y、z）来表示，也可以通过输入 x、y、z 坐标值（中间用逗号隔开）来定义点的位置。可使用分数、小数或科学计算法等形式表示点的 x、y、z 坐标值，如（15,20）、（108,30,12）等。

相对坐标是一点相对于另一特定点的位置。用户可使用（@x,y）方式输入相对坐标。一般情况下，绘图中常常把上一操作点看作是特定点，后续绘图都是相对于上一操作点进行的。

2.3.4　坐标系可见性的控制

在 AutoCAD 2016 中，使用"坐标系图标"命令，可以控制坐标系图标的可见性。
控制坐标系图标可见性的 3 种方法如下。

◆ 命令行：输入"UCSICON"命令。
◆ 菜单栏：选择菜单栏中的"工具"→"命名 UCS"命令，弹出"UCS"对话框，选择"设置"选项卡，在其中控制坐标系的显示。
◆ 按钮法：切换至"视图"选项卡，单击"视口工具"面板中的"UCS 图标"按钮 。

案例实战 003——设置地砖拼花的用户坐标系

素材文件	光盘\素材\第 2 章\地砖拼花.dwg
效果文件	光盘\效果\第 2 章\地砖拼花.dwg
视频文件	光盘\视频\第 2 章\案例实战 003.mp4

步骤 01　按〈Ctrl＋O〉组合键，打开素材图形，如图 2-20 所示。

步骤 02　在命令行中输入"UCSICON"（坐标系图标）命令，按〈Enter〉键确认；根据命令行提示，输入"OFF"（关）选项，并按〈Enter〉键确认，即可关闭坐标系图标的显示，如图 2-21 所示。

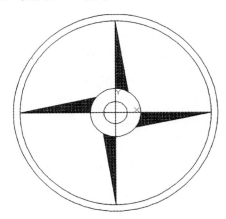

图 2-20　素材图形

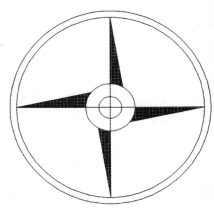

图 2-21　关闭坐标系的显示

执行"坐标系图标"命令后，命令行提示如下。

输入选项 [开(ON)/关(OFF)/全部(A)/非原点(N)/原点(OR)/可选(S)/特性(P)] <开>：
命令行中各选项含义如下。

◆ 开（ON）：在当前视口打开 UCS 图标。

◆ 关（OFF）：在当前视口中关闭 UCS 图标。

◆ 全部（A）：把当前"UCSICON"命令所做设置应用到所有视口中，并重复命令提示。

◆ 非原点（N）：在视口的左下角显示 UCS 图标，而不管当前坐标是否是原点。

◆ 原点（OR）：在当前坐标系的原点处显示 UCS 图标，选择该选项可以在左下角显示 UCS 图标。

◆ 可选（S）：控制 UCS 图标是否可选并且可以通过夹点操作。

◆ 特性（P）：选择该选项，将弹出"UCS 图标"对话框。

2.3.5 正交 UCS 的使用

在 AutoCAD 2016 中，用户可以根据需要设置正交 UCS。

案例实战 004——使用垫片正交 UCS

素材文件	光盘\素材\第 2 章\垫片.dwg
效果文件	光盘\效果\第 2 章\垫片.dwg
视频文件	光盘\视频\第 2 章\案例实战 004.mp4

步骤 01 按〈Ctrl＋O〉组合键，打开素材图形，如图 2-22 所示。

步骤 02 输入"UCSMAN"（坐标系设置）命令，按〈Enter〉键确认，将弹出"UCS"对话框，切换至"正交 UCS"选项卡，选择"Left"（左视）选项，单击"置为当前"按钮，如图 2-23 所示。

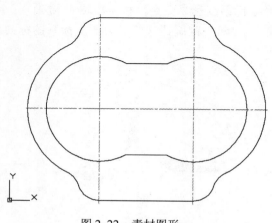

图 2-22 素材图形

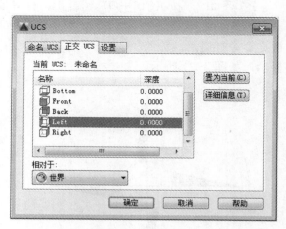

图 2-23 "UCS"对话框

步骤 03 单击"确定"按钮，即可使用正交 UCS，如图 2-24 所示。

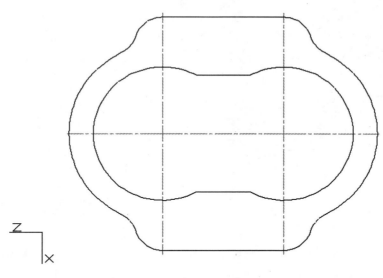

图 2-24　使用正交 UCS

专家提醒

在默认情况下，正交 UCS 相对于世界坐标系（WCS）的原点和方向确定当前 UCS 的方向。

2.4　绘图辅助功能的使用

在绘制图形时，用鼠标定位虽然方便，但精度不高，绘制的图形也不够精确，不能满足工程制图的要求。为了解决该问题，AutoCAD 提供了辅助绘图工具，用于帮助用户精确绘图。

2.4.1　正交模式的使用

正交功能将十字光标限制在水平或垂直方向上，此时用户只能进行水平或垂直方向的操作。

使用正交模式的 3 种方法如下。

◆ 命令行：输入"ORTHO"命令。
◆ 按钮法：单击状态栏中的"正交模式"按钮。
◆ 快捷键：按〈F8〉键。

案例实战 005——使用正交模式画洗菜盆

素材文件	光盘\素材\第 2 章\洗菜盆.dwg
效果文件	光盘\效果\第 2 章\洗菜盆.dwg
视频文件	光盘\视频\第 2 章\案例实战 005.mp4

步骤　01　按〈Ctrl＋O〉组合键，打开素材图形；在命令行中输入"ORTHO"（正交）

命令，按〈Enter〉键确认，在命令行提示下，输入"ON"（开）选项，如图 2-25 所示。

步骤 **02** 按〈Enter〉键确认，即可开启正交模式；单击"绘图"面板中的"直线"按钮，在命令行提示下，捕捉左上角端点，向下引导光标，如图 2-26 所示。

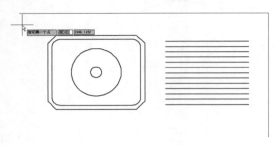 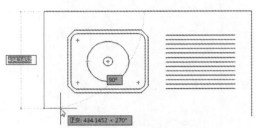

图 2-25 输入参数值   图 2-26 向下引导光标

步骤 **03** 根据命令行提示，输入下一点位置"470"，按〈Enter〉键确认；向右引导光标，再输入下一点位置"900"，按〈Enter〉键确认。使用正交模式绘制的直线如图 2-27 所示。

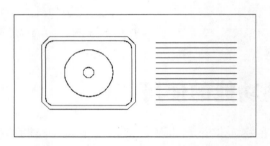

图 2-27 使用正交模式绘制直线

专家提醒

在正交模式下，十字光标将被限制在水平和垂直的方向上，因此正交模式和极轴追踪模式不能同时打开，若打开其中一个，另一个会自动关闭。

2.4.2 捕捉和栅格的启用

捕捉用于设定鼠标光标移动的间距，栅格是一些标定位置的小点，可以提供直观的距离和位置参照。

执行启用捕捉和栅格操作的两种方法如下。

◆ 快捷键：按〈F9〉键，启用捕捉功能；按〈F7〉键，启用栅格功能。
◆ 按钮法：单击状态栏中的"捕捉模式"按钮或"栅格显示"按钮。

案例实战 006——在沙发图形中启用捕捉和栅格

素材文件	光盘\素材\第 2 章\沙发.dwg
效果文件	光盘\效果\第 2 章\沙发.dwg
视频文件	光盘\视频\第 2 章\案例实战 006.mp4

步骤 01 〈Ctrl＋O〉组合键，打开素材图形，如图 2-28 所示。

步骤 02 在"捕捉模式"按钮 上，单击鼠标右键，在弹出的快捷菜单中选择"捕捉设置"选项，如图 2-29 所示。

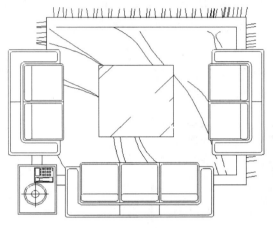

图 2-28　素材图形 　　　　　　　　　　　　　　　图 2-29　选择"捕捉设置"选项

步骤 03 在弹出的"草图设置"对话框的"捕捉和栅格"选项卡中，依次选中"启用捕捉"和"启用栅格"复选框，如图 2-30 所示。

步骤 04 单击"确定"按钮，即可启用捕捉和栅格功能，效果如图 2-31 所示。

图 2-30　"草图设置"对话框

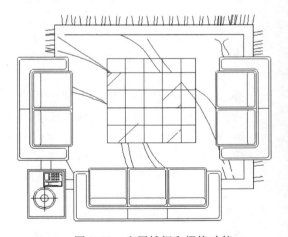

图 2-31　启用捕捉和栅格功能

2.4.3　对象捕捉功能的设置

对象捕捉是指将光标放在一个对象上时，系统自动捕捉到对象上所有符合条件的几何特征点，并显示相应的标记。利用对象捕捉功能，能够快速、准确地绘制图形。如果绘制的图形比较复杂，将对象捕捉功能全部打开时，可能会很难捕捉到需要的特征点。

设置对象捕捉功能的 3 种方法如下。
- ◆ 快捷键：按〈F3〉键。
- ◆ 按钮法：单击状态栏中的"对象捕捉"按钮□。
- ◆ 快捷菜单：右键单击"对象捕捉"按钮□，在弹出的快捷菜单中选择"设置"选项。

按上面的第 3 种方式执行操作后，将弹出"草图设置"对话框，切换至"对象捕捉"选项卡，如图 2-32 所示。

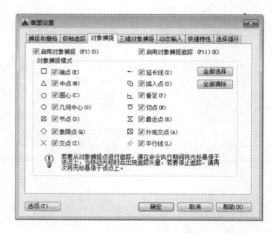

图 2-32　"对象捕捉"选项卡

在"草图设置"对话框的"对象捕捉"选项卡中，各对象捕捉模式选项的含义如下。
- ◆ 端点：捕捉圆弧、椭圆弧、直线、多线、多段线线段、样条曲线、面域或射线最近端点，或捕捉宽线、实体或三维面域的最近角点。
- ◆ 中点：捕捉圆弧、椭圆、椭圆弧、直线、多行、多段线线段、面域、实体、样条曲线或参照线的中点。
- ◆ 圆心：捕捉圆弧、圆或椭圆弧中心。

几何中心：用于捕捉将已有直线段、圆弧延长一定距离后的对应点。
- ◆ 节点：捕捉点对象、标注定义点或标注文字原点。
- ◆ 象限点：捕捉圆弧、圆、椭圆或椭圆弧的象限点。
- ◆ 交点：捕捉圆弧、圆、椭圆、椭圆弧、直线、多行、多段线、射线、面域、样条曲线或参照线的交点。"延伸交点"命令不能使用对象捕捉模式。

延长线：用于捕捉几何图形的中心点。
- ◆ 插入点：捕捉属性、块或文字插入点。
- ◆ 垂足：捕捉圆、圆弧、椭圆、椭圆弧、直线、多线、多段线、射线、面域、实体、样条曲线或构造线的垂足。
- ◆ 切点：捕捉圆、圆弧、椭圆、椭圆弧或样条曲线的切点。
- ◆ 最近点：捕捉圆、圆弧、椭圆、椭圆弧、直线、多线、点、多段线、射线、样条曲线或参照线的最近点。
- ◆ 外观交点：捕捉不在同一平面但在当前视图中看起来可能相交的两个对象交点。
- ◆ 平行线：将直线段、多段线线段、射线或构造线限制为与其他线性对象平行。

2.4.4　捕捉自功能的使用

在 AutoCAD 2016 中，使用 "FROM" 命令（捕捉自），可以使用追踪，通过在水平和竖直方向上偏移一系列临时点来指定一点。

案例实战 007——使用捕捉自功能绘制灯具图形

素材文件	光盘\素材\第 2 章\灯具.dwg
效果文件	光盘\效果\第 2 章\灯具.dwg
视频文件	光盘\视频\第 2 章\案例实战 007.mp4

　　步骤　01　按〈Ctrl＋O〉组合键，打开素材图形，如图 2-33 所示。在命令行中输入 "CIRCLE"（圆）命令，按〈Enter〉键确认；在命令行提示 "指定圆的圆心"，输入 "FROM"（捕捉自）命令。

　　步骤　02　按〈Enter〉键确认，捕捉中间三个同心圆的圆心点，输入偏移值（@201,114）。按〈Enter〉键确认，输入圆的半径值为 "36"，并确认，即可使用捕捉自功能绘制图形，如图 2-34 所示。

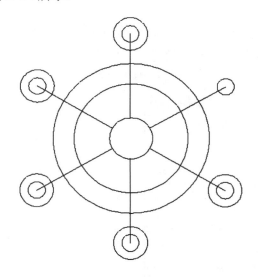

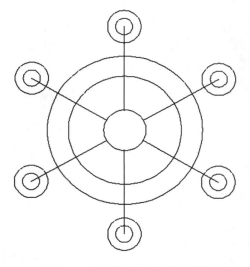

图 2-33　素材图形　　　　　　　　　图 2-34　使用捕捉自功能绘制图形

2.4.5　动态输入的使用

使用动态输入功能，可以在十字光标处显示标注输入和命令提示信息，从而极大地方便用户绘制图形文件。

1. 打开并设置指针输入

在状态栏中的 "动态输入" 按钮 上，单击鼠标右键，在弹出的快捷菜单中选择 "设置" 选项，弹出 "草图设置" 对话框，切换至 "动态输入" 选项卡，选中 "启用指针输入" 复选框，即启用指针输入功能，如图 2-35 所示。

在"指针输入"选项区中，单击"设置"按钮，弹出"指针输入设置"对话框，如图2-36所示，用户可以在该对话框中设置指针的"格式"和"可见性"。

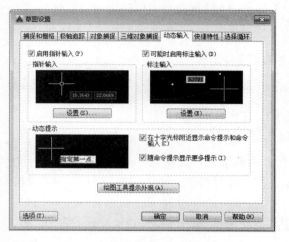

图 2-35 "动态输入"选项卡

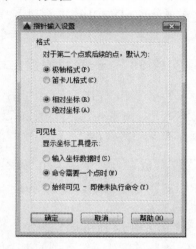

图 2-36 "指针输入设置"对话框

2．打开并设置标注输入

在"草图设置"对话框的"动态输入"选项卡中，选中"可能时启用标注输入"复选框，可以启用标注输入功能。在"标注输入"选项区中，单击"设置"按钮，弹出"标注输入的设置"对话框，如图2-37所示。用户可以在该对话框中设置标注的可见性。

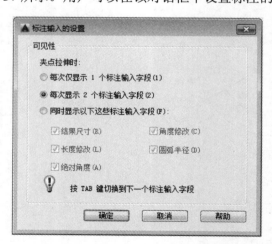

图 2-37 "标注输入的设置"对话框

3．启用动态提示

启用动态提示时，提示会显示在光标附近的工具提示中。用户可以在工具提示（而不是在命令行）中输入响应。按〈↓〉键可以查看和选择选项，按〈↑〉键可以显示最近的输入。

2.4.6　极轴追踪的设置

极轴追踪功能可以在系统要求指定一个点时，按预先设置的角度增量显示一条延伸的辅助线，这时，可以沿着辅助线追踪到光标所在的点。

设置极轴追踪的 3 种方法如下。

◆ 快捷键：按〈F10〉键。

◆ 按钮法：单击状态栏中的"极轴追踪"按钮 。

◆ 快捷菜单：右键单击"极轴追踪"按钮 ，在弹出的快捷菜单中选择"设置"选项。

按上面的第 3 种方式执行操作后，将弹出"草图设置"对话框，切换至"极轴追踪"选项卡，如图 2-38 所示。

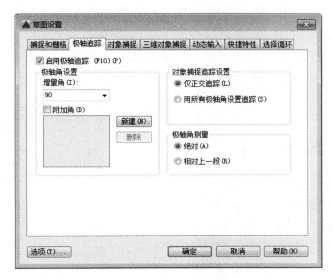

图 2-38　"极轴追踪"选项卡

"极轴追踪"选项卡中各主要选项的含义如下。

◆ "启用极轴追踪"复选框：用于打开或关闭极轴追踪。

◆ "增量角"下拉列表框：设定用来显示极轴追踪对齐路径的极轴角增量。

◆ "附加角"复选框：对极轴追踪使用列表中的任何一种附加角度。

◆ "角度列表"列表框：如果选中"附加角"复选框，将列出可用的附加角度。

◆ "新建"按钮：最多可以添加 10 个附加极轴追踪角度。

◆ "删除"按钮：单击该按钮，可以删除选定的附加角度。

◆ "对象捕捉追踪设置"选项区：用于设置对象捕捉的追踪模式，包括"仅正交追踪"模式和"用所有极轴角设置追踪"两种模式。

◆ "极轴角测量"选项区：用于设置极轴测量的范围，包括"绝对"和"相对上一段"两种方式。

第 3 章　控制视图与图形的显示

学前提示

在 AutoCAD 2016 中，可以使用多种方法来观察绘图区中绘制的图形，如使用"视图"面板中的工具按钮，以及使用视口和命名视图等，通过这些方式可以灵活地观察图形的整体效果或局部细节。本节主要介绍控制图形显示的操作方法。

本章教学目标

- ▶ 重画和重生成图形
- ▶ 使用平移显示视图
- ▶ 使用缩放显示视图
- ▶ 使用视口显示图形和命名视图

学完本章后你会做什么

- ▶ 掌握重生成图形的操作，如重画图像、重生成图形等
- ▶ 掌握缩放显示视图的操作，如实时缩放、范围缩放、比例缩放等
- ▶ 掌握视口和命名视图的创建，如创建平铺视口、命名视图等

视频演示

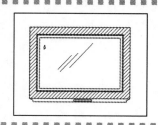
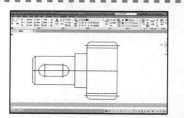
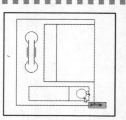

3.1　图形的重画与重生成

在绘制与编辑图形的过程中，屏幕上经常会留下对象的选取标记，而这些标记并不是图形中的对象，这使当前的图形会变得很混乱，因此需要用到重画和重生成功能来清除这些标记。重画和重生成功能可以更新屏幕和重生成屏幕显示，使屏幕清晰明了，方便绘图。

3.1.1　图形的重画

使用"重画"命令，系统将显示内存中更新后的屏幕显示，不仅可以清除临时标记，还可以更新用户的当前视口。

执行操作的两种方法如下。

◆ 命令行：输入"REDRAW"命令。
◆ 菜单栏：选择菜单栏中的"视图"→"重画"命令。

3.1.2　图形的重生成

使用"重生成"命令，可以重生成屏幕显示，此时系统将从磁盘调用当前图形的数据，它比执行"重画"命令速度慢，因为重生成屏幕显示的时间要比更新屏幕显示的时间长。

重生成图形的两种方法如下。

◆ 命令行：输入"REGEN"命令。
◆ 菜单栏：选择菜单栏中的"视图"→"重生成"命令。

案例实战 008——重生成电视机图形

素材文件	光盘\素材\第 3 章\电视机.dwg
效果文件	光盘\效果\第 3 章\电视机.dwg
视频文件	光盘\视频\第 3 章\案例实战 008.mp4

步骤 01　按〈Ctrl＋O〉组合键，打开素材图形，如图 3-1 所示。

步骤 02　在命令行中输入"OPTIONS"（选项）命令，按〈Enter〉键确认，弹出"选项"对话框，在"显示"选项卡的"显示性能"选项区中，取消选中"应用实体填充"复选框，如图 3-2 所示，单击"确定"按钮，关闭对话框。

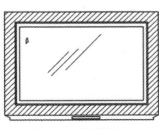

图 3-1　素材图形

图 3-2　"选项"对话框

步骤 **03** 在命令行中输入"REGEN"（重生成）命令，按〈Enter〉键确认，即可重生成图形，效果如图 3-3 所示。

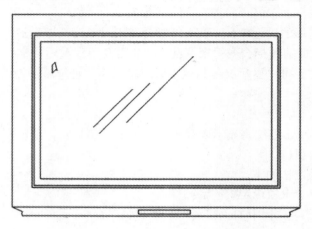

图 3-3　重生成图形

专家提醒

如果一直使用某个命令编辑图形，而该图形似乎没有发生什么变化，此时，可以使用"重生成"命令重新生成屏幕显示。

3.2　使用平移显示图形

使用平移视图功能，可以重新定位图形，以便浏览或绘制图形的其他部分。此时不会改变图形中对象的位置和比例，而只改变视图在操作区域中的位置。

3.2.1　图形的实时平移

在平移工具中，实时平移工具使用的频率最高，通过使用该工具可以拖动十字光标来移动视图在当前窗口中的位置。

实时平移图形的 4 种方法如下。

◆ 命令行：输入"PAN"命令。

◆ 菜单栏：选择菜单栏中的"视图"→"平移"→"实时"命令。

◆ 按钮法：切换至"视图"选项卡，单击"导航"面板中的"平移"按钮 平移 。

◆ 导航面板：单击导航面板中的"平移"按钮 。

案例实战 009——实时平移茶几图形

素材文件	光盘\素材\第 3 章\茶几.dwg
效果文件	光盘\效果\第 3 章\茶几.dwg
视频文件	光盘\视频\第 3 章\案例实战 009.mp4

步骤 **01** 按〈Ctrl＋O〉组合键，打开素材图形，如图 3-4 所示。

步骤 02　在功能区的"视图"选项卡中，单击"导航"面板中"平移"按钮，如图 3-5 所示。

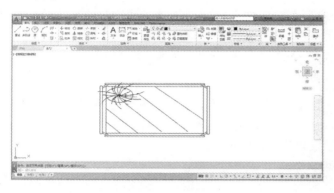

图 3-4　素材图形

图 3-5　单击"平移"按钮

步骤 03　此时光标的指针呈小手形状，单击鼠标左键并向右下方拖曳光标至合适的位置，即可实时平移茶几素材的视图显示，如图 3-6 所示。

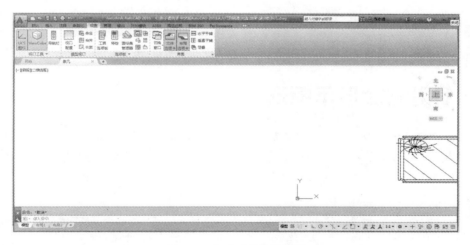

图 3-6　实时平移茶几图形

专家提醒

在 AutoCAD 2016 中，平移功能通常又称为摇镜，相当于将一个镜头对准视图，当镜头移动时，视口中的图形也跟着移动。

3.2.2　图形的定点平移

使用"定点平移"命令，可以通过指定基点和位移值来平移视图。视图的移动方向和十字光标的偏移方向一致，在使用"定点平移"命令时，视图的显示比例不变。

定点平移图形的两种方法如下。

◆ 命令行：输入"-PAN"命令。

◆ 菜单栏：选择菜单栏中的"视图"→"平移"→"点"命令。

案例实战 010——定点平移方桌图形

素材文件	光盘\素材\第 3 章\方桌.dwg	
效果文件	光盘\效果\第 3 章\方桌.dwg	
视频文件	光盘\视频\第 3 章\案例实战 010.mp4	

步骤 01 按〈Ctrl＋O〉组合键，打开素材图形，如图 3-7 所示。

步骤 02 在命令行中输入"-PAN"（定点）命令，按〈Enter〉键确认；在命令行提示下，输入基点坐标为（0,0），按〈Enter〉键确认，再输入第二点坐标为（600,600），按〈Enter〉键确认，即可定点平移图形对象，效果如图 3-8 所示。

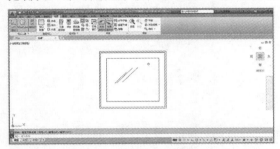
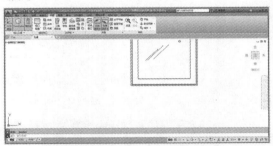

图 3-7　素材图形　　　　　　　　图 3-8　定点平移方桌图形

3.3 使用缩放显示图形

在 AutoCAD 2016 中，为了更加准确地绘制、编辑和查看某一部分图形对象，需要用到缩放这一功能。通过缩放视图功能可以更快速、更精确地绘制图形。该功能可以帮助用户观察图形，而原图形的尺寸并不会发生改变。

3.3.1 图形的实时缩放

在 AutoCAD 2016 中，利用实时缩放，用户可以通过垂直向上或者向下移动光标的方式来放大或缩小图形，它可以帮助用户观察图形的大小，而且原图形的尺寸并不会发生改变。利用实时缩放，能通过移动光标或单击的方式重新放置图形。

实时缩放图形的 4 种方法如下。

◆ 命令行：输入"ZOOM"命令。

◆ 菜单栏：选择菜单栏中的"视图"→"缩放"→"实时"命令。

◆ 按钮法：切换至"视图"选项卡，单击"导航"面板中的"实时"按钮🔍。

◆ 导航面板：单击导航面板中的"实时缩放"按钮🔍。

案例实战 011——实时缩放扇形零件图

素材文件	光盘\素材\第 3 章\扇形零件.dwg	
效果文件	光盘\效果\第 3 章\扇形零件.dwg	
视频文件	光盘\视频\第 3 章\案例实战 011.mp4	

步骤　01　按〈Ctrl＋O〉组合键，打开素材图形，如图 3-9 所示。

步骤　02　在功能区的选项面板中，选择"视图"选项卡，光标移动至最右侧的"导航"面板，单击"导航"面板"范围"右侧的下拉按钮，在弹出的下拉列表中，单击"实时"按钮。操作完成后光标指针呈放大镜形状，如图 3-10 所示。

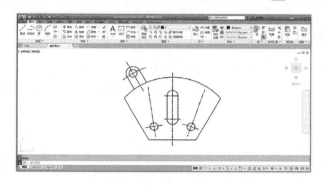

图 3-9　素材图形

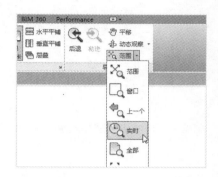

图 3-10　单击"实时"按钮

步骤　03　按住鼠标左键向上拖曳至合适位置，释放鼠标按键，即可实时缩放图形，如图 3-11 所示。

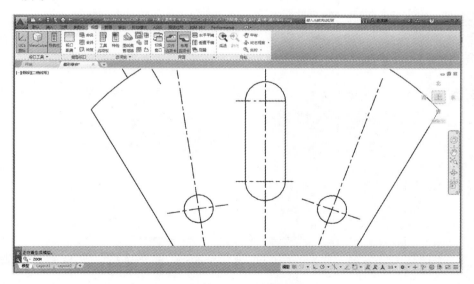

图 3-11　实时缩放图形

3.3.2　图形的范围缩放

使用"范围缩放"命令，可以在绘图区中尽可能大地显示图形对象。它与全部缩放不同，范围缩放使用的显示边界只是显示图形的边界，而不是显示图形界限。

范围缩放图形的 3 种方法如下。

◆ 菜单栏：选择菜单栏中的"视图"→"缩放"→"范围"命令。

◆ 按钮法：切换至"视图"选项卡，单击"导航"面板中的"范围"按钮。

◆ 导航面板：单击导航面板中的"范围缩放"按钮▨◎。

案例实战 012——范围缩放橱柜图形

素材文件	光盘\素材\第 3 章\橱柜.dwg	
效果文件	光盘\效果\第 3 章\橱柜.dwg	
视频文件	光盘\视频\第 3 章\案例实战 012.mp4	

步骤 **01** 按〈Ctrl＋O〉组合键，打开素材图形，如图 3-12 所示。

步骤 **02** 在功能区选项板的"视图"选项卡中，单击"导航"面板中的"范围"按钮▨◎，如图 3-13 所示。

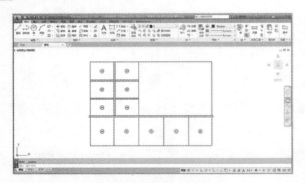

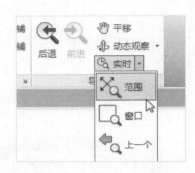

图 3-12　素材图形　　　　　　　　　　　图 3-13　单击"范围"按钮

步骤 **03** 按照提示进行操作，即可范围缩放图形对象，效果如图 3-14 所示。

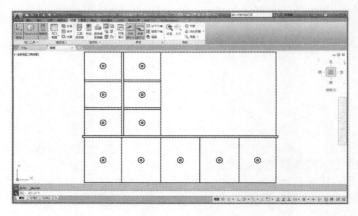

图 3-14　范围缩放图形

3.3.3 图形的全部缩放

"全部缩放"命令与范围缩放不同，它可以显示整个图形中的所有对象。使用"全部缩放"命令时，在出现的平面视图中，以图形界限或当前图形范围为显示边界缩放图形。

全部缩放图形的 3 种方法如下。

◆ 菜单栏：选择菜单栏中的"视图"→"缩放"→"全部"命令。
◆ 按钮法：切换至"视图"选项卡，单击"导航"面板中的"全部"按钮 。
◆ 导航面板：单击导航面板中的"全部缩放"按钮 。

案例实战 013——全部缩放轴零件图形

素材文件	光盘\素材\第 3 章\轴零件.dwg
效果文件	光盘\效果\第 3 章\轴零件.dwg
视频文件	光盘\视频\第 3 章\案例实战 013.mp4

步骤 01 按〈Ctrl＋O〉组合键，打开素材图形，如图 3-15 所示。

步骤 02 在命令行中输入"ZOOM"（缩放）命令，按〈Enter〉键确认，在命令行提示下，输入"A"（全部）选项并确认，即可全部缩放视图，如图 3-16 所示。

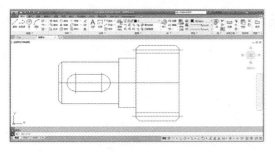

图 3-15 素材图形　　　　　图 3-16 全部缩放轴零件

专家提醒

图 3-16 中由于图形的左下方较远处有多余的线条存在，而全部缩放视图时显示所有的图形，所以缩放后素材图形的显示尺寸较小。将左下方的多余线条删除后再次应用"全部缩放"命令缩放图形，即可使素材图形布满整个绘图区。

3.3.4 图形的比例缩放

使用"比例缩放"命令缩放图形时，用户可以在命令行提示下，根据相应的参数来放大或缩小图形对象。

比例缩放图形的 3 种方法如下。
◆ 菜单栏：选择菜单栏中的"视图"→"缩放"→"比例"命令。
◆ 按钮法：切换至"视图"选项卡，单击"导航"面板中的"比例"按钮 。
◆ 导航面板：单击导航面板中的"比例缩放"按钮 。

案例实战 014——比例缩放垫圈图形

素材文件	光盘\素材\第 3 章\垫圈.dwg
效果文件	光盘\效果\第 3 章\垫圈.dwg
视频文件	光盘\视频\第 3 章\案例实战 014.mp4

步骤 **01** 按〈Ctrl＋O〉组合键，打开素材图形，如图 3-17 所示。

步骤 **02** 在功能区选项板的"视图"选项卡中，单击"导航"面板"范围"右侧的下拉按钮，在弹出的下拉列表中，单击"缩放"按钮。

步骤 **03** 在命令行提示下，输入缩放比例为"0.6x"，按〈Enter〉键确认，即可按比例缩放图形对象，效果如图 3-18 所示。

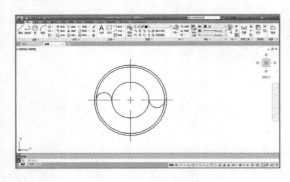

图 3-17　素材图形

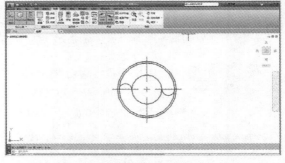

图 3-18　比例缩放图形

执行"比例缩放"命令后，命令行中的提示如下。

指定窗口的角点，输入比例因子(nX 或 nXP)，或者[全部(A)/中心(C)/动态(D)/范围(E)/上一个(P)/比例(S)/窗口(W)/对象(O)]<实时>:

命令行中各选项含义如下。

◆ nX：输入的值后面跟着"X"，则根据当前视图指定比例。
◆ nXP：输入的值后面跟着"XP"，则指定相对于图纸空间单位的比例。
◆ 全部（A）：缩放以显示所有可见对象和视觉辅助工具。
◆ 中心（C）：缩放以显示由中心点和比例值/高度所定义的视图。
◆ 动态（D）：使用矩形视图框进行平移和缩放。
◆ 范围（E）：缩放以显示所有对象的最大范围。
◆ 上一个（P）：缩放显示上一个视图。最多可恢复此前的 10 个视图。
◆ 比例（S）：使用比例因子缩放视图以更改其比例。
◆ 窗口（W）：缩放显示矩形窗口指定的区域。
◆ 对象（O）：缩放以便尽可能大地显示一个或多个选定对象并使其位于视图中心。

3.3.5 图形的窗口缩放

使用"窗口缩放"命令缩放图形时，应尽量使所绘制的矩形框的对角点与屏幕成一定的比例，并非一定是正方形。

窗口缩放图形的 3 种方法如下。

◆ 菜单栏：选择菜单栏中的"视图"→"缩放"→"窗口"命令。
◆ 按钮法：切换至"视图"选项卡，单击"导航"面板中的"窗口"按钮。
◆ 导航面板：单击导航面板中的"窗口缩放"按钮。

案例实战 015——窗口缩放煤气灶图形

素材文件	光盘\素材\第3章\煤气灶.dwg
效果文件	光盘\效果\第3章\煤气灶.dwg
视频文件	光盘\视频\第3章\案例实战015.mp4

步骤 01 按〈Ctrl＋O〉组合键，打开素材图形，如图3-19所示。

步骤 02 在功能区选项板的"视图"选项卡中，单击"导航"面板"范围"右侧的下拉按钮，在弹出的下拉列表中单击"窗口"按钮 ，如图3-20所示。

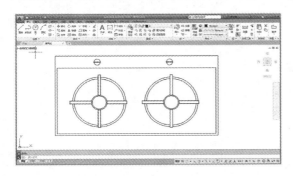

图3-19 素材图形

图3-20 单击"窗口"按钮

步骤 03 在命令行提示下，在合适的位置单击确定第一点，拖曳光标，使要在绘图区显示的对象包含在选取框内，如图3-21所示。

步骤 04 将光标指针拖曳至合适的位置后，单击鼠标左键，即可对视图进行窗口缩放，如图3-22所示。

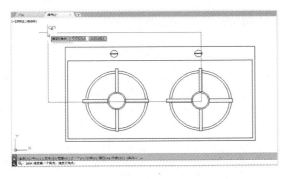

图3-21 拖曳光标

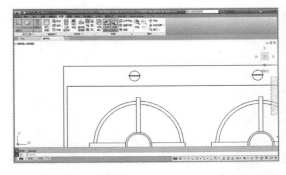

图3-22 窗口缩放视图

专家提醒

使用窗口缩放视图时，如果系统变量REGEAUTO设置为关闭状态，则与当前显示设置的界限相比，拾取区域会显得过小。

3.3.6 图形的对象缩放

在AutoCAD 2016中，在使用"对象缩放"命令缩放图形时，用户可以缩放图形以便尽可能大地显示一个或多个选定的对象并使其位于绘图区的中心。

案例实战 016——对象缩放电话机图形

素材文件	光盘\素材\第 3 章\电话机.dwg
效果文件	光盘\效果\第 3 章\电话机.dwg
视频文件	光盘\视频\第 3 章\案例实战 016.mp4

步骤 **01** 按〈Ctrl＋O〉组合键，打开素材图形，如图 3-23 所示。

步骤 **02** 在命令行中输入 "ZOOM"（缩放）命令，按〈Enter〉键确认，在命令行提示下，输入 "O"（对象）选项，按〈Enter〉键确认，在绘图区中选择小圆对象，如图 3-24 所示。

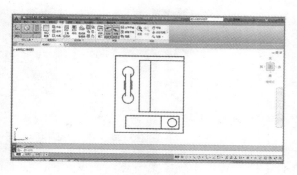

图 3-23　素材图形

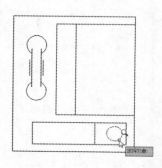

图 3-24　选择小圆对象

步骤 **03** 按〈Enter〉键确认，即可对所选择的图形对象进行缩放，效果如图 3-25 所示。

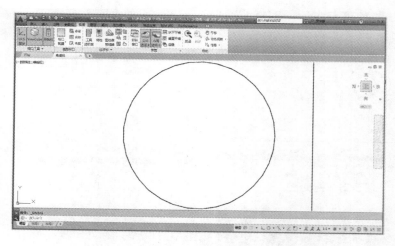

图 3-25　对象缩放图形

专家提醒 ☞

执行对象缩放图形操作的 3 种方法如下。

◆ 菜单栏：选择菜单栏中的"视图"→"缩放"→"对象"命令。
◆ 按钮法：切换至"视图"选项卡，单击"导航"面板中的"对象"按钮🔍。
◆ 导航面板：单击导航面板中的"对象缩放"按钮🔍。

3.3.7　图形的动态缩放

使用"动态缩放"命令缩放图形时，可移动视图框或调整它的大小，将其中的视图平移或缩放，以充满整个视口。

执行动态缩放操作的 3 种方法如下。
◆ 菜单栏：选择菜单栏中的"视图"→"缩放"→"动态"命令。
◆ 按钮法：切换至"视图"选项卡，单击"导航"面板中的"动态"按钮🔍。
◆ 导航面板：单击导航面板中的"动态缩放"按钮🔍。

案例实战 017——动态缩放鞋柜图形

素材文件	光盘\素材\第 3 章\鞋柜.dwg
效果文件	光盘\效果\第 3 章\鞋柜.dwg
视频文件	光盘\视频\第 3 章\案例实战 017.mp4

步骤 01　按〈Ctrl＋O〉组合键，打开素材图形，如图 3-26 所示。

步骤 02　在命令行中输入"ZOOM"（缩放）命令，按〈Enter〉键确认，在命令行提示下，输入"D"（动态）选项，按〈Enter〉键确认。

步骤 03　光标呈带有"×"标记的矩形（即动态框）时，在绘图区的合适位置上单击鼠标左键，将矩形框向右上方拖曳至合适位置。

步骤 04　按〈Enter〉键确认，即可动态缩放图形，如图 3-27 所示。

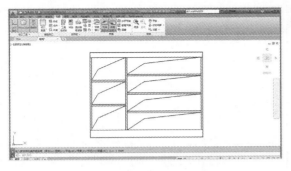

图 3-26　素材图形

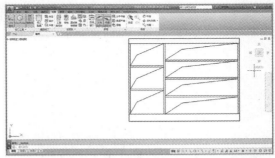

图 3-27　动态缩放图形

3.4　使用视口显示图形和命名视图

视口是指把绘图区分为的多个矩形方框，从而创建多个不同的绘图区域。在 AutoCAD 2016 中，一般把绘图区称为视口，而把绘图区中的显示内容称为视图。

3.4.1 平铺视口的创建

在 AutoCAD 2016 中，使用"视口"命令，可以创建一个或多个视口对象。

案例实战 018——创建装饰画平铺视口

素材文件	光盘\素材\第 3 章\装饰画.dwg
效果文件	光盘\效果\第 3 章\装饰画.dwg
视频文件	光盘\视频\第 3 章\案例实战 018.mp4

步骤 01 按〈Ctrl＋O〉组合键，打开素材图形，如图 3-28 所示。

步骤 02 在命令行中输入"VPORTS"（命名视口）命令，按〈Enter〉键确认，弹出
"视口"对话框，设置"新名称"为"垂直"，选择"两个：垂直"选项，如图 3-29 所示。

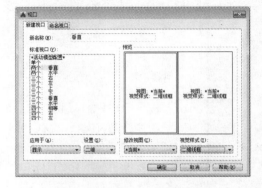

图 3-28　素材图形　　　　　　　　　　　图 3-29　"视口"对话框

步骤 03 单击"确定"按钮，即可创建平铺视口，如图 3-30 所示。

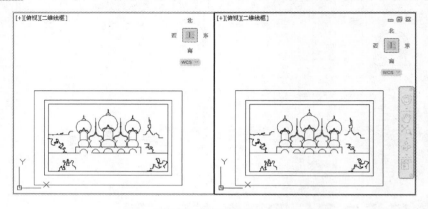

图 3-30　创建平铺视口

专家提醒

创建平铺视口的 3 种方法如下。

◆ 命令行：输入"VPORTS"命令。

◆ 菜单栏：选择菜单栏中的"视图"→"视口"→"命名视口"命令。

◆ 按钮法：切换至"视图"选项卡，单击"视口"面板中的"命名"按钮 。

"视口"对话框中各选项的含义如下。

◆ "新名称"文本框：为新模型空间视口配置指定名称。

◆ "标准视口"列表框：列出并设定标准视口配置。

◆ "预览"选项区：显示选定视口配置的预览图像，以及在配置中被分配到每个单独视口的默认视图。

◆ "应用于"下拉列表框：该下拉列表框确定将模型空间视口配置应用到整个显示窗口或当前视口。

◆ "设置"下拉列表框：确定是进行二维视图设置还是三维视图设置。

◆ "修改视图"下拉列表框：选择视图替换选定视口中的视图。

◆ "视图样式"下拉列表框：选择将各个视口中的视图以何种样式进行显示。

专家提醒

可以同时打开 32 000 个可视视口，同时，屏幕上还可保留工具栏和命令行窗口。

3.4.2　合并平铺视口

在 AutoCAD 2016 中，使用"合并视口"命令，可以将其中一个视口合并到当前视口中。

案例实战 019——合并台灯平铺视口

素材文件	光盘\素材\第 3 章\台灯.dwg
效果文件	光盘\效果\第 3 章\台灯.dwg
视频文件	光盘\视频\第 3 章\案例实战 019.mp4

步骤 01　按〈Ctrl+O〉组合键，打开素材图形，如图 3-31 所示。

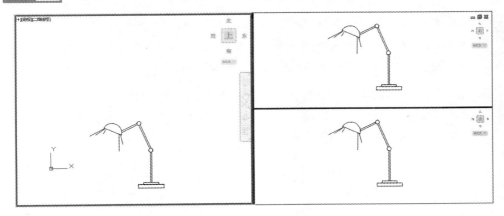

图 3-31　素材图形

步骤 02　在命令行中输入"-VPORTS"（合并视口）命令，按〈Enter〉键确认；根据命令行提示输入"J"（合并）选项，按〈Enter〉键确认。在绘图区中选择右侧的两个视口，即可合并视口对象，如图 3-32 所示。

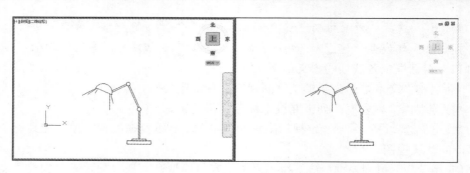

图 3-32　合并平铺视口

合并平铺视口的 3 种方法如下。

◆ 命令行：输入 "-VPORTS" 命令。

◆ 菜单栏：选择菜单栏中的 "视图" → "视口" → "合并" 命令。

◆ 按钮法：切换至 "视图" 选项卡，单击 "视口" 面板中的 "合并视口" 按钮 ⊞。

3.4.3　视图的创建命名

　　使用 "命名视图" 命令可以为绘图区中的任意视图指定名称，并在以后的操作过程中将其恢复。用户在创建命名视图时，可以设置视图的中点、位置、缩放比例、透视设置等。

　　创建命名视图的 3 种方法如下。

◆ 命令行：输入 "VIEW" 命令。

◆ 菜单栏：选择菜单栏中的 "视图" → "命名视图" 命令。

◆ 按钮法：切换至 "视图" 选项卡，单击 "视图" 面板中的 "视图管理器" 按钮 ⊡。

案例实战 020——创建螺钉旋具命名视图

素材文件	光盘\素材\第 3 章\旋具.dwg
效果文件	光盘\效果\第 3 章\旋具.dwg
视频文件	光盘\视频\第 3 章\案例实战 020.mp4

步骤 01　按〈Ctrl＋O〉组合键，打开素材图形，如图 3-33 所示。

步骤 02　输入 "VIEW"（视图）命令，按〈Enter〉键确认，弹出 "视图管理器" 对话框，如图 3-34 所示，单击 "新建" 按钮。

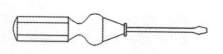

图 3-33　素材图形

图 3-34　"视图管理器" 对话框

步骤 03　弹出"新建视图/快照特性"对话框，在"视图名称"文本框中输入"模型"，其他选项保持默认设置，如图 3-35 所示，单击"确定"按钮，即可创建命名视图。

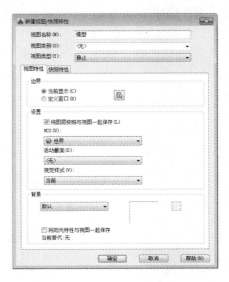

图 3-35　"新建视图/快照特性"对话框

"视图管理器"对话框中各主要选项的含义如下。

◆ "视图"下拉列表框：在该下拉列表框中，可以显示可用视图的列表。可以展开每个
节点以显示该节点的视图。

◆ "当前"选项：选择该选项，可以显示当前视图及其"查看"和"剪裁"特性。

◆ "模型视图"选项：选择该选项可以显示命名视图和相机视图的列表，并列出选定视
图的"基本""查看"和"剪裁"特性。

◆ "布局视图"选项：选择该选项，可以在定义视图的布局上显示视口列表，并列出选
定视图的"基本"和"查看"特性。

◆ "预设视图"选项：选择该选项，可以显示正交视图和等轴测视图列表，并列出选定
视图的"基本"特性。

3.4.4　视图的恢复命名

在 AutoCAD 中，可以一次性命名多个视图。当需要重新使用一个已命名视图时，只需
将该视图恢复到当前视口即可。如果绘图区中包含多个视口，也可以将视图恢复到活动视口
中，或将不同的视图恢复到不同的视口中，以同时显示模型的多个视图。

案例实战 021——恢复浴缸命名视图

素材文件	光盘\素材\第 3 章\浴缸.dwg
效果文件	光盘\效果\第 3 章\浴缸.dwg
视频文件	光盘\视频\第 3 章\案例实战 021.mp4

步骤 01　按〈Ctrl＋O〉组合键，打开素材图形。

步骤 02 在命令行中输入"VIEW"（视图）命令，按〈Enter〉键确认，弹出"视图管理器"对话框。

步骤 03 单击"预设视图"选项前的"＋"号按钮，展开列表框，选择合适的选项，如图 3-36 所示。

步骤 04 依次单击"置为当前"和"确定"按钮，即可恢复命名视图，如图 3-37 所示。

图 3-36 "视图管理器"对话框

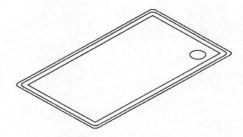

图 3-37 恢复命名视图

进 阶 篇
第 4 章　图层的管理与应用

学前提示

图层是 AutoCAD 2016 中提供的强大功能之一，利用图层可以方便地对图形进行管理。使用图层主要有两个好处：一是便于统一管理图形；二是可以通过隐藏、冻结图层等操作，隐藏或冻结相应图层上的图形对象，从而为图形的绘制提供方便。

本章教学目标

▶ 图层的创建与设置
▶ 图层显示状态的设置
▶ 图层的修改
▶ 图层状态的设置

学完本章后你会做什么

▶ 掌握创建与命名图层的操作
▶ 掌握设置图层的操作，如设置图层颜色、线型、线宽等
▶ 掌握图层显示状态的操作，如隐藏、显示、冻结、解锁图层等

视频演示

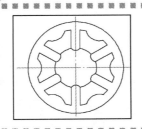
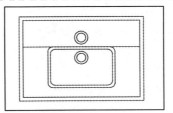
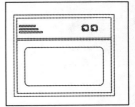

4.1 图层的创建与设置

图层是大多数图形、图像处理软件的基本组成元素。在 AutoCAD 2016 中，增强的图层管理功能可以帮助用户有效地管理大量的图层。新的图层特性不仅占用空间小，而且还提供了更强大的功能。

4.1.1 图层的概念

图层是计算机辅助制图快速发展的产物，在许多平面绘图软件及网页软件中都有运用。图层是用户组织和管理图形的强有力的工具，每个图层就像一张透明的玻璃纸，而每张纸上面的图形可以进行叠加。

在 AutoCAD 2016 中，使用图层可以管理和控制复杂的图形。在绘图时，可以把不同种类和用途的图形分别置于不同的图层中，从而实现对相同种类图形的统一管理。

在 AutoCAD 2016 中的绘图过程中，图层是最基本的操作，也是最有用的工具之一，对图形文件中各类实体的分类管理和综合控制具有重要的意义。总的来说，图层具有以下 3 方面的优点。

◆ 节省存储空间。
◆ 控制图形的颜色、线条的宽度及线型等属性。
◆ 统一控制同类图形实体的显示、冻结等特性。

在 AutoCAD 2016 中，可以创建无限个图层，也可以根据需要，在创建的图层中设置每个图层相应的名称、线型、颜色等。熟练地使用图层，可以提高图形的清晰度和绘制效率，在复杂的工程制图中显得尤为重要。

在 AutoCAD 中将当前正在使用的图层称为当前图层，用户只能在当前图层中创建新图形。当前图层的名称、线型、颜色、状态等信息都显示在"图层"面板中。

4.1.2 图层的创建与命名

开始绘制新图层时，AutoCAD 会自动创建一个名称为"0"的特殊图层。默认情况下，图层将被指定使用 7 号颜色（为白色或黑色，由背景颜色决定，本书背景颜色为白色，则图层颜色为黑色）、Continuous 线型、"默认"线宽及"Normal"打印样式，用户不能删除或重命名该图层。在绘图过程中，如果用户要使用更多的图层来组织图形，就需要先创建新图层，并根据需要对新创建的图层进行命名。

创建与命名图层的 4 种方法如下。

◆ 命令行：输入"LAYER"（快捷命令：LA）命令。
◆ 菜单栏：选择菜单栏中的"格式"→"图层"命令。
◆ 按钮法 1：切换至"默认"选项卡，单击"图层"面板中的"图层特性"按钮 。
◆ 按钮法 2：切换至"视图"选项卡，单击"选项板"面板中的"图层特性"按钮 。

案例实战 022——创建与命名图层绘制户型结构图形

	素材文件	光盘\素材\第 4 章\户型结构.dwg
	效果文件	光盘\效果\第 4 章\户型结构.dwg
	视频文件	光盘\视频\第 4 章\案例实战 022.mp4

步骤 01　按〈Ctrl＋O〉组合键，打开素材图形，如图 4-1 所示。

步骤 02　在功能区选项板的"默认"选项卡中，单击"图层"面板中的"图层特性"按钮，如图 4-2 所示。

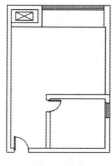

图 4-1　素材图形

图 4-2　单击"图层特性"按钮

步骤 03　弹出"图层特性管理器"面板，单击"新建图层"按钮，新建一个图层，并输入图层名称为"墙体"，如图 4-3 所示。

步骤 04　按〈Enter〉键确认，即可创建并命名图层对象，如图 4-4 所示。

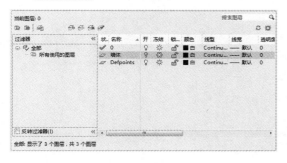

图 4-3　输入图层名称

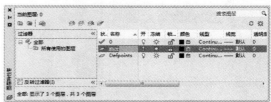

图 4-4　创建并命名图层

专家提醒

图层是用户组织和管理图形对象的一个有力工具，所有图形对象都具有图层、颜色、线型和线宽这 4 个基本属性。

4.1.3　图层颜色的设置

图层的颜色很重要，使用颜色能够直观地标识对象，这样便于区分图形的不同部分。在同一图形中，可以为不同的对象设置不同的颜色。

案例实战 023——设置洗手池图层颜色

素材文件	光盘\素材\第 4 章\洗手池.dwg
效果文件	光盘\效果\第 4 章\洗手池.dwg
视频文件	光盘\视频\第 4 章\案例实战 023.mp4

步骤 **01** 按〈Ctrl＋O〉组合键，打开素材图形，如图 4-5 所示。

步骤 **02** 在功能区选项板的"默认"选项卡中，单击"图层"面板中的"图层特性"按钮 🖹，弹出"图层特性管理器"面板，如图 4-6 所示。

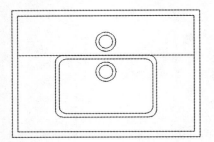

图 4-5　素材图形　　　　　　　　　　　图 4-6　"图层特性管理器"面板

步骤 **03** 单击"轮廓"图层的"颜色"选项，弹出"选择颜色"对话框，选择颜色为"红色"，如图 4-7 所示。

步骤 **04** 依次单击"确定"按钮和"关闭"按钮，即可设置图层颜色，如图 4-8 所示。

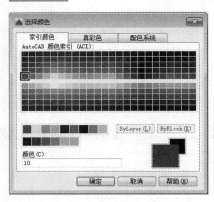

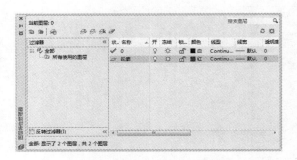

图 4-7　选择红色　　　　　　　　　　　图 4-8　设置图层颜色

专家提醒 ▢☞

除了运用上述方法设置图层颜色外，用户还可以打开功能区选项板的"常用"选项卡，在"特性"面板的"对象颜色"下拉列表框中选择合适的颜色选项。

4.1.4　图层线型的设置

线型是由图形显示的线、点和间隔组成的图样。在图层中设置线型，可以更直观地区分图像，使图形易于查看。

案例实战 024——设置间歇轮图层线型

素材文件	光盘\素材\第 4 章\间歇轮.dwg
效果文件	光盘\效果\第 4 章\间歇轮.dwg
视频文件	光盘\视频\第 4 章\案例实战 024.mp4

步骤 **01**　按〈Ctrl＋O〉组合键，打开素材图形，如图 4-9 所示。

步骤 **02**　在功能区选项板的"默认"选项卡中，单击"图层"面板中的"图层特性"按钮，弹出"图层特性管理器"面板，单击"中心线"图层的"线型"选项，如图 4-10 所示。

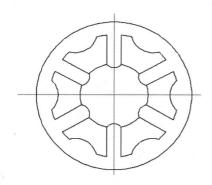

图 4-9　素材图形

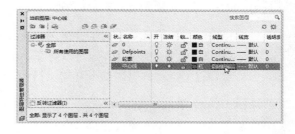

图 4-10　单击"中心线"图层"线型"选项

步骤 **03**　弹出"选择线型"对话框，单击"加载"按钮，如图 4-11 所示。

步骤 **04**　弹出"加载或重载线型"对话框，选择"CENTER"选项，如图 4-12 所示。

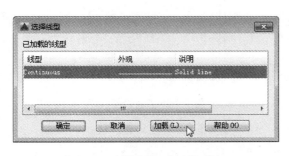

图 4-11　"选择线型"对话框

图 4-12　选择"CENTER"选项

步骤 **05**　单击"确定"按钮，返回"选择线型"对话框，选择"CENTER"选项，依次单击"确定"按钮和"关闭"按钮，即可设置图层线型，效果如图 4-13 所示。

专家提醒

除了运用上述方法设置图层线型外，用户还可以打开功能区选项板的"常用"选项卡，在"特性"面板的"线型"下拉列表框中选择合适的线型选项。

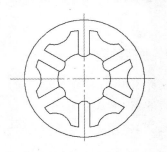

图 4-13 设置图层线型

4.1.5 图层线型比例的设置

由于线型受图形尺寸的影响，因此当图形的尺寸不同时，线型比例也将更改。设置图层线型比例的方法：在命令行输入"LTSCALE"（快捷命令：LTS）命令。

案例实战 025——设置冰箱线型比例

素材文件	光盘\素材\第 4 章\冰箱.dwg	
效果文件	光盘\效果\第 4 章\冰箱.dwg	
视频文件	光盘\视频\第 4 章\案例实战 025.mp4	

步骤 01 按〈Ctrl＋O〉组合键，打开素材图形，如图 4-14 所示。

步骤 02 在命令行中输入"LTS"（线型比例）命令，按〈Enter〉键确认，在命令行提示下，输入线型比例因子为"5"，按〈Enter〉键确认，即可设置线型比例，效果如图 4-15 所示。

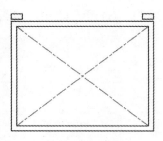

图 4-14 素材图形

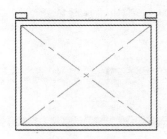

图 4-15 设置线型比例

专家提醒

使用"LTSCALE"（线型比例）命令可以更改用于图形中所有对象的线型比例因子。修改线型的比例因子将导致重生成图形。

4.1.6 图层线宽的设置

线宽设置就是改变线条的宽度。在 AutoCAD 中，使用不同宽度的线条表现对象的大小或类型，以提高图形的表达能力和可读性。

设置图层线宽的两种方法如下。

◆ 命令行：输入"LWEIGHT"（快捷命令：LW）命令。

◆ 菜单栏：选择菜单栏中的"默认"→"特性"→"线宽"命令。

案例实战 026——设置内矩形花键图层线宽

素材文件	光盘\素材\第 4 章\内矩形花键.dwg
效果文件	光盘\效果\第 4 章\内矩形花键.dwg
视频文件	光盘\视频\第 4 章\案例实战 026.mp4

步骤 01   按〈Ctrl＋O〉组合键，打开素材图形，如图 4-16 所示。

步骤 02   在命令行中输入"LW"（线宽）命令，按〈Enter〉键确认，弹出"线宽设置"对话框，单击"默认"右侧的下拉按钮，在弹出的下拉列表框中选择"0.50mm"选项，如图 4-17 所示。

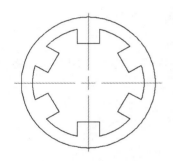

图 4-16 素材图形

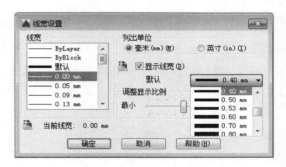

图 4-17 选择"0.50mm"选项

在"线宽设置"对话框中，各主要选项的含义如下。

◆ "线宽"列表框：显示可用线宽值。

◆ "当前线宽"选项区：显示当前线宽。

◆ "列出单位"选项区：指定线宽是以"毫米"显示或是"英寸"显示。

◆ "显示线宽"复选框：控制线宽是否在图形中显示。

步骤 03   在"调整显示比例"选项区中，拖曳滑块至右侧的末端，单击"确定"按钮，即可设置图层线宽，效果如图 4-18 所示。

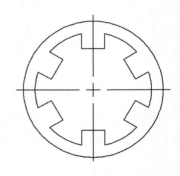

图 4-18 设置图层线宽

4.2 图层显示状态的设置

设置图层显示状态包括关闭、显示、冻结、锁定和解锁图层等，可以根据绘图的需要对图层进行相关设置。本节将介绍设置图层显示状态的方法。

4.2.1 图层的关闭与显示

在"图层特性管理器"面板中，单击"开"列中对应的"小灯泡"图标，可以打开或关闭图层对象。

关闭与显示图层的 3 种方法如下。

◆ 命令行：输入"LAYOFF"命令，关闭图层；输入"LAYON"命令，显示图层。

◆ 菜单栏：选择菜单栏中的"格式"→"图层工具"→"图层关闭"命令，关闭图层；
选择菜单栏中的"格式"→"图层工具"→"打开所有图层"命令，显示图层。

◆ 按钮法：切换至"默认"选项卡，单击"图层"面板中的"关闭"按钮，关闭图层；单击"图层"面板中的"打开所有图层"按钮，显示图层。

案例实战 027——关闭与显示圆形坐垫图层

素材文件	光盘\素材\第 4 章\坐垫.dwg
效果文件	光盘\效果\第 4 章\坐垫.dwg
视频文件	光盘\视频\第 4 章\案例实战 027.mp4

步骤 01 按〈Ctrl＋O〉组合键，打开素材图形，如图 4-19 所示。

步骤 02 在命令行中输入"LAYOFF"（图层关闭）命令，按〈Enter〉键确认，在命令行提示下，选择绘图区的中心线对象，并确认，即可关闭"中心线"图层，如图 4-20 所示。

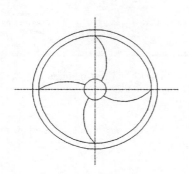

图 4-19 素材图形

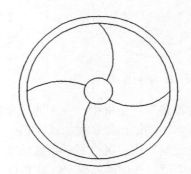

图 4-20 关闭"中心线"图层

步骤 03 在命令行中输入"LAYON"（打开所有图层）命令，按〈Enter〉键确认，即可显示所有的图层对象，效果如图 4-21 所示。

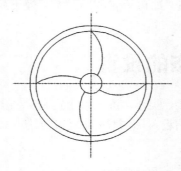

图 4-21 显示所有的图层对象

专家提醒

关闭图层对象后，图层上相应的图形对象将不能显示，也不能打印输出。

4.2.2　图层的冻结与解冻

冻结图层有利于减少系统重生成图形的时间。冻结的图层不能参与重生成计算且不显示在绘图区中，用户不能对其进行编辑。完成重生成图形后，可以使用解冻功能将其解冻，恢复原来的状态。

冻结与解冻图层的 3 种方法如下。

◆ 命令行：输入"LAYFRZ"命令，冻结图层；输入"LAYTHW"命令，解冻图层。

◆ 菜单栏：选择菜单栏中的"格式"→"图层工具"→"图层冻结"命令，冻结图层；选择菜单栏中的"格式"→"图层工具"→"解冻所有图层"命令，解冻图层。

◆ 按钮法：切换至"默认"选项卡，单击"图层"面板中的"冻结"按钮 ，冻结图层；单击"图层"面板中的"解冻所有图层"按钮 ，解冻图层。

案例实战 028——冻结与解冻结构平面图层

	素材文件	光盘\素材\第 4 章\结构平面.dwg
	效果文件	光盘\效果\第 4 章\结构平面.dwg
	视频文件	光盘\视频\第 4 章\案例实战 028.mp4

步骤 01　按〈Ctrl＋O〉组合键，打开素材图形，如图 4-22 所示。

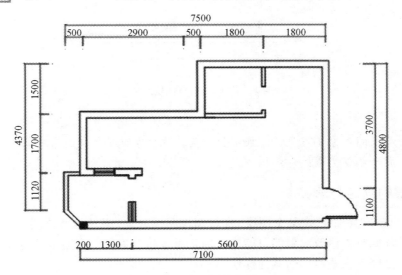

图 4-22　素材图形

步骤 02　在命令行中输入"LAYFRZ"（图层冻结）命令，按〈Enter〉键确认，在命令行提示下，选择绘图区的结构平面为对象并确认，即可冻结图层，如图 4-23 所示。

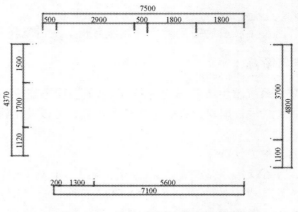

图 4-23　冻结"结构平面"图层

步骤 03　在命令行中输入"LAYTHW"（解冻所有图层）命令，按〈Enter〉键确认，即可解冻所有的图层对象，效果如图 4-24 所示。

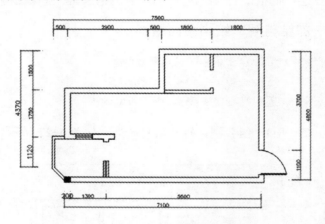

图 4-24　解冻所有图层对象

专家提醒 ☞

已冻结图层上的对象不可见，并且不会遮盖其他对象。在大型图形对象中，冻结不需要的图层将加快显示和重生成图形的操作速度。

4.2.3　图层的锁定与解锁

在 AutoCAD 2016 中锁定某个图层，在解锁该图层之前，无法修改该图层上的所有对象。锁定图层可以降低意外修改对象的可能性。用户可以将对象捕捉应用于锁定图层上的对象，也可以执行不会修改这些对象的其他操作。

案例实战 029——锁定与解锁书柜图层

	素材文件	光盘\素材\第 4 章\书柜.dwg
	效果文件	光盘\效果\第 4 章\书柜.dwg
	视频文件	光盘\视频\第 4 章\案例实战 029.mp4

步骤 01　按〈Ctrl＋O〉组合键，打开素材图形，如图 4-25 所示。

步骤 02　在命令行中输入"LAYLCK"（图层锁定）命令，按〈Enter〉键确认，在命令行提示下，选择绘图区的矩形对象并确认，锁定"0"图层，如图 4-26 所示，锁定的图层将呈浅灰色。

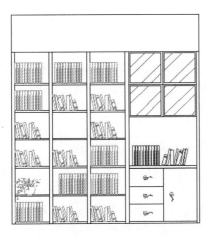

图 4-25　素材图形

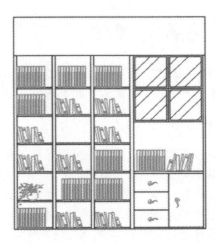

图 4-26　锁定"0"图层

步骤 03　在命令行中输入"LAYULK"（图层解锁）命令，按〈Enter〉键确认；在绘图区中的书本对象上，单击鼠标左键，即可解锁图层，如图 4-27 所示，解锁后的图层呈黑色。

图 4-27　解锁图层

专家提醒 ☞

锁定与解锁图层的 3 种方法如下。

◆ 命令行：输入"LAYLCK"命令，锁定图层；输入"LAYULK"命令，解锁图层。

◆ 菜单栏：选择菜单栏中的"格式"→"图层工具"→"图层锁定"命令，锁定图层；选择菜单栏中的"格式"→"图层工具"→"图层解锁"命令，解锁图层。
◆ 按钮法：切换至"默认"选项卡，单击"图层"面板中的"锁定"按钮🔒，锁定图层；单击"图层"面板中的"解锁"按钮🔓，解锁图层。

4.3 图层的修改

在"图层特性管理器"面板中，不仅可以创建图层，设置图层的颜色、线型及线宽，还可以对图层进行更多的修改，如删除、转换、漫游、匹配以及改变对象所在的图层等。

4.3.1 图层的删除

使用"删除图层"命令，可以删除图层上的所有对象并清理该图层。
删除图层的 3 种方法如下。
◆ 命令行：输入"LAYDEL"命令。
◆ 菜单栏：选择菜单栏中的"格式"→"图层工具"→"图层删除"命令。
◆ 按钮法：切换至"默认"选项卡，单击"图层"面板中的"删除"按钮🗑。

案例实战 030——删除洗衣机图层

素材文件	光盘\素材\第 4 章\洗衣机.dwg	
效果文件	光盘\效果\第 4 章\洗衣机.dwg	
视频文件	光盘\视频\第 4 章\案例实战 030.mp4	

步骤 01 按〈Ctrl＋O〉组合键，打开素材图形，如图 4-28 所示。
步骤 02 在"默认"选项卡中，单击"图层"面板中的"删除"按钮🗑，如图 4-29 所示。

图 4-28 素材图形

图 4-29 单击"删除"按钮

步骤 03 在命令行提示下，选择外矩形作为要删除的图层对象，按〈Enter〉键确认，在命令行提示下，输入"Y"，如图 4-30 所示。
步骤 04 按〈Enter〉键确认，即可删除图层，效果如图 4-31 所示。

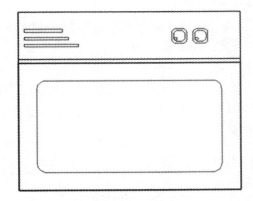

图 4-30　AutoCAD 文本窗口　　　　　　　　　图 4-31　删除图层

4.3.2　图层的转换

使用"图层转换器"命令可以转换图层，实现图形的标准化和规范化；可以转换当前图形中的图层，使之与其他图形的图层结构或 CAD 标准文件相匹配。

案例实战 031——转换书桌图层

素材文件	光盘\素材\第 4 章\书桌.dwg
效果文件	光盘\效果\第 4 章\书桌.dwg
视频文件	光盘\视频\第 4 章\案例实战 031.mp4

步骤 01　按〈Ctrl＋O〉组合键，打开素材图形，如图 4-32 所示（此时书桌主体呈浅蓝色）。

步骤 02　在功能区选项板的"管理"选项卡中，单击"CAD 标准"面板中的"图层转换器"按钮 图层转换器，如图 4-33 所示。

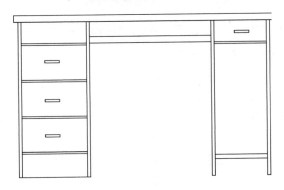

图 4-32　素材图形　　　　　　　　　　图 4-33　单击"图层转换器"按钮

步骤 03　弹出"图层转换器"对话框，单击"新建"按钮，如图 4-34 所示。

步骤 **04** 弹出"新图层"对话框,设置"名称"为"直线",其他选项保持默认设置,如图 4-35 所示。

图 4-34 "图层转换器"对话框   图 4-35 "新图层"对话框

步骤 **05** 单击"确定"按钮,返回"图层转换器"对话框,依次选择"0"和"直线"选项,单击"映射"按钮,将"0"图层映射到"直线"图层中,如图 4-36 所示。

步骤 **06** 单击"保存"按钮,弹出"保存图层映射"对话框,设置文件名和保存路径,如图 4-37 所示。

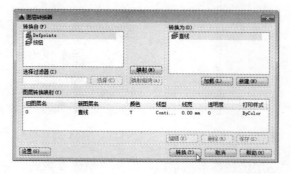

图 4-36 映射图层   图 4-37 "保存图层映射"对话框

步骤 **07** 单击"保存"按钮,返回"图层转换器"对话框,单击"转换"按钮,即可转换图层,此时图形中所有线条全部呈黑色,如图 4-38 所示。

图 4-38 转换线条颜色

"图层转换器"对话框中各主要选项含义如下。

◆ "转换自"列表框：在当前图形中指定要转换的图层对象。

◆ "选择过滤器"文本框：用于指定可以包括通配符的命名方式，在"转换自"列表中指定要选择的图层。

◆ "映射"按钮：单击该按钮，将"转换自"中选定的图层映射到"转换为"列表框中选定的图层。

◆ "转换为"列表框：列出可以将当前图形的图层转换为哪些图层。

◆ "图层转换映射"显示区：列出要转换的所有的图层以及所有图层转换后所具有的特性。

◆ "转换"按钮：单击该按钮，将对已映射图层进行图层转换。

专家提醒 ☞

转换图层的 3 种方法如下。

◆ 命令行：输入"LAYTRANS"命令。

◆ 菜单栏：选择菜单栏中的"管理"→"CAD 标准"→"图层转换器"命令。

◆ 按钮法：切换至"管理"选项卡，单击"CAD 标准"面板中的"图层转换器"按钮
| 图层转换器 |。

4.3.3　图层的过滤

在绘制图形时，如果图形中包含大量图层，可以在"图层特性管理器"面板中，单击"新建图层过滤器"按钮，进入"过滤器"面板，如图 4-39 所示。通过该面板来对图层进行过滤。

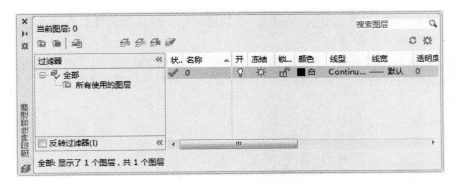

图 4-39　"图层过滤器特性"面板

面板中各主要选项含义如下。

◆ "过滤器名称"文本框：提供用于输入图层特性过滤器名称的空间。

◆ "显示样例"按钮：单击该按钮，将打开"Autodesk Exchange"，在图层过滤器样例中显示图层特性过滤器定义的样例。

◆ "过滤器定义"列表框：显示图层的特性。

◆ "过滤器预览"列表框：按照定义的方式显示过滤的结果。

4.3.4 图层的漫游

使用"图层漫游"命令，可以动态显示在"图层"列表中选择的图层对象。

案例实战 032——漫游插座图层

素材文件	光盘\素材\第 4 章\插座.dwg
效果文件	光盘\效果\第 4 章\插座.dwg
视频文件	光盘\视频\第 4 章\案例实战 032.mp4

步骤 01　按〈Ctrl＋O〉组合键，打开素材图形，如图 4-40 所示。

步骤 02　在功能区选项板的"默认"选项卡中，单击"图层"面板中的"图层漫游"按钮，如图 4-41 所示。

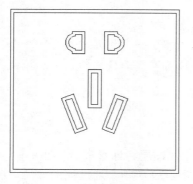

图 4-40　素材图形

图 4-41　单击"图层漫游"按钮

步骤 03　弹出"图层漫游-图层数：2"对话框，选择"插孔"选项，取消选中"退出时恢复"复选框，如图 4-42 所示。

步骤 04　单击"关闭"按钮，弹出"图层-图层状态更改"对话框，单击"继续"按钮，即可漫游图层，效果如图 4-43 所示。

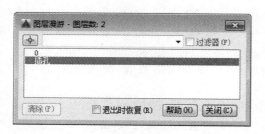

图 4-42　"图层漫游-图层数：2"对话框

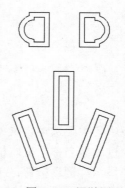

图 4-43　漫游图层

专家提醒 ☞

漫游图层的 3 种方法如下。

◆ 命令行：输入"LAYWALK"命令。

◆ 菜单栏：选择菜单栏中的"格式"→"图层工具"→"图层漫游"命令。

◆ 按钮法：切换至"默认"选项卡，单击"图层"面板中的"图层漫游"按钮。

4.3.5 图层的匹配

图层匹配可以将选定图形对象的图层更改为与目标图层相匹配。

案例实战 033——匹配凸轮图层

素材文件	光盘\素材\第 4 章\凸轮.dwg
效果文件	光盘\效果\第 4 章\凸轮.dwg
视频文件	光盘\视频\第 4 章\案例实战 033.mp4

步骤 01　按〈Ctrl＋O〉组合键，打开素材图形，如图 4-44 所示。

步骤 02　在功能区选项板的"默认"选项卡中，单击"图层"面板中的"匹配图层"按钮，如图 4-45 所示。

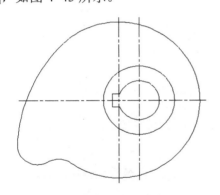

图 4-44　素材图形　　　　　　　　图 4-45　单击"匹配图层"按钮

步骤 03　在命令行提示下，选择绘图区中的凸轮图形对象，如图 4-46 所示。

步骤 04　按〈Enter〉键确认，在中心线上单击鼠标左键，匹配图层，如图 4-47 所示。

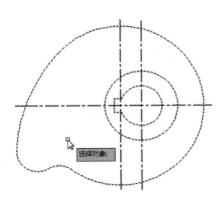

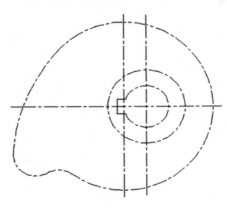

图 4-46　选择凸轮图形对象　　　　　　　　图 4-47　匹配图层

专家提醒 ☞

匹配图层的 3 种方法如下。

◆ 命令行: 输入 "LAYMCH" 命令。

◆ 菜单栏: 选择菜单栏中的 "格式" → "图层工具" → "图层匹配" 命令。

◆ 按钮法: 切换至 "默认" 选项卡, 单击 "图层" 面板的 "匹配图层" 按钮 🔄。

4.3.6 改变对象所在图层

在 AutoCAD 2016 中, 改变对象所在图层操作可以更改图层名和图层的任意特性 (包括颜色和线型), 也可以将对象从一个图层重新指定到其他图层。

案例实战 034——改变盘子所在图层

素材文件	光盘\素材\第 4 章\盘子.dwg
效果文件	光盘\效果\第 4 章\盘子.dwg
视频文件	光盘\视频\第 4 章\案例实战 034.mp4

步骤 01 按〈Ctrl+O〉组合键, 打开素材图形, 如图 4-48 所示。

步骤 02 在绘图区中, 选择需要更改图层的图形对象 (两条虚线), 在 "默认" 选项卡的 "图层" 下拉列表框中选择 "中心线" 选项, 如图 4-49 所示。

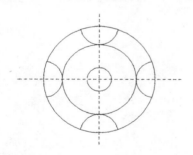

图 4-48　素材图形　　　　　　　　　图 4-49　选择 "中心线" 选项

步骤 03 执行操作后按〈Esc〉键结束命令, 即可改变对象所在图层, 如图 4-50 所示。

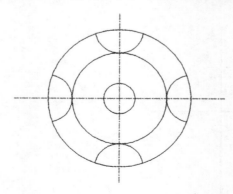

图 4-50　改变对象所在图层

专家提醒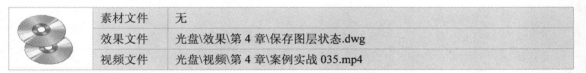

除了运用上述方法改变对象所在图层外，用户还可以在绘图区中选择编辑对象，单击鼠标右键，在弹出的快捷菜单中选择"快捷特性"命令，在弹出的"快捷特性"面板中可以改变对象所在图层。

4.4　图层状态的设置

在 AutoCAD 2016 中，可以将图层设置另存为命名图层状态，然后可以恢复、编辑这些图层设置，从其他图形和文件中输入这些图层设置，以及将其输出以便在其他图形中使用。

4.4.1　图层状态的保存

使用保存图层状态功能，可以将当前图层设置保存为"图层状态""更改图层状态"，以后可将它们恢复到图形。

保存图层状态的 3 种方法如下。

◆ 命令行：输入"LAYERSTATE"命令。
◆ 菜单栏：选择菜单栏中的"格式"→"图层状态管理器"命令。
◆ 按钮法：切换至"默认"选项卡，单击"图层"面板的"管理图层状态"按钮。

案例实战 035——保存图层状态

素材文件	无
效果文件	光盘\效果\第 4 章\保存图层状态.dwg
视频文件	光盘\视频\第 4 章\案例实战 035.mp4

步骤 01　在命令行输入"LAYERSTATE"（图层状态管理器）命令，按〈Enter〉键确认，弹出"图层状态管理器"对话框，单击"新建"按钮，如图 4-51 所示。

步骤 02　弹出"要保存的新图层状态"对话框，在相应的文本框中输入相应的内容，效果如图 4-52 所示。

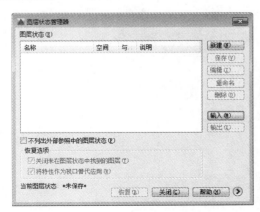

图 4-51　"图层状态管理器"对话框

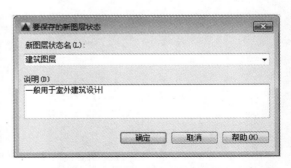

图 4-52　"要保存的新图层状态"对话框

步骤 03 单击"确定"按钮，返回到"图层状态管理器"对话框，单击"保存"按钮，弹出"图层-覆盖图层状态"对话框，单击"是"按钮，返回到"图层状态管理器"对话框，单击"关闭"按钮，即可保存图层状态。

"图层状态管理器"对话框中，各主要选项的含义如下。

◆ "图层状态"列表框：列出已保存在图形中的图层名称、保存它们的空间（模型空间、布局或外部参照）、图层列表是否与图形中的图层列表相同以及可选说明。

◆ "不列出外部参照中的图层状态"复选框：控制是否显示外部参照中的图层状态。

◆ "保存"按钮：保存选定的命名图层状态。

◆ "输入"按钮：显示"标准文件选择"对话框，从中可以将之前输出的图层状态（LAS）文件加载到当前图形。

◆ "输出"按钮：显示"标准文件选择"对话框，从中可以将选定命名图层状态保存到图层状态（LAS）文件中。

◆ "恢复"按钮：将图形中所有图层的状态和特性设置恢复为之前保存的设置。

◆ "关闭"按钮：关闭"图层状态管理器"对话框并保存更改。

4.4.2 图层状态的输出

在 AutoCAD 2016 中，用户还可以将图层状态保存在本地磁盘上，供以后使用。

案例实战 036——输出建筑图层状态

素材文件	无
效果文件	光盘\效果\第 4 章\建筑图层.dwg
视频文件	光盘\视频\第 4 章\案例实战 036.mp4

步骤 01 以 4.4.1 节的效果为例，在命令行输入"LAYERSTATE"（图层状态管理器）命令，按〈Enter〉键确认，弹出"图层状态管理器"对话框，选择合适的图层状态，如图 4-53 所示。

步骤 02 单击"输出"按钮，弹出"输出图层状态"对话框，选择合适的保存路径，如图 4-54 所示，单击"保存"按钮，即可输出图层状态。

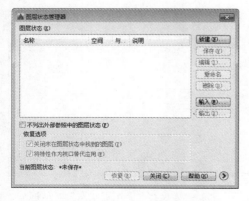

图 4-53 "图层状态管理器"对话框　　　图 4-54 "输出图层状态"对话框

第 5 章　常用基本绘图命令

学前提示

　　绘图是 AutoCAD 2016 的主要功能，也是最基本的功能，而二维平面图形的形状都很简单，创建起来也很容易，是 AutoCAD 绘图的基础。因此，只有熟练地掌握绘制简单二维平面图形的绘图命令，才能够更好地绘制出复杂的图形。

本章教学目标

▶ 创建点对象
▶ 创建线型对象
▶ 创建其他线型对象
▶ 创建曲线型对象

学完本章后你会做什么

▶ 掌握创建点对象的操作，如绘制单点、定数等分点、定距等分点等
▶ 掌握创建线型对象的操作，如绘制直线、构造线、射线等
▶ 掌握创建曲线型对象的操作，如绘制圆弧、圆环、椭圆、样条曲线等

视频演示

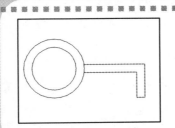

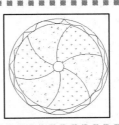

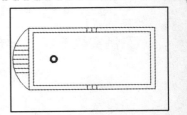

5.1 绘制点对象

点是组成线的基本单位，创建点对象包括创建点、创建定数等分点和定距等分点对象。本节将介绍创建点对象的方法。

5.1.1 点样式的设置

如果用户需要标识很多不同的地方，直接使用系统默认的点样式，就无法区分各部分的不同，此时需要设置不同的点样式来标识。

设置点样式的两种方法如下。

◆ 命令行：输入"DDPTYPE"命令。

◆ 菜单栏：选择菜单栏中的"格式"→"点样式"命令。

采用以上任意一种方法执行操作后，都将弹出"点样式"对话框，如图 5-1 所示。在该对话框中各主要选项的含义如下。

◆ "点大小"文本框：用于设置点的显示大小，可以相对于屏幕尺寸设置点大小，也可以设置点的绝对大小。

◆ "相对于屏幕设置大小"单选按钮：用于按屏幕尺寸百分比设置点的显示大小。当改变显示比例时，点的显示大小并不改变。

◆ "按绝对单位设置大小"单选按钮：使用实际单位设置点的大小。当改变显示比例时，AutoCAD 显示的点的大小随之改变。

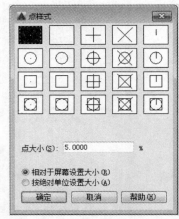

图 5-1 "点样式"对话框

专家提醒 🖙

"点样式"对话框的第 1 行"点样式"的 PDMODE 数值为 0～4；第 2 行为 32～36；第 3 行为 64～68；第 4 行为 96～100。

5.1.2 单点的绘制

在 AutoCAD 2016 中，作为节点或参照几何图形的点对象，对于对象捕捉和相对偏移是非常有用的。

绘制单点的两种方法如下。

◆ 命令行：输入"POINT"（快捷命令：PO）命令。

◆ 菜单栏：选择菜单栏中的"绘图"→"点"→"单点"命令。

案例实战 037——给地砖图形创建单点

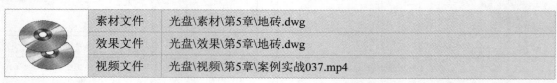

	素材文件	光盘\素材\第5章\地砖.dwg
	效果文件	光盘\效果\第5章\地砖.dwg
	视频文件	光盘\视频\第5章\案例实战037.mp4

步骤 01　按〈Ctrl+O〉组合键，打开素材图形，如图 5-2 所示。

步骤 02　在命令行中输入"PO"（单点）命令，按〈Enter〉键确认；在命令行提示下，在绘图区中的大圆圆心点上单击鼠标左键，即可创建点，效果如图 5-3 所示。

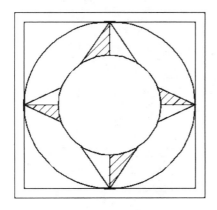 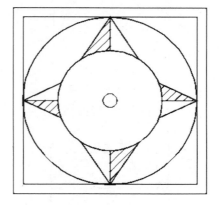

图 5-2　素材图形　　　　　　　　　　图 5-3　创建单点

专家提醒 ☞

在创建单点的过程中，如果修改了点样式，那么在绘图区点对象显示为用户最后设定的样式。

5.1.3　定距等分点的创建

使用"定距等分点"命令，可以将绘图区中指定的对象以确定的长度进行等分。

绘制定距等分点的 3 种方法如下。

◆ 命令行：输入"MEASURE"（快捷命令：ME）命令。

◆ 菜单栏：选择菜单栏中的"绘图"→"点"→"定距等分"命令。

◆ 按钮法：切换至"默认"选项卡，单击"绘图"面板中的"定距等分"按钮。

案例实战 038——定距等分洗衣机图形

	素材文件	光盘\素材\第5章\洗衣机.dwg
	效果文件	光盘\效果\第5章\洗衣机.dwg
	视频文件	光盘\视频\第5章\案例实战038.mp4

步骤 01　按〈Ctrl+O〉组合键，打开素材图形，如图 5-4 所示。

步骤 02　在"默认"选项卡中，单击"绘图"面板中间的下拉按钮，在展开的面板中，单击"测量"按钮，如图 5-5 所示。

步骤 03　在命令行提示下，选择圆作为定距等分对象，如图 5-6 所示。

步骤 04　输入线段长度为"300"，按〈Enter〉键确认，即可创建定距等分点，如图 5-7 所示。

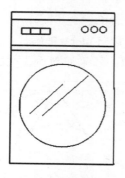

图 5-4　素材图形

图 5-5　单击"测量"按钮

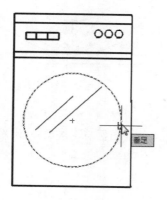

图 5-6　输入参数值

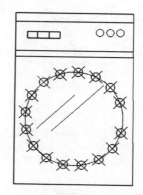

图 5-7　创建定距等分点

5.1.4　定数等分点的创建

使用"定数等分点"命令，可以将点或块沿图形对象的长度等间隔排列。

创建定数等分点的 3 种方法如下。

◆ 命令行：输入"DIVIDE"（快捷命令：DIV）命令。

◆ 菜单栏：选择菜单栏中的"绘图"→"点"→"定数等分"命令。

◆ 按钮法：切换至"默认"选项卡，单击"绘图"面板中的"定数等分"按钮。

案例实战 039——定数等分饮水机图形

素材文件	光盘\素材\第5章\饮水机.dwg
效果文件	光盘\效果\第5章\饮水机.dwg
视频文件	光盘\视频\第5章\案例实战039.mp4

步骤 01　按〈Ctrl+O〉组合键，打开素材图形，如图 5-8 所示。

步骤 02　在功能区选项板的"默认"选项卡中，单击"绘图"面板中间的下拉按钮，展开面板，单击"定数等分"按钮，如图 5-9 所示。

步骤 03　在命令行提示下，选择中间的小圆作为定数等分对象，输入等分数为"10"，按〈Enter〉键确认，即可创建定数等分点，如图 5-10 所示。

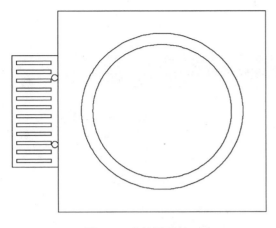

图 5-8　素材图形

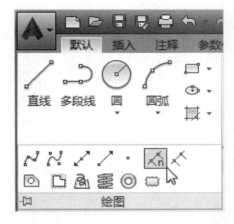

图 5-9　单击"定数等分"按钮

在使用"定数等分"命令时，应注意以下两点：

◆ 因为输入的是等分数，而不是放置点的个数，所以如果将所选非闭合对象分为 N 份，则实际上只生成 $N-1$ 个点。

◆ 每次只能对一个对象操作，而不能对一组对象操作。

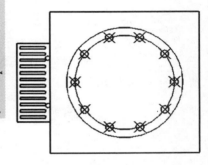

图 5-10　创建定数等分点

5.2　绘制线型对象

线型对象在 AutoCAD 的各类绘图操作中，是最常见、最简单的图形对象，在各类工程图形的创建中，由直线构成的几何图形，同样是应用最广泛的一种图形对象。

5.2.1　直线的绘制

使用"直线"命令，可以将第一条线段和最后一条线段连接起来，闭合一系列直线段。

案例实战 040——为台灯创建直线

素材文件	光盘\素材\第5章\台灯.dwg
效果文件	光盘\效果\第5章\台灯.dwg
视频文件	光盘\视频\第5章\案例实战040.mp4

步骤 01　按〈Ctrl+O〉组合键，打开一幅素材图形，如图 5-11 所示。

步骤 02　在功能区选项板的"默认"选项卡中，单击"绘图"面板中的"直线"按钮，如图 5-12 所示。

创建直线的三种方法如下。

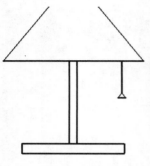

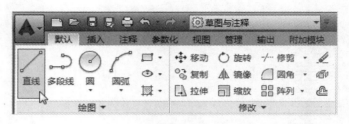

图 5-11　素材图形　　　　　　　　图 5-12　单击"直线"按钮

◆ 命令行：输入"LINE"（快捷命令：L）命令。
◆ 菜单栏：选择菜单栏中的"绘图"→"直线"命令。
◆ 按钮法：切换至"默认"选项卡，单击"绘图"面板中的"直线"按钮 ╱ 。

步骤　03　在命令行提示下，捕捉左上方的端点作为直线的第一点，向右引导光标，如图 5-13 所示。

步骤　04　捕捉右上方的端点作为直线的第二点，按〈Enter〉键确认，绘制直线，效果如图 5-14 所示。

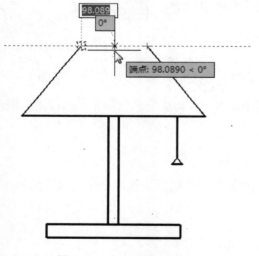

图 5-13　向右引导光标　　　　　　　　图 5-14　绘制直线

5.2.2　射线的绘制

向一个方向无限延伸的，且只有起点没有终点的直线称为射线。射线主要用于绘制辅助参考线，从而方便绘图。

绘制射线的 3 种方法如下。

◆ 命令行：输入"RAY"命令。
◆ 菜单栏：选择菜单栏中的"绘图"→"射线"命令。

◆ 按钮法：切换至"默认"选项卡，单击"绘图"面板中的"射线"按钮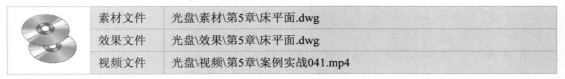。

案例实战 041——为床平面创建射线

	素材文件	光盘\素材\第5章\床平面.dwg
	效果文件	光盘\效果\第5章\床平面.dwg
	视频文件	光盘\视频\第5章\案例实战041.mp4

步骤 01　按〈Ctrl+O〉组合键，打开素材图形，如图 5-15 所示。

步骤 02　在"默认"选项卡中，单击"绘图"面板中的"射线"按钮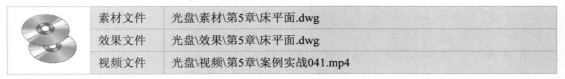，如图 5-16 所示。

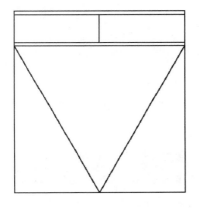

图 5-15　素材图形

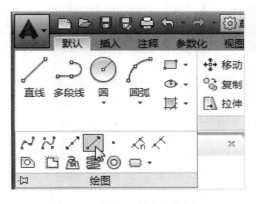

图 5-16　单击"射线"按钮

步骤 03　在命令行提示下，在最左侧直线的中点上单击，向右引导光标，在图形右侧合适位置上单击鼠标左键，按〈Enter〉键确认，即可绘制出射线，如图 5-17 所示。

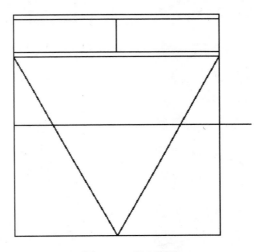

图 5-17　绘制射线

新手案例学
AutoCAD 2016 中文版从入门到精通

5.2.3　构造线的绘制

在 AutoCAD 2016 中，向两个方向无限延伸，且没有起点和终点的直线称为构造线。构造线主要用于绘制参考辅助线。

绘制构造线的 3 种方法如下。

◆ 命令行：输入"XLINE"（快捷命令：XL）命令。
◆ 菜单栏：选择菜单栏中的"绘图"→"构造线"命令。
◆ 按钮法：切换至"默认"选项卡，单击"绘图"面板中的"构造线"按钮📐。

案例实战 042——为曲柄创建构造线

素材文件	光盘\素材\第5章\曲柄.dwg	
效果文件	光盘\效果\第5章\曲柄.dwg	
视频文件	光盘\视频\第5章\案例实战042.mp4	

步骤 01　按〈Ctrl+O〉组合键，打开素材图形，如图 5-18 所示。

步骤 02　在功能区选项板的"默认"选项卡中，单击"绘图"面板中的"构造线"按钮📐，如图 5-19 所示。

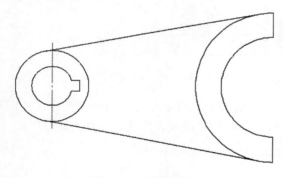

图 5-18　素材图形

图 5-19　单击"构造线"按钮

步骤 03　在命令行提示下，依次捕捉左侧的圆心点和右侧的圆心点，按〈Enter〉键确认，绘制构造线，如图 5-20 所示。

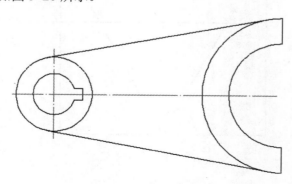

图 5-20　绘制构造线

执行"构造线"命令后，命令行中提示如下。

指定点或[水平(H)/垂直(V)/角度(A)/二等分(B)/偏移(O)]:（通过用无限长直线所通过的两点定义构造线的位置）

命令行中各选项含义如下。

◆ 水平（H）：绘制一条通过指定点且平行于 X 轴的构造线。

◆ 垂直（V）：绘制一条通过指定点且平行于 Y 轴的构造线。

◆ 角度（A）：以指定角度，或参照某条已经存在直线以一定的角度绘制一条构造线。

◆ 二等分（B）：绘制角平分线。使用该选项绘制的构造线将平分指定的两条相交线之间的夹角。

◆ 偏移（O）：通过另一条直线对象绘制与该直线平行的构造线，绘制此平行构造线时可以指定偏移距离与方向，也可以指定通过点。

专家提醒

使用"二等分"选项绘制构造线，用输入坐标值指定角度顶点、起点和端点的方法绘制时，若提示输入顶点和起点，直接输入的坐标值为绝对坐标值，而提示输入端点，则直接输入的坐标值为相对于起点的坐标值。

5.3　绘制其他线型对象

除了上述介绍的直线、射线以及构造线的绘制方法外，本节将介绍多线、多段线、矩形和多边形的绘制方法。

5.3.1　多线样式的设置

在 AutoCAD 2016 中，默认的多线样式为"STANDARD"，由一对平行的连续线组成。用户可以将绘制的多线样式保存在当前图形中，也可以将多线样式保存到独立的多线样式库文件中，以便在其他图形文件中加载并使用这些多线样式。

设置多线样式的两种方法如下。

◆ 命令行：输入"MLSTYLE"命令。

◆ 菜单栏：选择菜单栏中的"格式"→"多线样式"命令。

执行"多线样式"命令后，将弹出"多线样式"对话框，如图 5-21 所示。在该对话框中，各选项的含义如下。

◆"当前多线样式"显示区：显示当前多线样式名称，该样式将在后续创建的多线中用到。

◆"样式"列表框：显示已加载到图形中的多线样式列表。

◆"说明"显示区：用于显示选定多线样式的说明。

◆"预览"显示区：显示选定多线样式名称和图像。

◆"置为当前"按钮：单击该按钮，将当前多线样式用于后续多线的创建。

◆"新建"按钮：单击该按钮，将弹出"创建新的多线样式"对话框，从中可以创建新的多线样式。

◆ "修改"按钮：单击该按钮，将弹出"修改多线样式"对话框，从中可以修改选定的多线样式。
◆ "重命名"按钮：单击该按钮，重命名当前选定的多线样式，但不能重命名"STANDARD"多线样式。

图 5-21 "多线样式"对话框

◆ "删除"按钮：单击该按钮，可以从"样式"列表中删除当前选定的多线样式。
◆ "加载"按钮：单击该按钮，将显示"加载多线样式"对话框，从中可以从指定的 MLN 文件加载多线样式。
◆ "保存"按钮：单击该按钮，可以将多线样式保存或复制到多线库（MLN）文件。

5.3.2 多线的创建

多线包含 1～16 条称为元素的平行线，其中的平行线可以具有不同的颜色和线型。多线可作为一个单一的对象来进行编辑。

创建多线的两种方法如下。

◆ 命令行：输入"MLINE"（快捷命令：ML）命令。
◆ 菜单栏：选择菜单栏中的"绘图"→"多线"命令。

案例实战 043——多线绘制平面结构图

素材文件	光盘\素材\第5章\平面结构.dwg
效果文件	光盘\效果\第5章\平面结构.dwg
视频文件	光盘\视频\第5章\案例实战043.mp4

步骤 01 按〈Ctrl+O〉组合键，打开素材图形，如图 5-22 所示。
步骤 02 在命令行中输入"MLINE"（多线）命令，按〈Enter〉键确认，在命令行提示下，输入"S"（比例）选项，设置多线比例为"240"，捕捉左上方合适端点，向左引导光

标，输入指定下一点位置为"2700"，按〈Enter〉键确认。

步骤 03 向下引导光标，输入"3760"并确认；再向右引导光标，输入"1500"并确认，绘制的多线效果如图 5-23 所示。

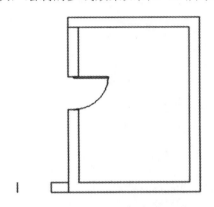

图 5-22 素材图形　　　　　　　图 5-23 绘制多线

专家提醒 ☞

在 AutoCAD 2016 中，多线样式用于控制多线中直线元素的数目、颜色、线型、线宽以及每个元素偏移量，还可以修改多线显示、端点封口和背景填充。

执行"多线"命令后命令行中提示如下。

当前设置：对正=上，比例=20.00，样式= STANDARD

指定起点或[对正(J)/比例(S)/样式(ST)]：

命令行中各选项含义如下。

◆ 对正（J）：指定多线对正的方法。

◆ 比例（S）：指定多线宽度相对于多线定义宽度比例因子，该比例不影响多线的线型比例。

◆ 样式（ST）：确定绘制多线时采用的样式，默认样式为 STANDARD。

5.3.3 多线的编辑

在 AutoCAD 2016 中，使用"编辑多线"命令，可以对多线进行编辑处理。

编辑多线的两种方法如下。

◆ 命令行：输入"MLEDIT"命令。

◆ 菜单栏：选择菜单栏中的"修改"→"对象"→"多线"命令。

执行"多线"命令后，将弹出"多线编辑工具"对话框，如图 5-24 所示。

"多线编辑工具"对话框中，各多线编辑工具的含义如下。

◆ "十字闭合"工具：在两条多线之间创建闭合的十字交点。

◆ "十字打开"工具：在两条多线之间创建打开的十字交点。

◆ "十字合并"工具：在两条多线之间创建合并的十字交点。

◆ "T 形闭合"工具：在两条多线之间创建闭合的 T 形交点。

◆ "T 形打开"工具：在两条多线之间创建打开的 T 形交点。

- "T 形合并"工具：在两条多线之间创建合并的 T 形交点。
- "角点结合"工具：在多线之间创建角点结合。
- "添加顶点"工具：向多线添加顶点。

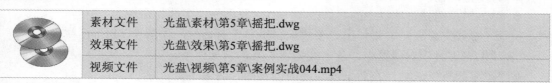

图 5-24 "多线编辑工具"对话框

- "删除顶点"工具：从多线删除顶点。
- "单个剪切"工具：通过拾取点，剪切所选定的多线元素。
- "全部剪切"工具：创建穿过整条多线对象的可见打断。
- "全部接合"工具：将被剪切多线线段对象重新接合起来。

5.3.4 多段线的创建

多段线是由多条可以改变宽度的直线段或圆弧相互连接而组成的组合体，它是一种非常有用的线段对象。多段线中的各线段可以具有不同的线宽。

创建多段线的 3 种方法如下。

- 命令行：输入"PLINE"（快捷命令：PL）命令。
- 菜单栏：选择菜单栏中的"绘图"→"多段线"命令。
- 按钮法：切换至"默认"选项卡，单击"绘图"面板中的"多段线"按钮。

案例实战 044——创建多段线绘制摇把

	素材文件	光盘\素材\第5章\摇把.dwg
	效果文件	光盘\效果\第5章\摇把.dwg
	视频文件	光盘\视频\第5章\案例实战044.mp4

步骤 01 按〈Ctrl+O〉组合键，打开素材图形，如图 5-25 所示。

步骤 02 在功能区选项板的"默认"选项卡中，单击"绘图"面板中的"多段线"按钮，在命令行提示下，在最大圆的最上方象限点上单击，向左引导光标。

步骤 03　输入多段线长度为"30"，按〈Enter〉键确认；按如图 5-26 所示的多段线效果，引导光标绘制多段线，输入的多段线长度分别为"6"、"10"、"12"、"10"、"6"和"30"。

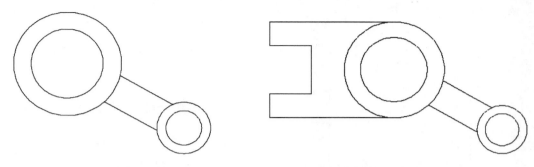

图 5-25　素材图形　　　　　　　　　　　　　图 5-26　创建多段线

执行"多段线"命令后，命令行中的提示如下。

指定起点：（指定多段线的起点）

当前线宽为 0.0000

指定下一个点或[圆弧(A)/半宽(H)/长度(L)/放弃(U)/宽度(W)]：（指定多段线的下一个点）

指定下一个点或[圆弧(A)/闭合(C)/半宽(H)/长度(L)/放弃(U)/宽度(W)]：（指定多段线的下一个点）

命令行中各选项含义如下。

◆ 圆弧（A）：将由绘制直线改为绘制圆弧。

◆ 闭合（C）：使已绘制的多段线成为闭合的多段线。

◆ 半宽（H）：确定圆弧的起始半宽或终止半宽。

◆ 长度（L）：指定线段的长度。

◆ 放弃（U）：取消最后一条绘制直线或圆弧，完成多段线的绘制。

◆ 宽度（W）：确定所绘制的多段线宽度。

5.3.5　多段线的编辑

使用"编辑多段线"命令可以编辑多段线。二维和三维多段线、矩形、正多边形和三维多边形网格都是多段线的变形，均可以使用该命令进行编辑。

编辑多段线的 3 种方法如下。

◆ 命令行：输入"PEDIT"（快捷命令：PE）命令。

◆ 菜单栏：选择菜单栏中的"修改"→"对象"→"多段线"命令。

◆ 按钮法：切换至"默认"选项卡，单击"修改"面板中的"编辑多段线"按钮🖉。

案例实战 045——编辑多段线绘制支架

	素材文件	光盘\素材\第5章\支架.dwg
	效果文件	光盘\效果\第5章\支架.dwg
	视频文件	光盘\视频\第5章\案例实战045.mp4

步骤 01　　按〈Ctrl+O〉组合键，打开素材图形，如图 5-27 所示。

步骤 02　　在功能区选项板的"默认"选项卡中，单击"修改"面板中的"编辑多段线"按钮，如图 5-28 所示。

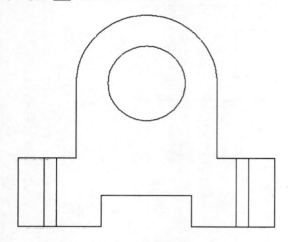

图 5-27　素材图形　　　　　　　　　　　图 5-28　单击"编辑多段线"按钮

步骤 03　　在命令行提示下，选择绘图区中的多段线对象，输入"W"（宽度）选项，按〈Enter〉键确认，输入新宽度值为"3"，如图 5-29 所示。

步骤 04　　连续按两次〈Enter〉键确认，即可完成对多段线的编辑，效果如图 5-30 所示。

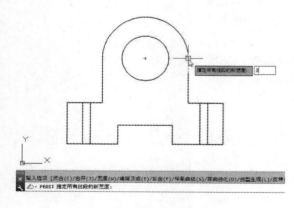

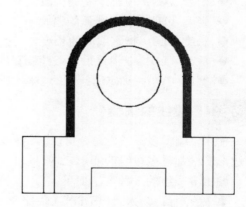

图 5-29　输入参数值　　　　　　　　　　　图 5-30　编辑多段线

执行"编辑多段线"命令后，命令行中的提示如下。

选择多段线或 [多条(M)]：（选择单条多段线对象，或输入"M"，按〈Enter〉键确认，选择多条多段线对象）

输入选项 [闭合(C)/合并(J)/宽度(W)/编辑顶点(E)/拟合(F)/样条曲线(S)/非曲线化(D)/线型生成(L)/反转(R)/放弃(U)]：

命令行中各主要选项含义如下。

◆ 合并（J）：只可用于二维多段线，可以把其他图样、直线和多段线连接到已有多段线上，不过连接端点必须闭合。

◆ 宽度（W）：用于指定多段线宽度。
◆ 编辑顶点（E）：提供一组子选项，使用户能够编辑顶点和与顶点相邻的线段。
◆ 拟合（F）：用于创建圆弧拟合多段线。
◆ 样条曲线（S）：将样条曲线拟合成多段线，且闭合时以多段线各顶点作为样条曲线的控制点。
◆ 非曲线化（D）：删除拟合曲线或样条曲线插入的额外顶点，回到初始状态。
◆ 线型生成（L）：用于控制非连续线型多段线顶点处的线型。

5.3.6 矩形的创建

使用"矩形"命令，不仅可以绘制一般的二维矩形，还能够绘制具有一定宽度、高度和厚度等特性的矩形，并且能够直接生成具有圆角或倒角的矩形。

创建矩形的 3 种方法如下。

◆ 命令行：输入"RECTANG"（快捷命令：REC）命令。
◆ 菜单栏：选择菜单栏中的"绘图"→"矩形"命令。
◆ 按钮法：切换至"默认"选项卡，单击"绘图"面板中的"矩形"按钮▢。

案例实战 046——用矩形绘制浴霸

素材文件	光盘\素材\第5章\浴霸.dwg
效果文件	光盘\效果\第5章\浴霸.dwg
视频文件	光盘\视频\第5章\案例实战046.mp4

步骤 01　按〈Ctrl+O〉组合键，打开素材图形，如图 5-31 所示。

步骤 02　在命令行中输入"REC"（矩形）命令，按〈Enter〉键确认；在命令行提示下，输入第一个角点坐标（878,725），按〈Enter〉键确认；将光标向右下拖动到合适的位置，单击鼠标左键，即可完成矩形的创建，效果如图 5-32 所示。

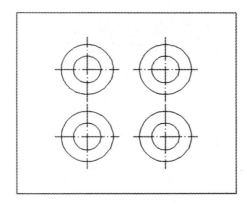

图 5-31　素材图形

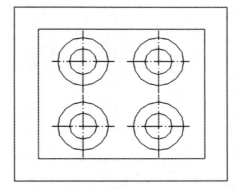

图 5-32　创建矩形

执行"矩形"命令后命令行中提示如下。

指定第一个角点或 [倒角(C)/标高(E)/圆角(F)/厚度(T)/宽度(W)]:（用于指定矩形的角点）
指定另一个角点或 [面积(A)/尺寸(D)/旋转(R)]:（指定矩形的对角点）
命令行中各选项含义如下。

- ◆ 倒角（C）：设置矩形的倒角距离，以后执行"矩形"命令时此值将会成为当前倒角距离。
- ◆ 标高（E）：指定矩形的标高。
- ◆ 圆角（F）：需要设置圆角矩形时，选择该选项可以指定圆角矩形的圆角半径。
- ◆ 宽度（W）：为要绘制的矩形指定多段线的宽度。
- ◆ 面积（A）：通过确定矩形面积大小的方式绘制矩形。
- ◆ 尺寸（D）：通过输入矩形的长和宽两个边长确定矩形大小。
- ◆ 旋转（R）：可以指定绘制矩形的旋转角度。

5.3.7 正多边形的创建

AutoCAD 2016 创建的正多边形，是具有 3～1024 条边，且边长相等的封闭多段线，在默认情况下，正多边形的边数是 4。

案例实战 047——正多边形画光盘

	素材文件	光盘\素材\第5章\光盘.dwg
	效果文件	光盘\效果\第5章\光盘.dwg
	视频文件	光盘\视频\第5章\案例实战047.mp4

步骤 01　按〈Ctrl+O〉组合键，打开素材图形，如图 5-33 所示。

步骤 02　在功能区选项板的"默认"选项卡中，单击"绘图"面板中的"多边形"按钮，如图 5-34 所示。

图 5-33　素材图形　　　　图 5-34　单击"多边形"按钮

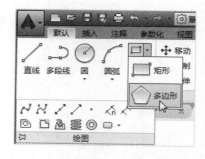

专家提醒

创建正多边形的 3 种方法如下。

- ◆ 命令行：输入"POLYGON"（快捷命令：POL）命令。

◆ 菜单栏：选择菜单栏中的"绘图"→"多边形"命令。
◆ 按钮法：切换至"默认"选项卡，单击"绘图"面板中的"多边形"按钮⬠。

步骤 03 在命令行提示下，输入边数为"8"，按〈Enter〉键确认，捕捉中间的圆心点作为正多边形的中心点，输入"C"（外切于圆）选项，如图 5-35 所示。

步骤 04 按〈Enter〉键确认，在绘图区中大圆的右侧象限点上单击鼠标左键，即可创建多边形，效果如图 5-36 所示。

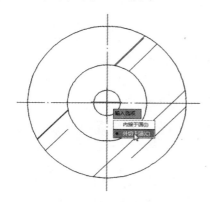

图 5-35　输入参数值

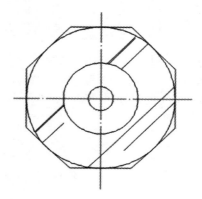

图 5-36　创建多边形

执行"多边形"命令后，命令行中的提示如下。

输入侧面数 <4>:（指定多边形的边数，默认值为 4）

指定正多边形的中心点或 [边(E)]:（指定中心点）

输入选项 [内接于圆(I)/外切于圆(C)] <I>:（指定是内接于圆或外切于圆）

指定圆的半径:（指定外接圆或内切圆的半径）

命令行中各选项含义如下。

◆ 边（E）：选择该选项，则只要指定多边形的一条边，系统就会按逆时针方向创建多边形。
◆ 内接于圆（I）：以指定正多边形内接圆半径的方式来绘制多边形。
◆ 外切于圆（C）：以指定正多边形外切圆半径的方式来绘制多边形。

专家提醒 ☞

绘制正多边形时，正多边形的边数存储在系统变量 POLYSIDES 中，当再次使用"POLYGON"命令时，"边数"提示的默认值是上次所给的边数。

5.4　绘制曲线型对象

曲线型对象相对于直线对象而言绘制起来更复杂些，一般需要确定圆心、角度等多个参数。本节将介绍曲线型对象的绘制方法。

5.4.1 圆的绘制

在 AutoCAD 2016 中，可以使用多种方式绘制圆。

案例实战 048——绘制圆形沙发

素材文件	光盘\素材\第5章\圆形沙发.dwg
效果文件	光盘\效果\第5章\圆形沙发.dwg
视频文件	光盘\视频\第5章\案例实战048.mp4

步骤 **01** 按〈Ctrl+O〉组合键，打开素材图形，如图 5-37 所示。

步骤 **02** 在功能区选项板的"默认"选项卡中，单击"绘图"面板中的"圆"按钮，在弹出的下拉列表中选择"圆心，半径"按钮，如图 5-38 所示。

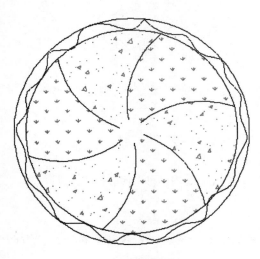

图 5-37 素材图形

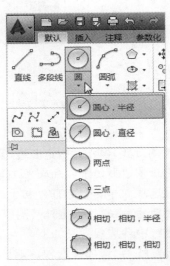

图 5-38 单击"圆心，半径"按钮

专家提醒

创建圆的 3 种方法如下。

◆ 命令行：输入"CIRCLE"（快捷命令：C）命令。

◆ 菜单栏：选择菜单栏"绘图"→"圆"命令子菜单中的相应命令。

◆ 按钮法：切换至"默认"选项卡，单击"绘图"面板中的"圆"按钮，在弹出的下拉列表中选择一种绘制圆的方式。

执行"圆"命令后，命令行中提示如下。

指定圆的圆心或 [三点(3P)/两点(2P)/切点、切点、半径(T)]:

命令行中各选项含义如下。

◆ 三点（3P）：通过选择通过圆上的 3 个点来绘制圆，系统会提示指定圆上的第一、第二和第三点。

◆ 两点（2P）：通过两点方式绘制圆，系统会提示指定圆半径的起点和端点。

◆ 切点、切点、半径（T）：通过与两个其他对象相切的切点和半径值绘制圆。

步骤　03　在命令行提示下，在圆心点上单击鼠标左键，指定该圆心点作为新绘制的圆的圆心，输入半径值"32.4"，按〈Enter〉键确认，即可创建圆对象，效果如图 5-39 所示。

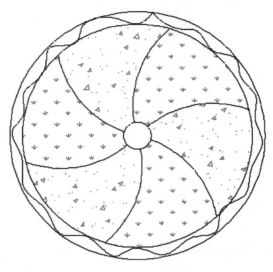

图 5-39　创建圆

5.4.2　圆弧的绘制

在 AutoCAD 2016 中，可以使用多种方式绘制圆弧。

绘制圆弧的 3 种方法如下。

◆ 命令行：输入"ARC"（快捷命令：A）命令。

◆ 菜单栏：选择菜单栏"绘图"→"圆弧"命令子菜单中的相应命令。

◆ 按钮法：切换至"默认"选项卡，单击"绘图"面板中的"圆弧"按钮，在弹出的下拉列表中选择一种绘制圆弧的方式。

案例实战 049——用圆弧绘制吊钩

	素材文件	光盘\素材\第5章\吊钩.dwg
	效果文件	光盘\效果\第5章\吊钩.dwg
	视频文件	光盘\视频\第5章\案例实战049.mp4

步骤　01　按〈Ctrl+O〉组合键，打开素材图形，如图 5-40 所示。

步骤　02　在"默认"选项卡中单击"绘图"面板中的"圆弧"按钮，在弹出的下拉列表中单击"三点"按钮，如图 5-41 所示。

执行"圆弧"命令后，命令行提示如下。

指定圆弧的起点或 [圆心(C)]：（指定圆弧的起点）

指定圆弧的第二个点或 [圆心(C)/端点(E)]：（指定圆弧的第二点）

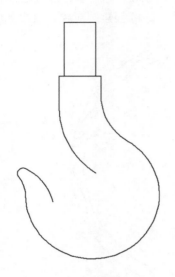

图 5-40 素材图形

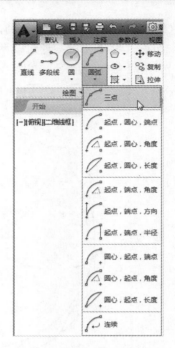

图 5-41 单击"三点"按钮

指定圆弧的端点：（指定圆弧的末端点）

命令行各选项含义如下。

◆ 圆心（C）：指定圆弧所在圆的圆心。

◆ 端点（E）：指定圆弧端点。

步骤 03 捕捉合适的端点，输入"@39，-30"，按〈Enter〉键确认，并捕捉另一个端点，如图 5-42 所示。

步骤 04 执行操作后，即可创建圆弧，效果如图 5-43 所示。

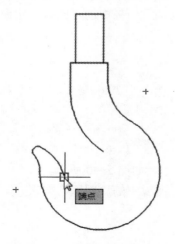

图 5-42 捕捉合适的端点

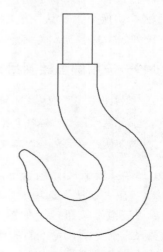

图 5-43 绘制圆弧

5.4.3　椭圆的绘制

　　椭圆也是工程制图中常见的一种平面图形，它是由距离两个定点的长度之和为定值的点组成的。在 AutoCAD 2016 中，有多种方法绘制椭圆。

　　绘制椭圆的 3 种方法如下。

◆ 命令行：输入"ELLIPSE"（快捷命令：EL）命令。

◆ 菜单栏：选择菜单栏中的"绘图"→"椭圆"菜单命令的子命令。

◆ 按钮法：切换至"默认"选项卡，单击"绘图"面板中的"椭圆"按钮 ⊙。

案例实战 050——用椭圆绘制门把手

素材文件	光盘\素材\第5章\门把手.dwg
效果文件	光盘\效果\第5章\门把手.dwg
视频文件	光盘\视频\第5章\案例实战050.mp4

　　步骤 01　按〈Ctrl+O〉组合键，打开素材图形，如图 5-44 所示。

　　步骤 02　在功能区选项板的"默认"选项卡中，单击"绘图"面板中的"椭圆"按钮，如图 5-45 所示。

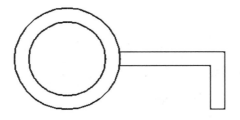

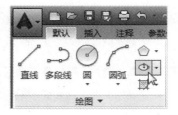

图 5-44　素材图形　　　　　　　　图 5-45　单击"椭圆"按钮

　　步骤 03　在命令行提示下，捕捉合适的端点，向右引导光标，输入短轴半径值为"22"，按〈Enter〉键确认，输入长轴半径为"40"并确认，即可创建椭圆，效果如图 5-46 所示。

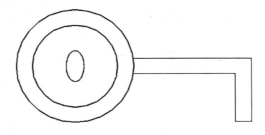

图 5-46　创建椭圆

　　执行"椭圆"命令后，命令行提示如下。

指定椭圆的轴端点或 [圆弧(A)/中心点(C)]：（用于指定第一个轴端点）

指定轴的另一个端点：（用于指定第二个轴端点）

指定另一条半轴长度或 [旋转(R)]:（指定另一条半轴长度，或输入"R"选项）

命令行中各选项含义如下。

◆ 圆弧（A）：绘制一段椭圆弧，第一条轴的角度决定了椭圆弧的角度，第一条轴既可定义为椭圆弧的长轴，也可以定义为椭圆弧的短轴。

◆ 中心点（C）：通过指定椭圆的中心点绘制椭圆。

◆ 旋转（R）：通过绕第一条轴旋转，定义椭圆的长轴和短轴比例。

专家提醒 ☞

在几何学中，一个椭圆由两个轴定义，其中较长的轴称为长轴，较短的轴称为短轴。用户在绘制椭圆时，系统会根据它们的相对长度自动确定椭圆的长轴和短轴。

5.4.4 圆环的绘制

圆环是填充环或实体填充圆，即带有宽度的闭合多段线。

绘制圆环的 3 种方法如下。

◆ 命令行：输入"DONUT"命令。

◆ 菜单栏：选择菜单栏中的"绘图"→"圆环"命令。

◆ 按钮法：切换至"默认"选项卡，单击"绘图"面板中的"圆环"按钮◎。

案例实战 051——通过圆环绘制浴缸

	素材文件	光盘\素材\第5章\浴缸.dwg
	效果文件	光盘\效果\第5章\浴缸.dwg
	视频文件	光盘\视频\第5章\案例实战051.mp4

步骤 **01** 按〈Ctrl+O〉组合键，打开素材图形，如图 5-47 所示。

步骤 **02** 在功能区选项板的"默认"选项卡中，单击"绘图"面板中的"圆环"按钮，如图 5-48 所示。

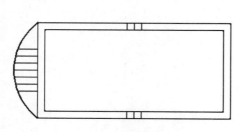

图 5-47 素材图形

图 5-48 单击"圆环"按钮

步骤 **03** 在命令行提示下，输入圆环的内径为"50"，按〈Enter〉键确认，输入圆环外径为"80"，按〈Enter〉键确认。

步骤 **04**　用鼠标在浴缸内拾取一点作为圆环的圆心，如图 5-49 所示。

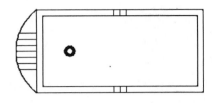

图 5-49　创建圆环

5.4.5　样条曲线的绘制

样条曲线是通过拟合数据点绘制而成的光滑曲线，可以是二维曲线，也可以是三维曲线。在 AutoCAD 中，可以通过指定点来绘制样条曲线，也可以封闭样条曲线，使起点和端点重合。

绘制样条曲线的 3 种方法如下。

- ◆ 命令行：输入"SPLINE"（快捷命令：SPL）命令。
- ◆ 菜单栏：选择菜单栏中的"绘图"→"样条曲线"命令。
- ◆ 按钮法：切换至"默认"选项卡，单击"绘图"面板中的"样条曲线拟合"按钮 或"样条曲线控制点"按钮 。

案例实战 052——通过样条曲线绘制传动轴

素材文件	光盘\素材\第5章\传动轴.dwg
效果文件	光盘\效果\第5章\传动轴.dwg
视频文件	光盘\视频\第5章\案例实战052.mp4

步骤 **01**　按〈Ctrl+O〉组合键，打开素材图形，如图 5-50 所示。

步骤 **02**　在命令行中输入"SPLINE"（样条曲线）命令，按〈Enter〉键确认，在命令行提示下，捕捉合适的最近点，如图 5-51 所示。

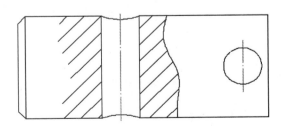

图 5-50　素材图形

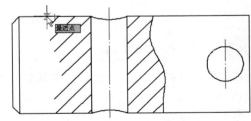

图 5-51　捕捉合适的最近点

步骤 **03**　在绘图区中，依次捕捉 3 个点，并捕捉下方合适的中点，如图 5-52 所示。

步骤 **04**　按〈Enter〉键确认，即可创建样条曲线对象，如图 5-53 所示。

执行"样条曲线"命令后，命令行中的提示如下。

当前设置：方式=拟合　　节点=弦

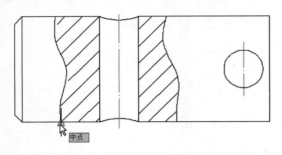

图 5-52　捕捉下方合适的中点

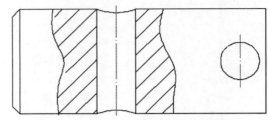

图 5-53　创建样条曲线

指定第一个点或 [方式(M)/节点(K)/对象(O)]:（指定样条曲线起点或选择"O"选项）
输入下一个点或 [起点切向(T)/公差(L)]:（指定样条曲线的第二个点）
输入下一个点或 [端点相切(T)/公差(L)/放弃(U)]:（指定样条曲线的第三个点）
输入下一个点或 [端点相切(T)/公差(L)/放弃(U)/闭合(C)]:（指定样条曲线的第四个点）
命令行中各选项含义如下。

◆ 对象（O）：将一条多段线拟合生成样条曲线。
◆ 起点切向（T）：用于定义样条曲线的第一点和最后一点切向。
◆ 公差（L）：用于控制样条曲线对象与数据点之间的接近程度。公差越小，表明样条
　　曲线越接近数据点。
◆ 闭合（C）：生成一条闭合的样条曲线。

专家提醒

在 AutoCAD 2016 中，通过编辑多段线可以生成平滑多段线，与样条曲线相类似。但与
之相比，真正的样条曲线具有以下 3 个优点。

◆ 平滑拟合：当对曲线路径上的一系列点进行平滑拟合后，可以绘制样条曲线。在绘
　　制二维图形或三维图形时，使用该方法绘制的曲线边界要比多段线精确。
◆ 方便编辑：使用"SPLINEDIT"命令或夹点可以很方便地编辑样条曲线，并保留样
　　条曲线定义。如果使用"PEDIT"命令编辑就会丢失这些定义，成为平滑多段线。
◆ 占用的空间和内存小：带有样条曲线的图形对象比带有平滑多段线的图形对象占用
　　的空间和内存小。

5.4.6　样条曲线的编辑

在 AutoCAD 2016 中，使用"编辑样条曲线"命令，可以删除样条曲线的拟合点，也可
以为提高精度而添加拟合点，或者移动拟合点来修改样条曲线的形状。
编辑样条曲线的 3 种方法如下。

◆ 命令行：输入"SPLINEDIT"（快捷命令：SPE）命令。
◆ 菜单栏：选择菜单栏中的"修改"→"对象"→"样条曲线"命令。
◆ 按钮法：切换至"默认"选项卡，单击"修改"面板中的"编辑样条曲线"按钮。

案例实战 053——编辑手柄的样条曲线

素材文件	光盘\素材\第5章\手柄.dwg
效果文件	光盘\效果\第5章\手柄.dwg
视频文件	光盘\视频\第5章\案例实战053.mp4

步骤 01　按〈Ctrl+O〉组合键，打开素材图形，如图 5-54 所示。

步骤 02　在功能区选项板的"默认"选项卡中，单击"修改"面板中的"编辑样条曲线"按钮，如图 5-55 所示。

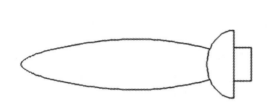

图 5-54　素材图形　　　　图 5-55　单击"编辑样条曲线"按钮

步骤 03　在命令行提示下，选择样条曲线，输入"F"（拟合数据）选项，如图 5-56 所示，按〈Enter〉键确认。

步骤 04　输入"T"（切线）选项，按〈Enter〉键确认，捕捉右上方端点，确定起点切向，捕捉右下方端点，输入"A"（添加）选项。

步骤 05　连续按 3 次〈Enter〉键确认，即可完成样条曲线的编辑，如图 5-57 所示。

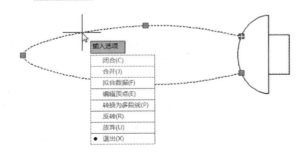

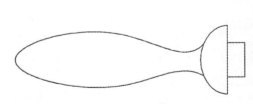

图 5-56　输入参数　　　　图 5-57　编辑样条曲线

执行"编辑样条曲线"命令后，命令行中的提示如下。

选择样条曲线：（选择需要编辑的样条曲线对象，按〈Enter〉键确认）

输入选项 [闭合(C)/合并(J)/拟合数据(F)/编辑顶点(E)/转换为多段线(P)/反转(R)/放弃(U)/退出(X)] <退出>:

命令行中各选项含义如下。

◆ 闭合（C）：如果选择的样条曲线是开放的，则闭合该样条曲线，使其在端点处切向连续（平滑）；如果选择的样条曲线是闭合的，则打开该样条曲线。

◆ 合并（J）：将选定的样条曲线与其他样条曲线、直线、多段线和圆弧在重合端点处合并，以形成一个较大的样条曲线。

◆ 拟合数据（F）：编辑定义样条曲线的拟合点数据。

◆ 编辑顶点（E）：编辑控制框的数据。

◆ 转换为多段线（P）：将样条曲线转换为多段线。其精度值决定生成的多段线与样条曲线的接近程度。

◆ 反转（R）：反转样条曲线的方向，使起点和终点互换。

◆ 放弃（U）：放弃上一次操作。

第 6 章　二维图形对象的编辑

学前提示

　　在绘图时，为了获得所需图形，在很多情况下都必须借助于图形编辑命令对图形基本对象进行加工。在 AutoCAD 2016 中，系统提供了丰富的图形编辑命令，如图形的复制、移动、修剪、延伸、圆角、镜像等。

本章教学目标

- ▶ 选择对象
- ▶ 图形对象的复制与移动
- ▶ 修改图形对象大小和形状
- ▶ 使用夹点编辑图形对象

学完本章后你会做什么

- ▶ 掌握选择图形对象的操作
- ▶ 掌握复制和移动图形对象的操作，如复制、偏移、镜像等
- ▶ 掌握夹点编辑图形对象的操作，如夹点拉伸、移动、偏移、镜像等

视频演示

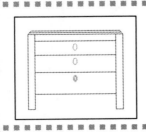
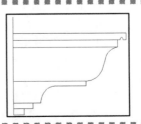
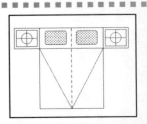

6.1 图形对象的选择

如果准备对图形对象进行编辑，首选需要选择图形对象。本节将介绍选择对象的操作方法，包括过滤选择和快速选择对象。

6.1.1 图形对象的选择方式

在 AutoCAD 中，对象的选择方法很多。例如，可以通过单击对象逐个拾取，也可利用矩形窗口或交叉窗口选择；可以选择最近创建的对象、前面的选择集或图形中的所有对象，也可以向选择集中添加对象或从中删除对象。

在命令行中输入"SELECT"（选择）命令，按〈Enter〉键确认，命令行中提示如下。

选择对象：（使用对象选择方法）

需要点或窗口(W)/上一个(L)/窗交(C)/框选(BOX)/全部(ALL)/栏选(F)/圈围(WP)/圈交(CP)/编组(G)/添加(A)/删除(R)/多个(M)/前一个(P)/放弃(U)/自动(AU)/单个(SI)/子对象(SU)/对象(O)：

根据命令行提示信息，输入相应字母即可指定对象选择方式，其中各选项含义如下。

◆ 选择对象：默认情况下，可以直接选择对象，此时光标变为一个小方框（即拾取框），利用方框可逐个拾取所需对象。该方法每次只能选取一个对象，不便选取大量对象。

◆ 窗口（W）：可以通过从左到右指定两个角点创建矩形窗口来选择对象。当指定了矩形窗口的两个对角点时，所有位于该矩形窗口内的对象将被选中，不在该窗口内或只有部分在该窗口内的对象则不被选中，如图 6-1 所示。

◆ 上一个（L）：选择最近一次创建的可见对象。对象必须在当前空间（模型空间或图纸空间）中，并且一定不要将对象的图层设定为冻结或关闭状态。

◆ 窗交（C）：可以通过从右到左指定两个角点创建矩形窗口来选择对象。与用窗口选择对象的方法类似，但全部位于窗口之内或与窗口边界相交的对象都将被选中。在定义窗交方式的矩形窗口时，以虚线方式显示矩形，以区别于窗口选择方式，如图 6-2 所示。

图 6-1　使用窗口方式选择对象

图 6-2　使用窗交方式选择对象

◆ 框选（BOX）：选择矩形（由两点确定）内部或与之相交的所有对象。如果矩形的点是从右至左指定的，则框选与窗交等效；反之，框选与窗选等效。

◆ 全部（ALL）：选择模型空间或当前布局中，除冻结图层或锁定图层上的对象之外的所有对象。

◆ 栏选（F）：选择与选择栏相交的所有对象。栏选方法与圈交方法相似，只是栏选不闭合，并且栏选可以自交。

◆ 圈围（WP）：选择多边形（通过待选对象周围的点定义）中的所有对象。该多边形可以为任意形状，但不能与自身相交或相切。选择"圈围"选项将绘制多边形的最后一条线段，所以该多边形在任何时候都是闭合的。圈围不受 PICKADD 系统变量的影响。

◆ 圈交（CP）：选择多边形（通过在待选对象周围指定点来定义）内部或与之相交的所有对象。该多边形可以为任意形状，但不能与自身相交或相切。选择"圈交"选项将绘制多边形的最后一条线段，所以该多边形在任何时候都是闭合的。

◆ 编组（G）：选择指定组中的全部对象。

◆ 添加（A）：切换到"添加"选项，可以使用任何对象选择方法将选定对象添加到选择集。"自动"选项和"添加"选项为默认模式。

◆ 删除（R）：切换到"删除"选项，可以使用任何对象选择方法从当前选择集中删除对象。"删除"选项的替换模式是在选择单个对象时按下〈Shift〉键，或是使用"自动"选项。

◆ 多个（M）：在对象选择过程中单独选择对象，而不亮显它们。这样会加速高度复杂对象的对象选择。

◆ 自动（AU）：切换到"自动"选项，指向一个对象即可选择该对象。指向对象内部或外部的空白区，将形成框选方法定义的选择框的第一个角点。

◆ 单个（SI）：切换到"单选"选项，选择指定第一个或第一组对象而不继续提示选择。

◆ 子对象（SU）：使用户可以逐个选择原始形状，这些形状是复合实体的一部分或三维实体上的顶点、边和面。可以选择这些子对象的其中之一，也可以创建多个子对象的选择集。选择集可以包含多种类型的子对象。按住〈Ctrl〉键操作的结果与利用"SELECT"命令的"子对象"选项的结果相同。

◆ 对象（O）：结束选择子对象的功能。使用户可以使用对象选择方法。

6.1.2　快速选择

当需要选择具有某些特性的对象时，可以通过"快速选择"命令进行选择。

快速选择对象的 3 种方法如下。

◆ 命令行：输入"QSELECT"命令。

◆ 菜单栏：选择菜单栏中的"工具"→"快速选择"命令。

◆ 按钮法：切换至"默认"选项卡，单击"实用工具"面板中的"快速选择"按钮。

案例实战 054——快速选择床头柜对象

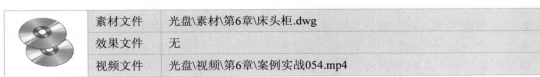

	素材文件	光盘\素材\第6章\床头柜.dwg
	效果文件	无
	视频文件	光盘\视频\第6章\案例实战054.mp4

步骤 **01** 按〈Ctrl+O〉组合键，打开素材图形，如图 6-3 所示。

步骤 **02** 在功能区选项板的"默认"选项卡中，单击"实用工具"面板中的"快速选择"按钮 。

步骤 **03** 弹出"快速选择"对话框，在"特性"列表框中选择"颜色"选项，在"值"下拉列表框中选择"洋红"选项，如图 6-4 所示。

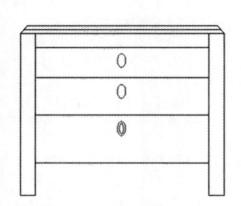

图 6-3　素材图形

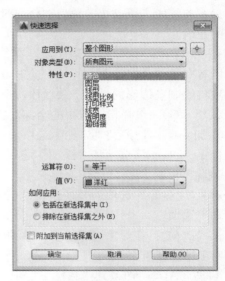

图 6-4　"快速选择"对话框

步骤 **04** 单击"确定"按钮，即可快速选择对象，如图 6-5 所示。

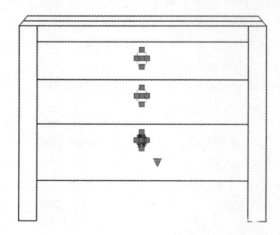

图 6-5　快速选择对象

"快速选择"对话框中，各选项的含义如下。

◆ "应用到"下拉列表框：将过滤条件应用到整个图形或当前选择集。

◆ "选择对象"按钮 ：允许用户选择要对其应用过滤条件的对象。

◆ "对象类型"下拉列表框：指定要包含在过滤条件中的对象类型。

◆ "特性"列表框：指定过滤器的对象特性。此列表框包括选定对象类型的所有可搜索的特性。

◆ "运算符"下拉列表框：控制过滤的范围。

◆ "值"下拉列表框：指定过滤器的特性值。

◆ "如何应用"选项区：指定是将符合给定过滤条件的对象"包括在新选择集中"还是"排除在新选择集之外"。选择"包括在新选择集中"单选按钮，将创建其中只包含符合过滤条件的对象的新选择集。选择"排除在新选择集之外"单选按钮，将创建其中只包含不符合过滤条件的对象的新选择集。

◆ "附加到当前选择集"复选框：指定是由"QSELECT"命令创建的选择集替换还是附加到当前选择集。

6.1.3　选择集的过滤

在 AutoCAD 2016 中，如果需要在复杂的图形中选择某个指定对象，可以采用过滤选择集进行选择。过滤选择集的使用方法：在命令行中输入"FILTER"（快捷命令：FI）命令。

案例实战 055——过滤选择床头柜对象

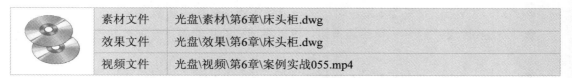

	素材文件	光盘\素材\第6章\床头柜.dwg
	效果文件	光盘\效果\第6章\床头柜.dwg
	视频文件	光盘\视频\第6章\案例实战055.mp4

步骤　01　以 6.1.2 节的素材为例，在命令行中输入"FILTER"（过滤选择）命令，按〈Enter〉键确认，弹出"对象选择过滤器"对话框；单击"选择过滤器"右侧的下拉按钮，在弹出的下拉列表中，选择"开始 OR"选项，并单击"添加到列表"按钮，如图 6-6 所示。

步骤　02　继续在"选择过滤器"下拉列表中选择"直线"选项，单击"添加到列表"按钮，将其添加到过滤器列表中；继续在"选择过滤器"下拉列表中选择"结束 OR"选项，单击"添加到列表"按钮，将其添加到过滤器列表中，如图 6-7 所示。

图 6-6　"对象选择过滤器"对话框

图 6-7　添加过滤器

步骤　03　单击"应用"按钮，选择所有图形对象，按〈Enter〉键确认，即可过滤选择对象，如图 6-8 所示。

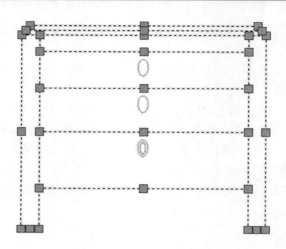

图 6-8　过滤选择对象

"对象选择过滤器"对话框中，各主要选项的含义如下。

◆ "选择过滤器"下拉列表框：单击其右侧的下拉按钮，在弹出的下拉列表中，选择要过滤的对象类型。

◆ "X"/"Y"/"Z"文本框：可以选择或输入对应的关系运算符。

◆ "添加到列表"按钮：单击该按钮，可以将选择的过滤器及附加条件添加到过滤器列表中。

◆ "替换"按钮：单击该按钮，可以用当前"选择过滤器"选项区中的设置，代替过滤器列表中选定的过滤器。

6.2　图形对象的复制与移动

在 AutoCAD 2016 中，提供了复制与移动图形对象的命令，可以让用户轻松地对图形对象进行不同方向的复制和移动操作。本节将向读者介绍复制和移动图形对象的操作方法。

6.2.1　图形的复制

使用"复制"命令，可以一次复制出一个或多个相同的对象，使绘图更加方便、快捷。复制图形的 3 种方法如下。

◆ 命令行：输入"COPY"（快捷命令：CO）命令。

◆ 菜单栏：选择菜单栏中的"修改"→"复制"命令。

◆ 按钮法：切换至"默认"选项卡，单击"修改"面板中的"复制"按钮 📋。

案例实战 056——复制洗菜盆图形

	素材文件	光盘\素材\第6章\洗菜盆.dwg
	效果文件	光盘\效果\第6章\洗菜盆.dwg
	视频文件	光盘\视频\第6章\案例实战056.mp4

步骤 01　按〈Ctrl+O〉组合键，打开素材图形，如图 6-9 所示。

步骤 02　在功能区选项板的"默认"选项卡中，单击"修改"面板中的"复制"按钮 ，如图 6-10 所示。

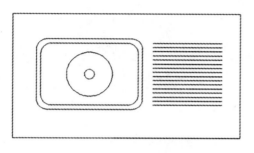

图 6-9　素材图形

图 6-10　单击"复制"按钮

步骤 03　在命令行提示下，选择所有图形对象，按〈Enter〉键确认，如图 6-11 所示。

步骤 04　捕捉最上方直线端点，向下引导光标，输入第二个点的位置为"750"，连续按两次〈Enter〉键确认，即可复制图形对象，效果如图 6-12 所示。

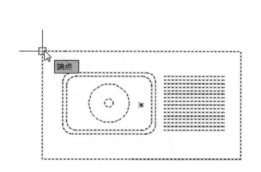

图 6-11　选择所有对象

图 6-12　复制图形

执行"复制"命令后，命令行中的提示如下。

选择对象：（在绘图区内选择需要复制的对象，按〈Enter〉键确认）

指定基点或[位移(D)/模式(O)/多个(M)]<位移>：（在绘图区内选择一点作为复制移动基点）

指定第二个点或[阵列(A)]<使用第一个点作为位移>：（在绘图区选择目标点）

指定第二个点或 [阵列 (A) /退出 (E) /放弃 (U)] <退出>：（指定第二次复制的目标点，或按〈Enter〉键确认结束操作）

命令行中各选项含义如下。

◆ 位移（D）：直接输入位移值，表示以选择对象时的拾取点为基准，以拾取点坐标为移动方向，纵横比移动指定位移后确定的点为基点。

◆ 模式（O）：确定控制命令的复制模式。选择该选项后，命令行中将提示：

输入复制模式选项[单个(S)/多个(M)] <多个>:

"单个(S)"选项,表示创建选定对象的单个副本;"多个(M)"选项,替代"单个"选项设置。

◆ 阵列（A）：指定在线性阵列中排列的副本数量。

专家提醒 ☞

　　复制图形对象是指在源图形对象上创建一个与之相同或相似的图形,并放置在指定的位置。

6.2.2　图形的偏移

　　在 AutoCAD 2016 中,使用"偏移"命令,可以使图形对象以指定的距离进行偏移复制处理。偏移的对象包括直线、圆弧、圆、椭圆、椭圆弧、二维多段线、构造线、射线和样条曲线等。

　　偏移图形的 3 种方法如下。

◆ 命令行：输入"OFFSET"（快捷命令：O）命令。

◆ 菜单栏：选择菜单栏中的"修改"→"偏移"命令。

◆ 按钮法：切换至"默认"选项卡,单击"修改"面板中的"偏移"按钮⏚。

案例实战 057——用"偏移"命令绘制衣柜

	素材文件	光盘\素材\第6章\衣柜.dwg
	效果文件	光盘\效果\第6章\衣柜.dwg
	视频文件	光盘\视频\第6章\案例实战057.mp4

步骤 01　按〈Ctrl+O〉组合键,打开素材图形,如图 6-13 所示。

步骤 02　在功能区选项板的"默认"选项卡中,单击"修改"面板中的"偏移"按钮⏚,如图 6-14 所示。

图 6-13　素材图形

图 6-14　单击"偏移"按钮

步骤 03　在命令行提示下,输入偏移距离为"600",按〈Enter〉键确认,如图 6-15 所示。

步骤 04　选择水平直线作为偏移对象,在图形下方单击鼠标左键并确认,即可偏移图形,如图 6-16 所示。

　　执行"偏移"命令后,命令行中的提示如下。

当前设置：删除源＝否　图层＝源　OFFSETGAPTYPE＝0

指定偏移距离或[通过(T)/删除(E)/图层(L)] <通过>：（输入偏移的距离值）

选择要偏移的对象，或 [退出 (E) / 放弃 (U)] <退出>：（选择需要偏移的图形对象，按〈Enter〉键确认）

指定要偏移的那一侧上的点，或 [退出(E)/多个(M)/放弃(U)] <退出>：（指定偏移的方向）

图 6-15　输入偏移图形的距离　　　　　　　　图 6-16　偏移图形

命令行中各选项含义如下。

◆ 通过（T）：创建通过指定点的对象。

◆ 删除（E）：可控制在进行偏移操作时是否删除源图形对象。

◆ 图层（L）：设置偏移后的图形对象的特性是匹配于图形对象所在图层还是匹配于当前图层。当选择"图层"选项后，在命令行提示下，可以输入"C"（当前图层）或"S"（源图层）选项，确定要偏移的图层。

◆ 多个（M）：选择该偏移模式后，将使用当前偏移距离重复进行偏移操作。

6.2.3　图形的镜像

在 AutoCAD 2016 中，使用"镜像"命令，可以绕指定镜像轴翻转对象，从而创建对称的镜像图形。

镜像图形的 3 种方法如下。

◆ 命令行：输入"MIRROR"（快捷命令：MI）命令。

◆ 菜单栏：选择菜单栏中的"修改"→"镜像"命令。

◆ 按钮法：切换至"默认"选项卡，单击"修改"面板中的"镜像"按钮。

案例实战 058——用"镜像"命令绘制双人床

素材文件	光盘\素材\第6章\双人床.dwg
效果文件	光盘\效果\第6章\双人床.dwg
视频文件	光盘\视频\第6章\案例实战058.mp4

步骤 01　　按〈Ctrl+O〉组合键，打开素材图形，如图 6-17 所示。

步骤 02　　在功能区选项板的"默认"选项卡中，单击"修改"面板中的"镜像"按钮，如图 6-18 所示。

步骤 03　　在命令行提示下，选择所有对象，按〈Enter〉键确认，依次捕捉最右侧直线的两个端点，如图 6-19 所示。

步骤 04　　按〈Enter〉键确认，即可镜像图形，如图 6-20 所示。

执行"镜像"命令后，命令行中的提示如下。

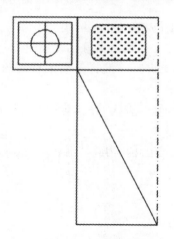

图 6-17　素材图形

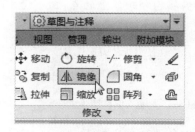

图 6-18　单击"镜像"按钮

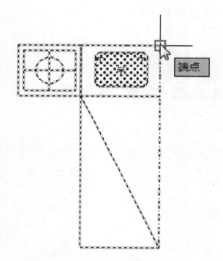

图 6-19　捕捉端点

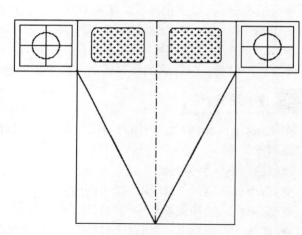

图 6-20　镜像图形

选择对象：（选择需要镜像的图形对象，按〈Enter〉键确认）

指定镜像线第一点：（在绘图区指定镜像线的起点）

指定镜像线第二点：（在绘图区指定镜像线的终点）

是否删除源对象？[是（Y）/否（N）]<N>:（输入"Y"选项将删除源对象，输入"N"选项将保留源对象）

6.2.4　图形的阵列

在 AutoCAD 2016 中，使用"阵列"命令，可以一次将选择的对象复制多个并按一定规律进行排列。阵列图形包括矩形阵列图形、路径阵列图形和极轴阵列图形。

阵列图形的 3 种方法如下。

◆ 命令行：输入"**ARRAY**"（快捷命令：AR）命令。

◆ 菜单栏：选择菜单栏"修改"→"阵列"命令子菜单中的相应命令。

◆ 按钮法：切换至"默认"选项卡，单击"修改"面板中的"矩形阵列"按钮 ⊞，或单击"路径阵列"按钮 🖎，或单击"环形阵列"按钮 🗱。

案例实战 059——用"阵列"命令绘制餐桌椅

素材文件	光盘\素材\第6章\餐桌椅.dwg
效果文件	光盘\效果\第6章\餐桌椅.dwg
视频文件	光盘\视频\第6章\案例实战059.mp4

步骤 01　按〈Ctrl+O〉组合键，打开素材图形，如图 6-21 所示。

步骤 02　在命令行中输入"AR"（阵列）命令，按〈Enter〉键确认；在命令行提示下，选择椅子为阵列对象，按〈Enter〉键确认；在命令行提示下，输入"PO"（极轴）选项。

步骤 03　指定圆的圆心点为阵列中心点，输入项目数为"6"，连续按两次〈Enter〉键确认，即可阵列图形，效果如图 6-22 所示。

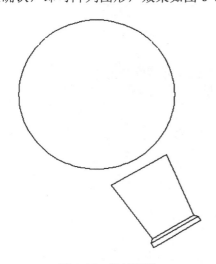

图 6-21　素材图形

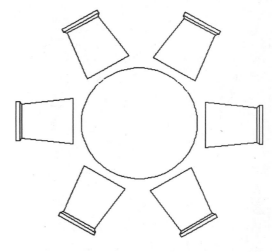

图 6-22　阵列图形

执行"阵列"命令后，命令行提示如下。

选择对象：（选择需要阵列的图形对象，按〈Enter〉键确认）

输入阵列类型[矩形（R）/路径（PA）/极轴（PO）]<极轴>：

命令行各选项含义如下。

◆ 矩形（R）：将对象副本分布到行、列和标高的任意组合。

◆ 路径（PA）：沿路径或部分路径均匀分布对象副本。

◆ 极轴（PO）：围绕中心点或旋转轴在环形阵列中均匀分布对象副本。

6.2.5　图形的移动

在绘制图形时，若需要移动图形位置时，则可以使用"移动"命令，将单个或多个图形对象从当前位置移动到新位置。

移动图形的 3 种方法如下。

◆ 命令行：输入 "MOVE"（快捷命令：M）命令。
◆ 菜单栏：选择菜单栏中的 "修改" → "移动" 命令。
◆ 按钮法：切换至 "默认" 选项卡，单击 "修改" 面板中的 "移动" 按钮 ✛。

案例实战 060——移动圆形床图形

	素材文件	光盘\素材\第6章\圆形床.dwg
	效果文件	光盘\效果\第6章\圆形床.dwg
	视频文件	光盘\视频\第6章\案例实战060.mp4

步骤 01　按〈Ctrl+O〉组合键，打开素材图形，如图 6-23 所示。

步骤 02　在功能区选项板的 "默认" 选项卡中，单击 "修改" 面板中的 "移动" 按钮 ✛，如图 6-24 所示。

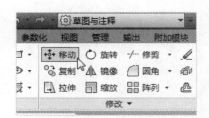

图 6-23　素材图形　　　　　　　　　　图 6-24　单击 "移动" 按钮

步骤 03　在命令行提示下，选择绘图区右侧的枕头图形对象为移动对象，按〈Enter〉键确认，捕捉右上方合适的端点，效果如图 6-25 所示。

步骤 04　向左引导光标，输入 "2200"，按〈Enter〉键确认，即可移动图形，效果如图 6-26 所示。

图 6-25　选择图形　　　　　　　　　　图 6-26　移动图形

执行"移动"命令后，命令行提示如下。

选择对象：（在绘图区内选择需要移动的图形对象，按〈Enter〉键确认）

指定基点或［位移(D)］＜位移＞：（在绘图区内指定移动基点）

指定第二个点或＜使用第一个点作为位移＞：（指定对象移动的目标位置或使用键盘输入对象位移位置，完成操作后，按〈Esc〉键或〈空格〉键结束操作）

专家提醒 ☞

在移动对象时，对象的位置虽然发生改变，但方向和大小不变。

6.3　修改图形对象大小和形状

在绘图过程中，常常需要对图形对象进行修改。在 AutoCAD 2016 中，可以使用"延伸""拉长""拉伸"以及"修剪"等命令对图形进行修改操作。

6.3.1 图形的缩放

在 AutoCAD 2016 中，使用"缩放"命令可以将指定对象按照指定的比例相对于基点放大或者缩小。

缩放图形的 3 种方法如下。

◆ 命令行：输入"SCALE"（快捷命令：SC）命令。

◆ 菜单栏：选择菜单栏中的"修改"→"缩放"命令。

◆ 按钮法：切换至"默认"选项卡，单击"修改"面板中的"缩放"按钮 。

案例实战 061——缩放时钟图形

素材文件	光盘\素材\第6章\时钟.dwg
效果文件	光盘\效果\第6章\时钟.dwg
视频文件	光盘\视频\第6章\案例实战061.mp4

步骤 01 按〈Ctrl+O〉组合键，打开素材图形，如图 6-27 所示。

步骤 02 在功能区选项板的"默认"选项卡中，单击"修改"面板中的"缩放"按钮 ，如图 6-28 所示。

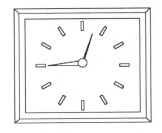

图 6-27　素材图形

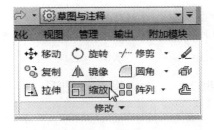

图 6-28　单击"缩放"按钮

步骤 **03** 在命令行提示下，选择时钟中心的圆为要缩放的对象，按〈Enter〉键确认，效果如图 6-29 所示。

步骤 **04** 指定圆中心点为基点，输入缩放比例为 2，按〈Enter〉键确认，即可缩放图形，效果如图 6-30 所示。

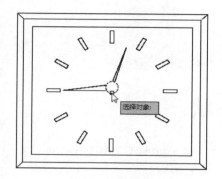
图 6-29 选择对象

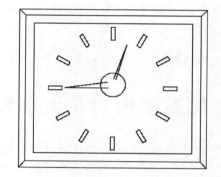
图 6-30 缩放图形

执行"缩放"命令后，命令行提示如下。

选择对象：（选择需要缩放的图形对象，按〈Enter〉键确认）

指定基点：（指定缩放基点）

指定比例因子或 [复制(C)/参照(R)]：（指定缩放比例）

命令行中各选项含义如下。

◆ 复制（C）：创建要缩放的选定对象的副本。

◆ 参照（R）：按参照长度和指定的新长度缩放所选对象。

专家提醒

缩放图形对象时，还可以使用"参照（R）"选项来指定缩放比例，这种方法多用于不清楚缩放比例，但知道原图形对象以及目标对象的尺寸的情况。

6.3.2 图形的旋转

在 AutoCAD 2016 中，使用"旋转"命令，可以将图形对象绕基点按指定的角度进行旋转。在旋转后，其大小不会发生任何改变。

旋转图形的 3 种方法如下。

◆ 命令行：输入"ROTATE"（快捷命令：RO）命令。

◆ 菜单栏：选择菜单栏中的"修改"→"旋转"命令。

◆ 按钮法：切换至"默认"选项卡，单击"修改"面板中的"旋转"按钮◯。

案例实战 062——旋转指北针图形

素材文件	光盘\素材\第6章\指北针.dwg
效果文件	光盘\效果\第6章\指北针.dwg
视频文件	光盘\视频\第6章\案例实战062.mp4

步骤　01　按〈Ctrl+O〉组合键，打开素材图形，如图 6-31 所示。

步骤　02　在功能区选项板的"默认"选项卡中，单击"修改"面板中的"旋转"按钮 ，如图 6-32 所示。

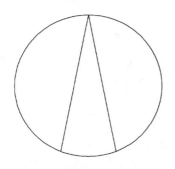

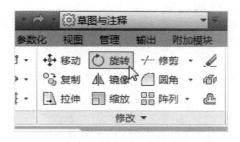

图 6-31　素材图形　　　　　　　　　　图 6-32　单击"旋转"按钮

步骤　03　在命令行提示下，选择所有图形，按〈Enter〉键确认，效果如图 6-33 所示。

步骤　04　捕捉圆心点，设置旋转角度为"180"并确认，即可以旋转图形，效果如图 6-34 所示。

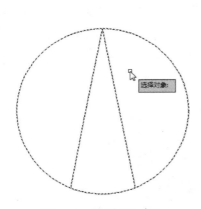

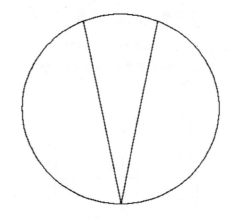

图 6-33　选择所有对象　　　　　　　　图 6-34　旋转图形

专家提醒 ☞

使用"旋转"命令旋转视口对象时，视口的边框仍然保持与绘图区域的边界平行。

执行"旋转"命令后，命令行提示如下。

选择对象：（选择需要旋转的图形对象，按〈Enter〉键确认）

指定基点：（在绘图区中指定旋转基点）

指定旋转角度，或 [复制 (C) / 参照 (R)] <0>：（输入旋转角度数值，或者直接用光标旋转一定的角度）

命令行中各选项含义如下。

◆ 复制（C）：创建要旋转对象的副本。

◆ 参照（R）：将对象从指定的角度旋转到新的绝对角度。

新手案例学
AutoCAD 2016 中文版从入门到精通

6.3.3 图形的拉长

在 AutoCAD 2016 中，使用"拉长"命令，可以改变圆弧的角度，或改变非封闭对象的长度，包括直线、圆弧、非闭合多段线、椭圆弧和非封闭样条曲线。

拉长图形的 3 种方法如下。

◆ 命令行：输入"LENGTHEN"（快捷命令：LEN）命令。
◆ 菜单栏：选择菜单栏中的"修改"→"拉长"命令。
◆ 按钮法：切换至"默认"选项卡，单击"修改"面板中的"拉长"按钮。

案例实战 063——用"拉长"命令绘制边柜

	素材文件	光盘\素材\第6章\边柜.dwg
	效果文件	光盘\效果\第6章\边柜.dwg
	视频文件	光盘\视频\第6章\案例实战063.mp4

步骤 01 按〈Ctrl+O〉组合键，打开素材图形，如图 6-35 所示。

步骤 02 在功能区选项板的"默认"选项卡中，单击"修改"面板中的"拉长"按钮，如图 6-36 所示。

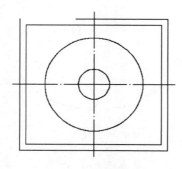

图 6-35 素材图形　　　　　　图 6-36 单击"拉长"按钮

步骤 03 在命令行提示下，输入"DE"（增量）选项，按〈Enter〉键确认，效果如图 6-37 所示。

步骤 04 输入增量参数值为"720"，按〈Enter〉键确认，在最上方的直线上，单击鼠标左键，即可拉长图形，效果如图 6-38 所示。

执行"拉长"命令后，命令行提示如下。

选择对象或 [增量(DE)/百分数(P)/全部(T)/动态(DY)]:

命令行中各选项含义如下。

◆ 增量（DE）：将选定图形对象的长度增加一定的数值量。
◆ 百分比（P）：通过指定对象总长度的百分数设置对象长度。

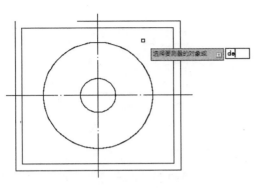

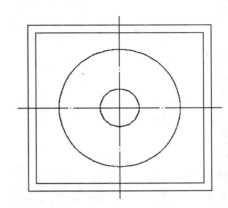

图 6-37　输入选项　　　　　　　　　图 6-38　拉长图形

◆ 全部（T）：通过指定从固定端点开始测量的总长度的绝对值来设置选定对象的长度。
◆ 动态（DY）：打开动态拖动模式，通过拖动选定对象的端点之一来改变其长度。

6.3.4　图形的拉伸

在 AutoCAD 2016 中，使用"拉伸"命令，可以对图形对象进行拉伸和压缩，从而改变图形对象的大小。

拉伸图形的 3 种方法如下。

◆ 命令行：输入"STRETCH"（快捷命令：S）命令。
◆ 菜单栏：选择菜单栏中的"修改"→"拉伸"命令。
◆ 按钮法：切换至"默认"选项卡，单击"修改"面板中的"拉伸"按钮。

案例实战 064——拉伸 U 盘图形

素材文件	光盘\素材\第6章\U盘.dwg
效果文件	光盘\效果\第6章\U盘.dwg
视频文件	光盘\视频\第6章\案例实战064.mp4

步骤 01　按〈Ctrl+O〉组合键，打开素材图形，如图 6-39 所示。
步骤 02　在功能区选项板的"默认"选项卡中，单击"修改"面板中的"拉伸"按钮，如图 6-40 所示。

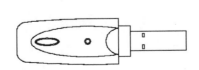

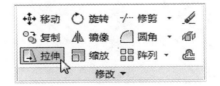

图 6-39　素材图形　　　　　　　图 6-40　单击"拉伸"按钮

步骤 03　在命令行提示下，选择除最右侧垂直直线外的所有对象，如图 6-41 所示。
步骤 04　按〈Enter〉键确认，捕捉左侧圆心点为基点，向右引导光标，至合适位置后单击，即可完成对象的拉伸，如图 6-42 所示。

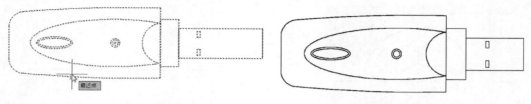

图 6-41　选择拉伸对象　　　　　　　　图 6-42　拉伸图形

专家提醒

拉伸图形时，选定的图形对象将被移动，如果选定的图形对象与原图形相连接，那么拉伸的图形保持与原图形的连接关系。

6.3.5　图形的倒角

使用"倒角"命令，可以将对象的某些尖锐角变成一个倾斜的面，倒角连接两个对象，使它们以平角或倒角连接。

倒角图形的 3 种方法如下。

◆ 命令行：输入"CHAMFER"（快捷命令：CHA）命令。
◆ 菜单栏：选择菜单栏中的"修改"→"倒角"命令。
◆ 按钮法：切换至"默认"选项卡，单击"修改"面板中的"倒角"按钮。

案例实战 065——用"倒角"命令绘制茶几

素材文件	光盘\素材\第6章\茶几.dwg
效果文件	光盘\效果\第6章\茶几.dwg
视频文件	光盘\视频\第6章\案例实战065.mp4

步骤 01　按〈Ctrl+O〉组合键，打开一幅素材图形，如图 6-43 所示。

步骤 02　在功能区选项板的"默认"选项卡中，单击"修改"面板中的"倒角"按钮，如图 6-44 所示。

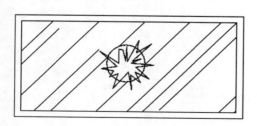

图 6-43　素材图形

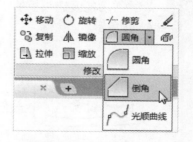

图 6-44　单击"倒角"按钮

步骤 03　在命令行提示下，输入"D"（距离）选项，按〈Enter〉键确认，设置"第一个倒角距离"和"第二个倒角距离"均为"3"，依次选择最上方的水平直线与最右侧垂直直线为倒角对象，效果如图 6-45 所示。

步骤　04　采用同样的方法，依次选择最上方直线及其左侧垂直直线，对其进行倒角处理，下方直线也采取同样操作，重复操作后，效果如图 6-46 所示。

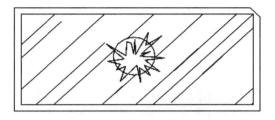 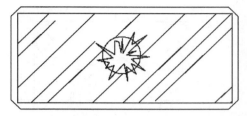

图 6-45　倒角对象　　　　　　　　　　　　图 6-46　倒角其他对象

专家提醒

倒角处理的图形对象可以相交，也可以不相交，还可以平行，倒角处理的图形对象可以是直线、多段线、射线、样条曲线和构造线等。

执行"倒角"命令后，命令行提示如下。

选择第一条直线或 [放弃(U)/多段线(P)/距离(D)/角度(A)/修剪(T)/方式(E)/多个(M)]：（选择第一条直线或后面选项）

选择第二条直线，或按住〈Shift〉键选择直线以应用角点或 [距离(D)/角度(A)/方法(M)]：（选择第二条直线）

命令行中各选项含义如下。

◆ 多段线（P）：可以对整个二维多段线倒角。

◆ 距离（D）：设定倒角至选定边端点的距离。

◆ 角度（A）：用第一条线的倒角距离和倒角角度进行倒角。

◆ 修剪（T）：控制是否将选定的边修剪到倒角直线的端点。

◆ 方式（E）：控制是使用两个距离还是一个距离和一个角度来创建倒角。

◆ 多个（M）：可以为多组对象的边倒角。

6.3.6　图形的圆角

使用"圆角"命令，可以通过一个指定半径的圆弧光滑地将两个对象连接起来。

倒圆操作的 3 种方法如下。

◆ 命令行：输入"FILLET"（快捷命令：F）命令。

◆ 菜单栏：选择菜单栏中的"修改"→"圆角"命令。

◆ 按钮法：切换至"默认"选项卡，单击"修改"面板中的"圆角"按钮 ▱ 。

案例实战 066——用"圆角"命令绘制浴霸

	素材文件	光盘\素材\第6章\浴霸.dwg
	效果文件	光盘\效果\第6章\浴霸.dwg
	视频文件	光盘\视频\第6章\案例实战066.mp4

新手案例学
AutoCAD 2016 中文版从入门到精通

步骤 **01** 按〈Ctrl+O〉组合键，打开一幅素材图形，如图 6-47 所示。

步骤 **02** 在功能区选项板的"默认"选项卡中，单击"修改"面板中的"圆角"按钮 ，如图 6-48 所示。

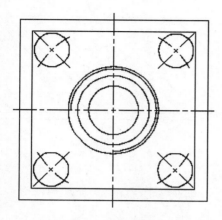

图 6-47 素材图形

图 6-48 单击"圆角"按钮

步骤 **03** 在命令行提示下，输入"R"（半径）选项，如图 6-49 所示，按〈Enter〉键确认。

步骤 **04** 输入圆角半径为"10"，按〈Enter〉键确认；输入"P"（多段线）选项，按〈Enter〉键确认，选择外侧的矩形对象，即可对图形对象进行倒圆角操作，效果如图 6-50 所示。

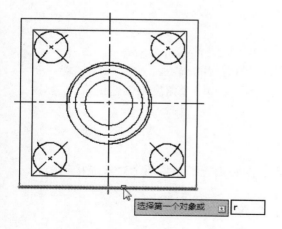

图 6-49 输入选项

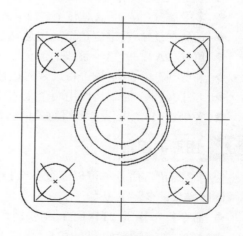

图 6-50 圆角图形

执行"圆角"命令后，命令行中的提示如下。

选择第一个对象或 [放弃(U)/多段线(P)/半径(R)/修剪(T)/多个(M)]:

命令行各选项含义如下。

◆ 多段线（P）：二维多段线中在两条直线段相交的每个顶点处插入圆角圆弧。

◆ 半径（R）：选择该选项，可以定义圆角圆弧的半径。

◆ 修剪（T）：控制是否将选定的边修剪到圆角圆弧的端点。
◆ 多个（M）：选择该选项，可以为多个对象执行圆角操作。

专家提醒

如果重复使用"圆角"命令，且圆角半径与上一步圆角操作时的半径一样的话，可以直接单击要倒圆角的两个边即可。

6.3.7　图形的修剪

在 AutoCAD 2016 中，使用"修剪"命令，可以精确地将某一个对象终止在由其他对象定义的边界处。

修剪图形的 3 种方法如下。

◆ 命令行：输入"TRIM"（快捷命令：TR）命令。
◆ 菜单栏：选择菜单栏中的"修改"→"修剪"命令。
◆ 按钮法：切换至"默认"选项卡，单击"修改"面板中的"修剪"按钮 ┼ 。

案例实战 067——修剪门剖面图

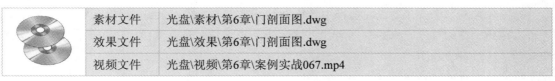

	素材文件	光盘\素材\第6章\门剖面图.dwg
	效果文件	光盘\效果\第6章\门剖面图.dwg
	视频文件	光盘\视频\第6章\案例实战067.mp4

步骤 01　按〈Ctrl+O〉组合键，打开素材图形，如图 6-51 所示。

步骤 02　在功能区选项板的"默认"选项卡中，单击"修改"面板中的"修剪"按钮 ┼ ，如图 6-52 所示。

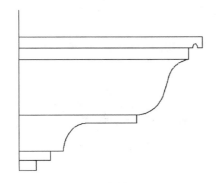

图 6-51　素材图形

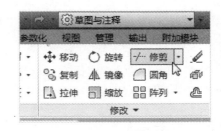

图 6-52　单击"修剪"按钮

步骤 03　在命令行提示下，选择最上方的水平直线，按〈Enter〉键确认，如图 6-53 所示。

步骤 04　在绘图区中左侧垂直直线的上方单击鼠标左键，按〈Enter〉键确认，完成对象的修剪，如图 6-54 所示。

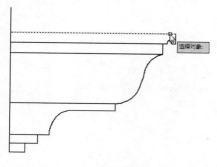

图 6-53　选择对象

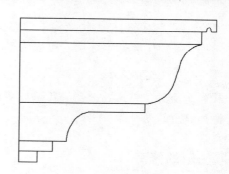

图 6-54　修剪图形

专家提醒　☞

在 AutoCAD 2016 中，可以修剪的对象包括直线、圆弧、圆、多段线、椭圆、椭圆弧、构造线、样条曲线、块和图纸空间的布局视口等。

执行"修剪"命令后，命令行中的提示如下。

当前设置：投影=UCS，边=无

选择剪切边…

选择对象或 <全部选择>：（选择用作修剪边界的对象，按〈Enter〉键确认结束对象选择）

选择要修剪的对象，或按住〈Shift〉键选择要延伸的对象，或[栏选(F)/窗交(C)/投影(P)/边(E)/删除(R)/放弃(U)]：

命令行中各选项含义如下。

◆ 栏选（F）：选择与选择栏相交的所有对象。

◆ 窗交（C）：选择矩形区域（由两点确定）内部或与之相交的对象。

◆ 投影（P）：用于指定修剪对象时使用的投影方式。

◆ 边（E）：确定对象是在另一对象的延长边处进行修剪，还是仅在三维空间中与该对象相交的对象处进行修剪。

◆ 删除（R）：删除选定的对象。此选项提供了一种用来删除不需要对象的简便方法，利用这种简便的方法则无须退出 "TRIM" 命令。

专家提醒　☞

在修剪图形时，当提示选择剪切边时，按下〈Enter〉键确认，即可选择待修剪的对象。在修剪对象时将以最近的候选对象作为剪切边。

6.3.8　图形的延伸

在 AutoCAD 2016 中，使用"延伸"命令，可以延伸图形对象，使该图形对象与其他的图形对象相接或精确地延伸至选定对象定义的边界上。

延伸图形的 3 种方法如下。

◆ 命令行：输入 "EXTEND"（快捷命令：EX）命令。

◆ 菜单栏：选择菜单栏中的"修改"→"延伸"命令。

◆ 按钮法：切换至"默认"选项卡，单击"修改"面板中的"延伸"按钮⊣。

案例实战 068——用"延伸"命令绘制门

	素材文件	光盘\素材\第6章\门.dwg
	效果文件	光盘\效果\第6章\门.dwg
	视频文件	光盘\视频\第6章\案例实战068.mp4

步骤 01　按〈Ctrl+O〉组合键，打开素材图形，如图 6-55 所示。

步骤 02　在功能区选项板的"默认"选项卡中，单击"修改"面板中的"延伸"按钮。在命令行提示下，选择最上方直线作为边界的边，按〈Enter〉键确认。依次选择门的左、右两条竖直直线作为要延伸的边，按〈Enter〉键确认，即可延伸左、右两条竖直直线至最上方直线，效果如图 6-56 所示。

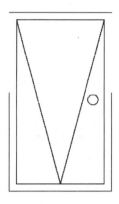
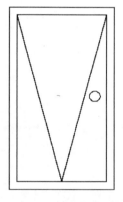

图 6-55　素材图形　　　　　　　　　图 6-56　延伸图形

专家提醒

使用"延伸"命令时，一次可以选择多个实体作为边界，选择被延伸实体时应选取靠近边界的一端，否则会出现错误。

6.3.9　图形的删除

在 AutoCAD 2016 中，使用"删除"命令，可以将绘制的不符合要求或不小心绘错了的图形对象删除。

删除图形的 3 种方法如下。

◆ 命令行：输入"ERASE"（快捷命令：E）命令。

◆ 菜单栏：选择菜单栏中的"修改"→"删除"命令。

◆ 按钮法：切换至"默认"选项卡，单击"修改"面板中的"删除"按钮。

案例实战 069——删除盘类零件图形

	素材文件	光盘\素材\第6章\盘类零件.dwg
	效果文件	光盘\效果\第6章\盘类零件.dwg
	视频文件	光盘\视频\第6章\案例实战069.mp4

步骤 01 按〈Ctrl+O〉组合键，打开素材图形，如图 6-57 所示。

步骤 02 在功能区选项板的"默认"选项卡中，单击"修改"面板中的"删除"按钮，在命令行提示下，选择中间的两个圆，按〈Enter〉键确认，即可删除对象，效果如图 6-58 所示。

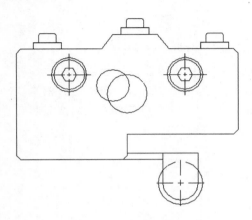

图 6-57 素材图形　　　　　　　　　　　图 6-58 删除图形

专家提醒 ☞

在 AutoCAD 2016 中，删除图形对象后，若发现删除的图形是误删，则可使用"恢复"命令，恢复误删的图形对象。

6.4 夹点编辑图形对象

夹点实际上就是对象上的控制点。在 AutoCAD 中，夹点是一些实心的小方块，默认为蓝色显示。利用 AutoCAD 2016 中的夹点功能，可以对图形对象进行拉伸、移动、旋转、镜像以及缩放等编辑操作。

6.4.1 使用夹点拉伸图形

默认情况下，夹点的操作模式为拉伸，因此通过移动选择的夹点，可以将图形对象拉伸到新的位置。

案例实战 070——夹点拉伸房子图形

素材文件	光盘\素材\第6章\房子.dwg
效果文件	光盘\效果\第6章\房子.dwg
视频文件	光盘\视频\第6章\案例实战070.mp4

步骤 01 按〈Ctrl+O〉组合键，打开一幅素材图形，如图 6-59 所示。

步骤 02 在绘图区内依次选择图形中间的两条竖直线，使之成为夹点状态，如图 6-60 所示。

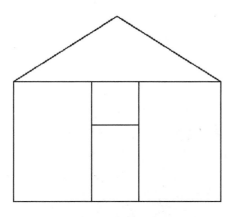

图 6-59　素材图形

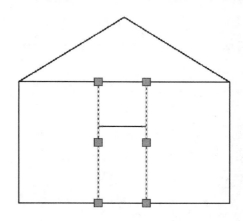

图 6-60　夹点状态

步骤 03　选择左边直线的上端点，单击鼠标左键，进入默认的夹点拉伸模式，在命令行提示下，向下拖曳鼠标至合适位置，如图 6-61 所示。

步骤 04　采用同样的方法，拉伸右边的直线对象，按〈Esc〉键退出，即可使用夹点拉伸对象，效果如图 6-62 所示。

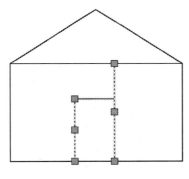

图 6-61　移动夹点

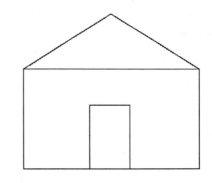

图 6-62　夹点拉伸对象

专家提醒 ☞

命令行中的"指定拉伸点"是要求确定对象被拉伸以后的基点新位置，其为默认项，用户可以通过输入点的坐标或直接拾取点的方式确定。

6.4.2　使用夹点移动图形

使用夹点移动对象，可将对象从当前位置移动到新位置，还可以进行多次复制。

案例实战 071——夹点移动地面拼花图

素材文件	光盘\素材\第6章\地面拼花.dwg
效果文件	光盘\效果\第6章\地面拼花.dwg
视频文件	光盘\视频\第6章\案例实战071.mp4

步骤 01 按〈Ctrl+O〉组合键，打开素材图形，如图 6-63 所示。

步骤 02 在绘图区中选择右侧小圆对象，使之呈夹点状态，如图 6-64 所示。

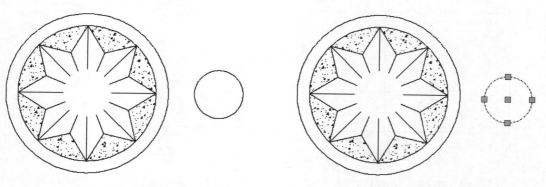

图 6-63 素材图形   图 6-64 选择图形

步骤 03 选择中间的夹点，按〈Enter〉键确认，进入夹点移动模式，移动光标至左侧的圆心处，如图 6-65 所示。

步骤 04 单击确定目标点的位置，并按〈Esc〉键结束命令，即可使用夹点移动对象，效果如图 6-66 所示。

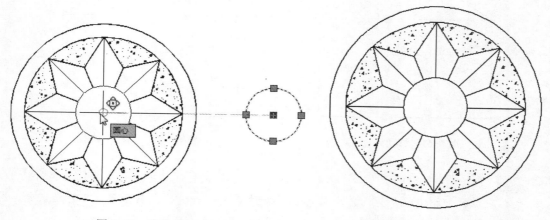

图 6-65 移动夹点   图 6-66 夹点移动对象

专家提醒

移动图形对象仅仅是位置上的平移，对象的方向和大小并不会随之改变。要精确地移动图形，可以使用捕捉、坐标、夹点和对象捕捉模式。

6.4.3 使用夹点镜像图形

使用夹点镜像对象，可将对象按指定的镜像线进行镜像变换，且镜像变换后删除源对象。

案例实战 072——夹点镜像健身器材图形

	素材文件	光盘\素材\第6章\健身器材.dwg
	效果文件	光盘\效果\第6章\健身器材.dwg
	视频文件	光盘\视频\第6章\案例实战072.mp4

步骤 01　按〈Ctrl+O〉组合键，打开素材图形，如图 6-67 所示。

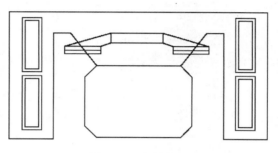

图 6-67　素材图形

步骤 02　在绘图区选择所有的图形对象，使之呈夹点状态。选择左上方的夹点，按 4 次〈Enter〉键确认，进入夹点镜像模式，在命令行提示下，向右拖曳鼠标至合适位置，如图 6-68 所示。

步骤 03　捕捉右上方的端点，按〈Esc〉键退出，即可使用夹点镜像对象，效果如图 6-69 所示。

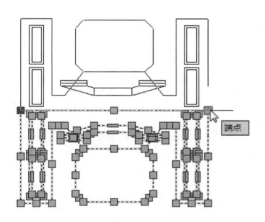

图 6-68　移动夹点

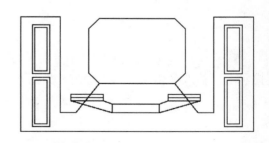

图 6-69　夹点镜像对象

进入夹点镜像模式后，命令行中的提示如下。

** 镜像 **指定第二点或 [基点(B)/复制(C)/放弃(U)/退出(X)]:

命令行中各选项含义如下。

◆ 基点（B）：重新确定镜像基点。

◆ 复制（C）：允许用户进行多次镜像复制操作。

◆ 放弃（U）：取消上一次的操作。
◆ 退出（X）：退出当前操作。

6.4.4 使用夹点旋转图形

使用夹点旋转对象，可将对象绕基点旋转，还可以进行多次旋转复制。

案例实战 073——夹点旋转射灯图形

	素材文件	光盘\素材\第6章\射灯.dwg
	效果文件	光盘\效果\第6章\射灯.dwg
	视频文件	光盘\视频\第6章\案例实战073.mp4

步骤 01 按〈Ctrl+O〉组合键，打开素材图形，如图 6-70 所示。

步骤 02 在绘图区选择所有的图形对象，使之呈夹点状态，如图 6-71 所示。

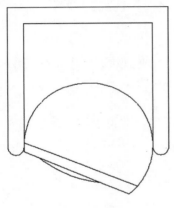

图 6-70 素材图形

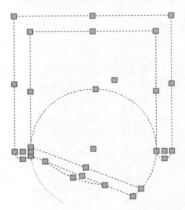

图 6-71 夹点状态

步骤 03 按〈Enter〉键确认，按〈Esc〉键退出，即可使用夹点旋转对象，如图 6-72 所示。

步骤 04 选择右上方的夹点，按两次〈Enter〉键确认，进入夹点旋转模式，在命令行提示下，输入旋转角度为"200"，如图 6-73 所示。

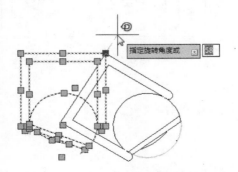

图 6-72 输入参数值

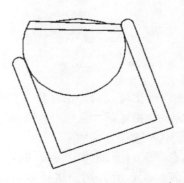

图 6-73 夹点旋转对象

6.4.5　使用夹点缩放图形

使用夹点缩放对象，可将对象相对于基点缩放，同时还可以进行多次复制。

案例实战 074——夹点缩放零部件图形

	素材文件	光盘\素材\第6章\零部件.dwg
	效果文件	光盘\效果\第6章\零部件.dwg
	视频文件	光盘\视频\第6章\案例实战074.mp4

步骤 01　按〈Ctrl+O〉组合键，打开素材图形，如图 6-74 所示。

步骤 02　在绘图区选择小圆对象，使之呈夹点状态，如图 6-75 所示。

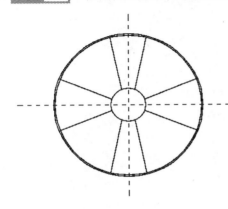

图 6-74　素材图形

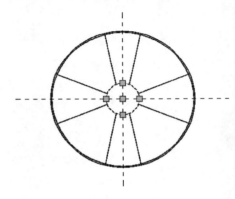

图 6-75　夹点状态

步骤 03　选择中间的夹点，按 3 次〈Enter〉键确认，进入夹点比例缩放模式，在命令行提示下，输入缩放比例为"4.8"，如图 6-76 所示。

步骤 04　按〈Enter〉键确认，并按〈Esc〉键退出，即可使用夹点缩放对象，效果如图 6-77 所示。

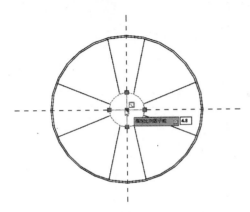

图 6-76　输入缩放比例

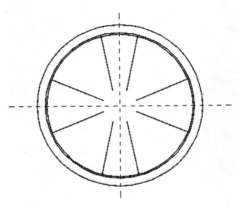

图 6-77　夹点缩放对象

第 7 章　创建面域和图案填充

学前提示

在绘制高级图形时，经常需要用到面域和图案填充，它们对图形的表达和辅助绘图起着非常重要的作用。本章主要介绍创建面域、编辑面域、创建图案填充以及编辑图案填充等操作方法，使读者能够快速地掌握面域和图案填充的基本操作。

本章教学目标

▶ 面域对象的创建
▶ 使用布尔运算创建面域
▶ 图案填充的创建
▶ 图案填充的编辑

学完本章后你会做什么

▶ 掌握面域的创建操作，如运用"面域"命令和"边界"命令创建面域
▶ 掌握布尔运算创建面域的操作，如差集运算、并集运算、交集运算等
▶ 掌握创建图案填充的操作，如预定义填充、渐变色填充等

视频演示

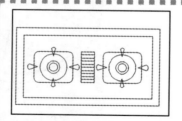

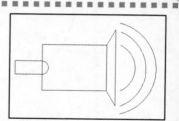

7.1　面域对象的创建

面域是由封闭区域形成的二维实体对象，其边界可以由直线、多段线、圆、圆弧和椭圆等图形对象组成。

7.1.1　使用"面域"命令

面域的边界由端点相连的曲线组成，曲线上的每个端点仅为连接两条边。在默认状态下进行面域转换时，可以使用面域创建的对象取代原来的对象，并删除原来的对象。

运用"面域"命令创建面域的 3 种方法如下。

◆ 命令行：输入"REGION"（快捷命令：REG）命令。

◆ 菜单栏：选择菜单栏中的"绘图"→"面域"命令。

◆ 按钮法：切换至"默认"选项卡，单击"绘图"面板中的"面域"按钮 。

案例实战 075——运用"面域"命令创建灶台外轮廓

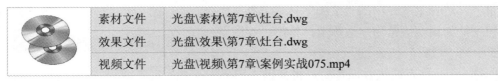

	素材文件	光盘\素材\第7章\灶台.dwg
	效果文件	光盘\效果\第7章\灶台.dwg
	视频文件	光盘\视频\第7章\案例实战075.mp4

步骤 01　按〈Ctrl+O〉组合键，打开素材图形，如图 7-1 所示。

步骤 02　在功能区选项板的"默认"选项卡中，单击"绘图"面板中的"面域"按钮 ，如图 7-2 所示。

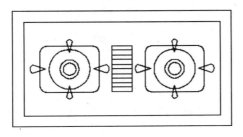

图 7-1　素材图形

图 7-2　单击"面域"按钮

步骤 03　在命令行提示下，依次选择外侧的边对象为创建对象，按〈Enter〉键确认，如图 7-3 所示。

步骤 04　确认后即可创建面域。选择面域对象，查看面域效果，如图 7-4 所示。

专家提醒

在 AutoCAD 2016 中，面域可以用于以下 3 个方面：

◆ 应用于填充和着色。

◆ 使用"面域/质量特性"命令分析特性，如面积。

◆ 提取设计信息。

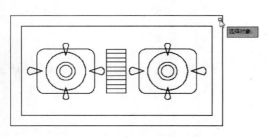

图 7-3　选择对象

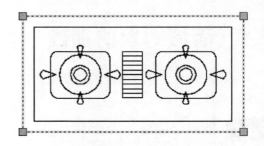

图 7-4　查看面域效果

7.1.2　使用"边界"命令

使用"边界"命令既可以从任意一个闭合的区域创建一个多段线的边界或多个边界，也可以创建一个面域。

运用"边界"命令创建边界对象的 3 种方法如下。

◆ 命令行：输入"BOUNDARY"（快捷命令：BO）命令。

◆ 菜单栏：选择菜单栏中的"绘图"→"边界"命令。

◆ 按钮法：切换至"常用"选项卡，单击"绘图"面板中的"边界"按钮📋。

采用上述任意一种方式执行操作后，将弹出"边界创建"对话框，如图 7-5 所示。该对话框中，各选项的含义如下。

图 7-5　"边界创建"对话框

◆ "拾取点"按钮📠：根据围绕指定点构成封闭区域的现有对象来确定边界。

◆ "孤岛检测"复选框：控制"BOUNDARY"命令是否检测内部闭合边界，该边界称为孤岛。

◆ "对象类型"下拉列表框：选择控制新边界对象的类型。

◆ "边界集"选项区：设置通过指定点定义边界时，"BOUNDARY"命令要分析的对象集。

◆ "当前视口"选项：用于根据当前视口范围中的所有对象定义边界集，选择此选项将放弃当前所有边界集。

◆ "新建"按钮📇：用于提示用户选择用来定义边界集的对象。"BOUNDARY"命令仅可以在构造新边界集时，用于创建面域或闭合多段线的对象。

> **专家提醒** ☞
>
> 与"面域"命令不同，"边界"命令在创建边界时，不会删除原始对象，不需要考虑系统变量的设置，不管对象是共享一个端点，还是有相交。

7.2　使用布尔运算创建面域

创建面域后，可以对面域进行布尔运算，生成新的面域。在 AutoCAD 2016 中绘制图形时使用布尔运算，尤其是在绘制比较复杂的图形时，可以提高绘图效率。

7.2.1　面域的并集运算

在 AutoCAD 2016 中，使用"并集"命令后，可以将两个面域执行并集操作，将其合并为一个面域。

面域并集运算的两种方法如下。

◆ 命令行：输入"UNION"（快捷命令：UNI）命令。
◆ 菜单栏：选择菜单栏中的"修改"→"实体编辑"→"并集"命令。

案例实战 076——并集运算插头的面域

素材文件	光盘\素材\第7章\插头.dwg
效果文件	光盘\效果\第7章\插头.dwg
视频文件	光盘\视频\第7章\案例实战076.mp4

步骤 01　按〈Ctrl+O〉组合键，打开素材图形，如图 7-6 所示。

步骤 02　在命令行中输入"UNION"（并集）命令，按〈Enter〉键确认，在命令行提示下，选择所有图形对象，按〈Enter〉键确认，并集运算面域对象，效果如图 7-7 所示。

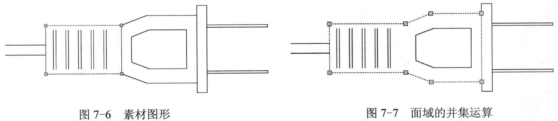

图 7-6　素材图形　　　　　　　　图 7-7　面域的并集运算

专家提醒

在 AutoCAD 2016 中，对面域求并集后，如果所选面域并未相交，可以将所选面域合并为一个单独的面域。

7.2.2　面域的差集运算

在 AutoCAD 2016 中，使用"差集"命令可以将两个面域进行差集计算，以得到两个面域相减后的面域。

面域差集运算的两种方法如下。

◆ 命令行：输入"SUBTRACT"（快捷命令：SU）命令。
◆ 菜单栏：选择菜单栏中的"修改"→"实体编辑"→"差集"命令。

案例实战 077——差集运算扬声器

	素材文件	光盘\素材\第7章\扬声器.dwg
	效果文件	光盘\效果\第7章\扬声器.dwg
	视频文件	光盘\视频\第7章\案例实战077.mp4

步骤 **01** 按〈Ctrl+O〉组合键，打开素材图形，如图 7-8 所示。

步骤 **02** 在命令行中输入"SUBTRACT"（差集）命令，并按〈Enter〉键确认，如图 7-9 所示。

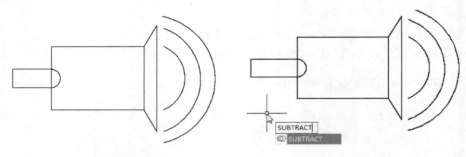

图 7-8　素材图形　　　　　　　　　　图 7-9　输入命令

步骤 **03** 在命令行提示下，选择中间的面域对象，按〈Enter〉键确认，图 7-10 所示。

步骤 **04** 选择左侧的面域，按〈Enter〉键确认，即可差集运算面域，如图 7-11 所示。

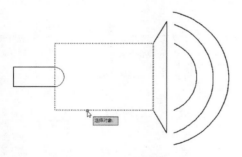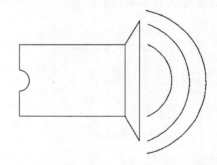

图 7-10　选择面域对象　　　　　　　　图 7-11　面域的差集运算

专家提醒 ☞

在 AutoCAD 2016 中，用户在对面域进行差集运算时，需要选择两个相交的面域对象，才能做差集运算。

7.2.3　面域的交集运算

在 AutoCAD 2016 中，各面域对象的公共部分，通过"交集"命令，可以创建出新的面域对象。用户在交集运算面域时，需要选择相交的面域对象，若面域不相交，则删除选择的所有面域。

面域交集运算的两种方法如下。

◆ 命令行：输入"INTERSECT"（快捷命令：IN）命令。

◆ 菜单栏：选择菜单栏中的"修改"→"实体编辑"→"交集"命令。

案例实战 078——交集运算机械零件面域

	素材文件	光盘\素材\第7章\机械零件.dwg
	效果文件	光盘\效果\第7章\机械零件.dwg
	视频文件	光盘\视频\第7章\案例实战078.mp4

步骤 01　按〈Ctrl+O〉组合键，打开素材图形，如图 7-12 所示。

步骤 02　在命令行中输入"INTERSECT"（交集）命令，按〈Enter〉键确认，在命令行提示下，依次选择大圆和梯形面域对象，按〈Enter〉键确认，即可交集运算面域，效果如　图 7-13 所示。

专家提醒

如果在并不重叠的面域上执行了"交集"命令，则将删除面域并创建一个空面域，使用"UNDO"（恢复）命令可以恢复图形中原来的面域。

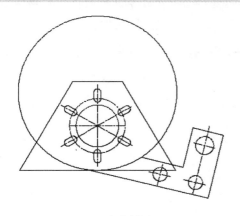

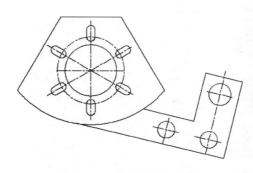

图 7-12　素材图形　　　　　　　　　　　图 7-13　面域的交集运算

7.2.4　面域数据的提取

从表面上看，面域和一般的封闭线框没有区别，就像是没有一张厚度的纸。实际上，面域就是二维实体模型，它不但包含边的信息，还包含边界内的信息。在 AutoCAD 2016 中，用户可以通过以下两种方法提取面域数据。

案例实战 079——提取座椅平面的面域数据

	素材文件	光盘\素材\第7章\座椅平面.dwg
	效果文件	光盘\效果\第7章\座椅平面.dwg
	视频文件	光盘\视频\第7章\案例实战079.mp4

步骤 **01** 按〈Ctrl+O〉组合键，打开素材图形，如图 7-14 所示。

步骤 **02** 在命令行中输入"MASSPROP"（面域/质量特性）命令，按〈Enter〉键确认，在命令行提示下，选择面域，如图 7-15 所示。

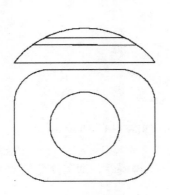

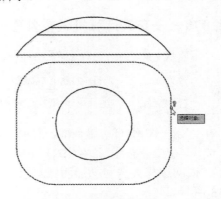

图 7-14　素材图形　　　　　　　　　图 7-15　面域对象

步骤 **03** 按〈Enter〉键确认，弹出"AutoCAD 文本窗口"，在命令行中输入"Y"（是）选项，如图 7-16 所示。

步骤 **04** 按〈Enter〉键确认，弹出"创建质量与面积特性文件"对话框，设置文件名和保存路径，如图 7-17 所示，单击"保存"按钮，即可提取面域数据。

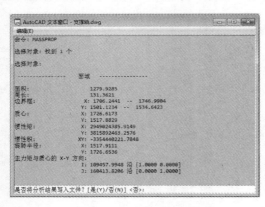

图 7-16　AutoCAD 文本窗口　　　　　　图 7-17　"创建质量与面积特性文件"对话框

专家提醒 ☞

提取面域数据的两种方法如下。

◆ 命令行：输入 MASSPROP 命令。

◆ 菜单栏：选择菜单栏中的"工具"→"查询"→"面域/质量特性"命令。

7.3　图案填充的创建

在绘制图形时，常常需要标识某一区域的意义或用途，如表现建筑表面的装饰纹理、颜色及地板的材质等；在地图中也常用不同的颜色与图案来区分不同的行政区域等。

7.3.1　图案填充的概述

重复某些图案以填充图形中的一个区域，从而表达该区域的特征，这种填充操作称为图案填充。图案填充的应用非常广泛，例如，在机械工程图中，可以用图案填充表达一个剖面的区域，也可以使用不同的图案填充来表达不同的零件或者材料。

7.3.2　创建图案填充

在 AutoCAD 2016 中，使用"图案填充"命令，可以对封闭区域进行图案填充。在指定图案填充边界时，可以在闭合区域中任选一点，由 AutoCAD 自动搜索闭合边界，或通过选择对象来定义边界。

创建图案填充的 3 种方法如下。

◆ 命令行：输入"HATCH"（快捷命令：H）命令。
◆ 菜单栏：选择菜单栏中的"绘图"→"图案填充"命令。
◆ 按钮法：切换至"默认"选项卡，单击"绘图"面板中的"图案填充"按钮📷。

案例实战 080——填充组合柜图案

素材文件	光盘\素材\第7章\组合柜.dwg
效果文件	光盘\效果\第7章\组合柜.dwg
视频文件	光盘\视频\第7章\案例实战080.mp4

步骤 **01**　按〈Ctrl+O〉组合键，打开素材图形，如图 7-18 示。

步骤 **02**　在功能区选项板的"默认"选项卡中，单击"绘图"面板中的"图案填充"按钮📷，如图 7-19 示。

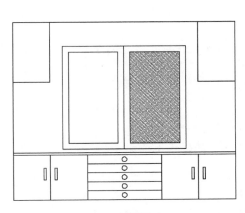

图 7-18　素材图形

图 7-19　单击"图案填充"按钮

步骤 **03**　打开"图案填充创建"选项卡，单击"图案"面板中"图案填充图案"右侧的下拉按钮，在弹出的列表框中选择"JIS-STN-1E"选项，如图 7-20 所示。

步骤 **04** 在命令行提示下，在绘图区中的柜门区域内，单击鼠标左键，设置图案填充比例为"20"，并按〈Enter〉键确认，即可创建图案填充，如图 7-21 所示。

图 7-20 选择"JIS_STN_1E"选项

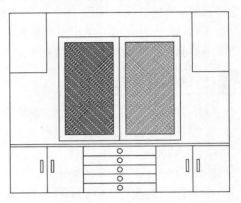

图 7-21 创建图案填充

"图案填充创建"选项卡中，各主要选项含义如下。

◆ "选择边界对象"按钮：单击该按钮，根据构成封闭区域的选定对象确定边界。

◆ "图案"面板：该面板中显示所有预定义和自定义图案的预览图像。

◆ "图案填充类型"列表框：在该列表框中，可以指定是创建实体填充、渐变填充、预定义填充图案，还是创建用户定义的填充图案。

◆ "图案填充颜色"列表框：在该列表框中，可以选择替代实体填充和填充图案的当前颜色，或指定两种渐变色中的第一种颜色。

◆ "图案填充透明度"文本框：在该文本框中，可以设定新图案填充或填充的透明度，替代当前对象的透明度。

◆ "图案填充角度"文本框：用于指定图案填充或填充的角度（相对于当前 UCS 的 X 轴）。

7.3.3 填充渐变色

在 AutoCAD 2016 中，使用"渐变色"命令后，可以通过渐变填充创建一种或两种颜色间的平滑转场。

渐变色填充的 3 种方法如下。

◆ 命令行：输入"GRADIENT"命令。

◆ 菜单栏：选择菜单栏中的"绘图"→"渐变色"命令。

◆ 按钮法：切换至"默认"选项卡，单击"绘图"面板中的"渐变色"按钮 。

案例实战 081——渐变色填充装饰画

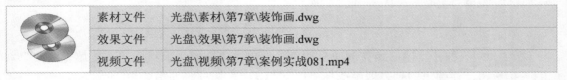

	素材文件	光盘\素材\第7章\装饰画.dwg
	效果文件	光盘\效果\第7章\装饰画.dwg
	视频文件	光盘\视频\第7章\案例实战081.mp4

步骤 01　按〈Ctrl+O〉组合键，打开素材图形，如图 7-22 所示。

步骤 02　在功能区选项板的"默认"选项卡中，单击"绘图"面板中的"渐变色"按钮，如图 7-23 所示。

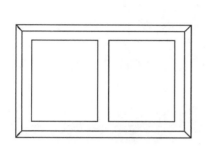

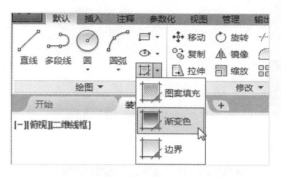

图 7-22　素材图形　　　　　　　　图 7-23　单击"渐变色"按钮

步骤 03　打开"图案填充创建"选项卡，在命令行提示下，在绘图区中依次选择需要填充的区域，如图 7-24 所示。

步骤 04　按〈Enter〉键确认，即可创建渐变色填充，如图 7-25 所示。

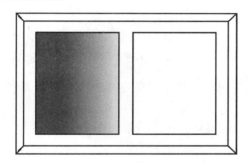

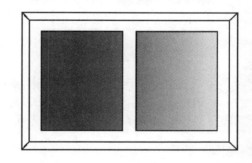

图 7-24　选择需要填充的矩形区域　　　　　图 7-25　创建渐变色填充

专家提醒

在"图案填充和渐变色"对话框中，单击"更多选项"按钮，将显示"孤岛""边界保留""边界集""允许的间隙"和"继承选项"选项列表，在其中可以进行相应的设置，以得到需要的效果。

7.4　图案填充的编辑

在 AutoCAD 2016 中，用户还可以对填充好的图案进行各种编辑操作，如设置填充图案比例、填充透明度和修剪图案填充等。

7.4.1　填充比例的调整

在 AutoCAD 2016 中，使用"编辑图案填充"命令，可以修改特定于图案填充的特性，如设置填充图案的填充比例。

案例实战 082——设置餐桌填充比例

素材文件	光盘\素材\第7章\餐桌.dwg
效果文件	光盘\效果\第7章\餐桌.dwg
视频文件	光盘\视频\第7章\案例实战082.mp4

步骤 01 按〈Ctrl+O〉组合键，打开素材图形，如图 7-26 所示。

步骤 02 在功能区选项板的"默认"选项卡中，单击"修改"面板中的"编辑图案填充"按钮，如图 7-27 所示。

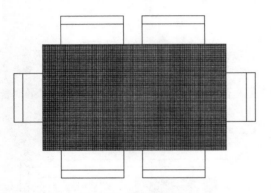

图 7-26 素材图形

图 7-27 单击"编辑图案填充"按钮

步骤 03 在命令行提示下，选择图案填充对象，弹出"图案填充编辑"对话框，设置图案填充的比例为"35"，如图 7-28 所示。

步骤 04 单击"确定"按钮，即可设置图案填充比例，效果如图 7-29 所示。

图 7-28 "图案填充编辑"对话框

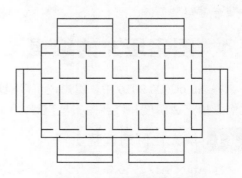

图 7-29 设置图案填充比例

调整图案填充比例的 4 种方法如下。

◆ 命令行：输入 "HATCHEDIT"（快捷命令：HE）命令。
◆ 菜单栏：选择菜单栏中的 "修改" → "对象" → "图案填充" 命令。
◆ 鼠标法：在需要设置的图案填充对象上，双击鼠标左键。
◆ 按钮法：切换至 "默认" 选项卡，单击 "修改" 面板中的 "编辑图案填充" 按钮。

7.4.2　填充透明度的设置

除了可以使用 "编辑图案填充" 命令设置图案填充对象的比例和角度外，还可以更改填充图案的透明度。

案例实战 083——设置盆栽填充透明度

素材文件	光盘\素材\第7章\盆栽.dwg
效果文件	光盘\效果\第7章\盆栽.dwg
视频文件	光盘\视频\第7章\案例实战083.mp4

步骤 01　按〈Ctrl+O〉组合键，打开素材图形，如图 7-30 所示。

步骤 02　在图案填充对象上，单击鼠标左键，执行操作后，弹出 "图案填充编辑器" 选项卡，设置 "图案填充透明度" 为 "80"，并按〈Enter〉键确认，即可设置图案填充透明度，效果如图 7-31 所示。

图 7-30　素材图形

图 7-31　设置图案填充透明度

使用图案填充可以使图形更加得明了、生动，但如果在使用的过程中发现填充的图案并非是所需的图案，用户就需要重新修改图案填充。

7.4.3 填充图案的分解

使用"分解"命令，可以将面域、多段线、标注、图案填充或块参照合成对象转变为单个的元素。

案例实战 084——分解壁灯填充

	素材文件	光盘\素材\第7章\壁灯.dwg
	效果文件	光盘\效果\第7章\壁灯.dwg
	视频文件	光盘\视频\第7章\案例实战084.mp4

步骤 01　按〈Ctrl+O〉组合键，打开素材图形，如图 7-32 所示。

步骤 02　在功能区选项板的"默认"选项卡中，单击"修改"面板中的"分解"按钮 ，如图 7-33 所示。

图 7-32　素材图形

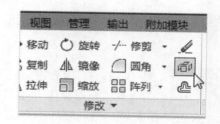

图 7-33　单击"分解"按钮

步骤 03　在命令行提示下，在绘图区中选择图案填充对象，按〈Enter〉键确认，如图 7-34 所示。

步骤 04　确认要分解的填充图案。任意选择直线，查看分解效果，如图 7-35 所示。

图 7-34　选择对象

图 7-35　分解图案填充

专家提醒

图案被分解后，它将不再是一个单一的对象，而是一组组成图案的线条。同时，分解后图案也失去了与图形的关联性。

分解图案填充的 3 种方法如下。

◆ 命令行：输入 "EXPLODE"（快捷命令：X）命令。

◆ 菜单栏：选择菜单栏中的"修改" → "分解"命令。

◆ 按钮：切换至"常用"选项卡，单击"修改"面板中的"分解"按钮 。

提 高 篇
第8章 图块、外部参照和设计中心

学前提示

在绘制图形时，如果图形中有大量相同或相似的内容，则可将这些重复出现的图形定义成图块。在需要插入图形时，可以将已有的图块文件直接插入到当前图形中。同时，也可以将已有的图形文件以参照的形式插入到当前图形中，或使用 AutoCAD 提供的设计中心，直接调用其中的内容。

本章教学目标

- ▶ 图块的创建与编辑
- ▶ 属性块的编辑与创建
- ▶ 使用外部参照
- ▶ 编辑外部参照
- ▶ AutoCAD 设计中心的应用

学完本章后你会做什么

- ▶ 掌握创建与编辑图块的操作，如创建图块、插入图块等
- ▶ 掌握创建与编辑属性块的操作，如插入属性快、修改属性定义等
- ▶ 掌握附着外部参照的操作，如附着外部参照、图像参照等

视频演示

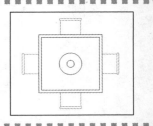

8.1 图块的创建与编辑

创建图块就是将已有的图形对象定义为图块的过程,可将一个或多个图形对象定义为一个图块。本节主要介绍创建与编辑图块的操作方法。

8.1.1 图块的简介

图块是指由一个或多个图形对象组合而成的一个整体,简称为块。在绘图过程中,用户可以将定义的块插入到图样中的指定位置,并且可以进行缩放、旋转等,而且对于组成块的各个对象而言,还可以有各自的图层属性,同时还可以对图块进行修改。

在 AutoCAD 2016 中,用户可以在同一图形或其他图形中重复使用同一图块,在绘图过程中,使用图块有以下 5 个特点。

◆ 提高绘图速度:在绘图过程中,往往要绘制一些重复出现的图形,如果把这些图形创建成图块保存起来,在需要它们时就可以用插入块的方法实现,即把绘图变成了拼图,这样就避免了大量的重复性工作,大大提高了绘图速度。

◆ 建立图块库:可以将绘图过程中常用到的图形定义成图块,保存在磁盘上,这样就形成了一个图块库。当用户需要插入某个图块时,可以将其调出插入到图形文件中。

◆ 节省存储空间:AutoCAD 要保存图中每个对象的相关信息,如对象的类型、名称、位置、大小、线型及颜色等,这些信息要占用存储空间。如果使用图块,则可以大大节省磁盘的空间,AutoCAD 仅需记住此图块对象的信息。对于复杂但需多次绘制的图形,这一特点更为明显。

◆ 方便修改图形:在工程设计中,特别是讨论方案、技术改造初期,常需要修改绘制的图形,如果图形是通过插入图块的方法绘制的,那么只要简单地对图块重新定义一次,就可以对 AutoCAD 上所有插入的该图块进行修改。

◆ 赋予图块属性:很多图块要求有文字信息以进一步解释其用途。AutoCAD 允许用户用图块创建这些文件属性,并可在插入的图块中指定是否显示这些属性。属性值可以随插入图块的环境不同而改变。

8.1.2 图块的创建

使用"块"命令可将已有图形对象定义为图块,可以将一个或多个图形对象定义为图块。图块分为内部图块和外部图块。

案例实战 085——创建沙发平面图块

素材文件	光盘\素材\第8章\沙发平面.dwg
效果文件	光盘\效果\第8章\沙发平面.dwg
视频文件	光盘\视频\第8章\案例实战085.mp4

步骤 01 按〈Ctrl+O〉组合键,打开素材图形,如图 8-1 所示。

步骤 02 在功能区选项板的"插入"选项卡中,单击"块定义"面板中的"创建块"

按钮，如图 8-2 所示。

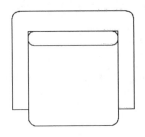

图 8-1　素材图形

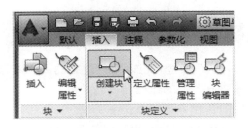

图 8-2　单击"创建块"按钮

步骤 03　弹出"块定义"对话框，设置"名称"为"沙发平面"，单击"选择对象"
按钮，如图 8-3 所示。

步骤 04　在命令行提示下，在绘图区中选择所有的图形对象为创建对象，按〈Enter〉
键确认，返回到"块定义"对话框。单击"块定义"对话框的"确定"按钮，即可创建图块。
在图块对象上，单击鼠标左键，查看图块效果，如图 8-4 所示。

图 8-3　"块定义"对话框

图 8-4　查看图块效果

"块定义"对话框中各主要选项的含义如下。

◆ "名称"下拉列表框：用于输入块的名称，最多可以使用 255 个字符。当其中包含多
　个块时，还可以在此下拉列表中选择已有的块。

◆ "基点"选项区：用于设置块的插入基点位置。

◆ "对象"选项区：用于设置组成块的对象。

◆ "方式"选项区：用于设置组成块的对象的显示方式。

◆ "设置"选项区：用于设置块的基本属性。

◆ "说明"文本框：用来输入当前块的说明部分。

专家提醒

创建块的 3 种方法如下。

◆ 命令行：输入"BLOCK"（快捷命令：B）命令。

◆ 菜单栏：选择菜单栏中的"绘图"→"块"→"创建"命令。
◆ 按钮法：切换至"插入"选项卡，单击"块定义"面板中的"创建块"按钮。

8.1.3 图块的插入

使用"插入块"命令，可以将创建好的图块对象插入到图形文件中，还可以在插入的同时改变所插入块或图形的比例与旋转角度。

插入图块的 3 种方法如下。

◆ 命令行：输入"INSERT"（快捷命令：I）命令。
◆ 菜单栏：选择菜单栏中的"插入"→"块"命令。
◆ 按钮法：切换至"插入"选项卡，单击"块"面板中的"插入"按钮。

案例实战 086——插入图块绘制扇子

素材文件	光盘\素材\第8章\扇子.dwg
效果文件	光盘\效果\第8章\扇子.dwg
视频文件	光盘\视频\第8章\案例实战086.mp4

步骤 01 按〈Ctrl+O〉组合键，打开素材图形，如图 8-5 所示。

步骤 02 在功能区选项板的"插入"选项卡中，单击"块"面板中的"插入"按钮，如图 8-6 所示。

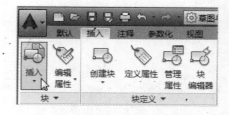

图 8-5 素材图形   图 8-6 单击"插入"按钮

步骤 03 弹出"插入"对话框，单击"浏览"按钮，如图 8-7 所示。

步骤 04 弹出"选择图形文件"对话框，选择合适的图形文件，如图 8-8 所示。

步骤 05 单击"打开"按钮，返回到"插入"对话框，单击"确定"按钮，如图 8-9 所示。

步骤 06 在命令行提示下，指定任意点为插入基点，插入图块，并将其移动至合适的位置，如图 8-10 所示。

"插入"对话框中各主要选项含义如下。

◆ "名称"下拉列表框：用于选择图块或图形的名称。
◆ "插入点"选项区：用于设置图块的插入基点位置。
◆ "比例"选项区：用于设置图块的插入比例。
◆ "旋转"选项区：用于设置图块插入时的旋转角度。

图 8-7 "插入"对话框（一）

图 8-8 "选择图形文件"对话框

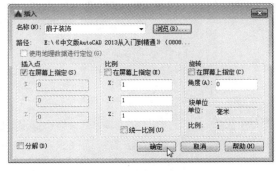

图 8-9 "插入"对话框（二）

图 8-10 插入图块

◆ "分解"复选框：选中该复选框，可以将插入的图块分解成组成图块的各基本对象。

8.1.4 图块的分解

使用"分解"命令，可以分解创建的图块对象。图块被分解后，它的各个组成元素都将成为单独的对象。用户可以对各组成元素单独进行编辑。

案例实战 087——分解装饰物图块

	素材文件	光盘\素材\第8章\装饰物.dwg
	效果文件	光盘\效果\第8章\装饰物.dwg
	视频文件	光盘\视频\第8章\案例实战087.mp4

步骤 01 按〈Ctrl+O〉组合键，打开素材图形，如图 8-11 所示。

步骤 02 在命令行中输入"X"（分解）命令，按〈Enter〉键确认，在命令行提示下，在绘图区中选择图块对象，按〈Enter〉键确认，分解图块。在任意直线上单击，查看分解效果，如图 8-12 所示。

专家提醒

分解图块的 3 种方法如下。

◆ 命令行：输入 "EXPLODE"（快捷命令：X）命令。
◆ 菜单栏：选择菜单栏中的 "修改" → "分解" 命令。
◆ 按钮法：切换至 "默认" 选项卡，单击 "修改" 面板中的 "分解" 按钮 ⊞。

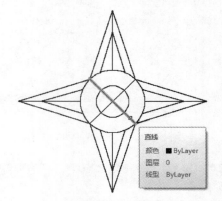

图 8-11　素材图形　　　　　　　　　　图 8-12　查看分解图块效果

8.1.5　图块的重定义

　　如果在一个图形文件中多次重复插入一个图块，又需将所有相同的图块统一修改或改变成另一个标准，则可运用图块的重定义功能来实现。执行此操作的方法为：选择菜单栏中的 "修改" → "对象" → "块说明" 命令。

案例实战 088——重定义亭子立面图块

素材文件	光盘\素材\第8章\亭子立面.dwg
效果文件	光盘\效果\第8章\亭子立面.dwg
视频文件	光盘\视频\第8章\案例实战088.mp4

步骤 01　按〈Ctrl+O〉组合键，打开素材图形，如图 8-13 所示。

步骤 02　在命令行输入 "BLOCK"（块）命令，按〈Enter〉键确认，弹出 "块定义" 对话框，设置 "名称" 为 "亭子立面图"，如图 8-14 所示。

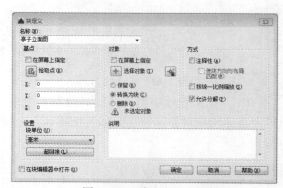

图 8-13　素材图形　　　　　　　　　　图 8-14　"块定义" 对话框

单击"选择对象"按钮![icon]，在命令行提示下，选择所有的图形为重定义对象，按〈Enter〉键确认，返回到"块定义"对话框，单击"确定"按钮，弹出"块-重定义块"对话框，如图 8-15 所示。

步骤 04 单击"重定义"按钮，即可重新定义图块。将光标移至图块上，查看重定义图块效果，如图 8-16 所示。

图 8-15　"块-重定义块"对话框

图 8-16　查看重定义图块效果

8.2　块属性的编辑与创建

块属性是附属于块的非图形信息，是块的组成部分，是特定的可包含在块定义中的文字对象。在定义一个块时，属性必须预先定义。本节主要介绍创建与编辑块属性的操作方法。

8.2.1　块属性的简介

属性是属于图块的非图形信息，是图块的组成部分。块属性具有以下特点。

◆ 属性由属性标记名和属性值两部分组成。例如，可以把"NAME"定义为属性标记名，而具体的名称螺栓、螺母、轴承则是属性值，即其属性。

◆ 定义块前，应先定义该块的每个属性，即规定每个属性的标记名、属性提示、属性默认值、属性显示格式（可见或不可见）和属性在图中的位置等。定义属性后，该属性以其标记名在图中显示出来，并保存有关的信息。在定义块前，用户还可以修改属性定义。

◆ 插入块时，AutoCAD 通过提示要求用户输入属性值。插入块后，属性用它的值表示。因此同一个块在不同点插入时，可以有不同的属性值。如果属性值在属性定义时规定为常量，AutoCAD 则不询问它的属性值。

◆ 插入块后，用户可以改变属性的显示与可见性；对属性做修改；把属性单独提取出来写入文件，以供统计、制表时使用；还可以与其他高级语言（如 BASIC、FORTRAN、C 语言）或数据库（如 Dbase、FoxBASE、Foxpro 等）进行数据通信。

8.2.2　块属性的创建

使用"定义属性"命令，可以创建图块的非图形信息。

创建块属性的 3 种方法如下。

◆ 命令行：输入"ATTDEF"（快捷命令：ATT）命令。
◆ 菜单栏：选择菜单栏中的"绘图"→"块"→"定义属性"命令。
◆ 按钮法：切换至"插入"选项卡，单击"块定义"面板中的"定义属性"按钮✎。

案例实战 089——创建双人床块属性

素材文件	光盘\素材\第8章\双人床.dwg
效果文件	光盘\效果\第8章\双人床.dwg
视频文件	光盘\视频\第8章\案例实战089.mp4

步骤 01　按〈Ctrl+O〉组合键，打开素材图形，如图 8-17 所示。

步骤 02　在功能区选项板的"插入"选项卡中，单击"块定义"面板中的"定义属性"按钮✎，如图 8-18 所示。

图 8-17　素材图形

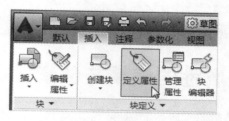

图 8-18　单击"定义属性"按钮

步骤 03　弹出"属性定义"对话框，设置"标记"为"双人床"，"文字高度"为"40"，如图 8-19 所示。

步骤 04　单击"确定"按钮，在命令行提示下，在绘图区中的合适位置单击，即可创建块属性，如图 8-20 所示。

图 8-19　"属性定义"对话框

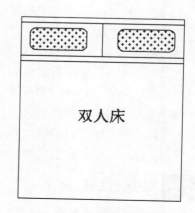

图 8-20　创建块属性

8.2.3　插入带有属性的块

当用户插入一个带有属性的块时，命令行中的提示和插入一个不带属性的块相同，只是在后面增加了属性输入提示。

案例实战 090——插入带有属性的梅花扳手属性块

	素材文件	光盘\素材\第8章\梅花扳手.dwg
	效果文件	光盘\效果\第8章\梅花扳手.dwg
	视频文件	光盘\视频\第8章\案例实战090.mp4

步骤 01　按〈Ctrl+O〉组合键，打开素材图形，如图 8-21 所示。

步骤 02　在命令行中输入"INSERT"（插入）命令，按〈Enter〉键确认，弹出"插入"对话框，单击"浏览"按钮，如图 8-22 所示。弹出"选择图形文件"对话框，选择相应的图形文件。

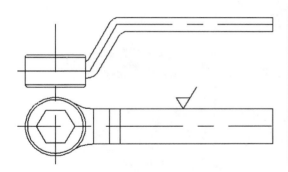

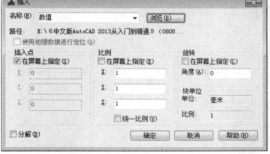

図 8-21　素材图形　　　　　　　　　図 8-22　"插入"对话框

步骤 03　单击"打开"按钮，返回"插入"对话框，单击"确定"按钮，在命令行的提示下捕捉端点，输入属性值为"2.4"，如图 8-23 所示。

步骤 04　按〈Enter〉键确认，即可插入带有属性的块，并调整其大小和位置，效果如图 8-24 所示。

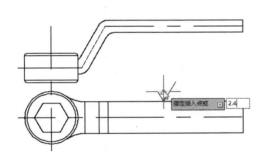

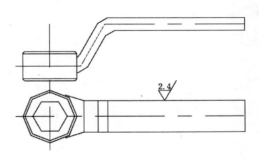

図 8-23　输入属性值　　　　　　　　　図 8-24　插入带有属性的块

8.2.4 属性定义的修改

在 AutoCAD 2016 中,块属性就像其他对象一样,用户可以对其进行编辑。

修改属性定义的 3 种方法

◆ 命令行:输入"EATTEDIT"命令。

◆ 菜单栏:选择菜单栏中的"修改"→"对象"→"属性"→"单个"命令。

◆ 按钮法:切换至"插入"选项卡,单击"块"面板中的"编辑属性"按钮 。

案例实战 091——修改曲轴属性定义

素材文件	光盘\素材\第8章\曲轴.dwg	
效果文件	光盘\效果\第8章\曲轴.dwg	
视频文件	光盘\视频\第8章\案例实战091.mp4	

步骤 01 按〈Ctrl+O〉组合键,打开素材图形,如图 8-25 所示。

步骤 02 在功能区选项板的"插入"选项卡中,单击"块"面板中的"编辑属性"按钮 ,如图 8-26 所示。

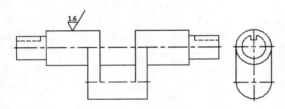

图 8-25 素材图形

图 8-26 单击"编辑属性"按钮

步骤 03 在命令行提示下,选择上方的表面粗糙度图块,弹出"增强属性编辑器"对话框,将"值"修改为"0.8",如图 8-27 所示。

步骤 04 单击"确定"按钮,即可修改属性定义,效果如图 8-28 所示。

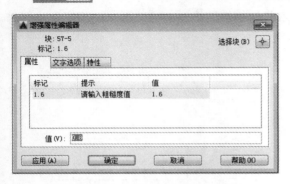

图 8-27 "增强属性编辑器"对话框

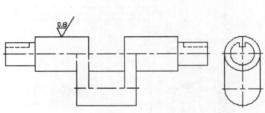

图 8-28 修改属性定义

"增强属性编辑器"对话框中各主要选项含义如下。

◆"块"显示区:显示块的名称。

◆ "标记"显示区：显示属性的标记。

◆ "选择块"按钮 ：使用定点设备选择块，临时关闭对话框。

◆ "应用"按钮：更新已更改属性的块，并保持"增强属性编辑器"对话框打开。

◆ "文字选项"选项卡：用于定义块中属性文字的显示方式的特性。

◆ "特性"选项卡：定义属性所在的图层以及属性文字的线宽、线型和颜色。

专家提醒

使用"增强属性编辑器"对话框，可以修改以下项目。

◆ 定义如何将值指定给属性，以及指定的值在绘图区域是否可见。

◆ 定义属性文字如何在图形中显示。

◆ 定义属性所在的图层以及属性的颜色、线宽和线型。

8.3　使用外部参照

外部参照就是把已有的图形文件插入到当前图形中，但外部参照不同于图块对象。当打开有外部参照的图形文件时，系统会询问是否把各外部参照图形重新调入并在当前图形中显示出来。

8.3.1　外部参照与块的区别

如果把图形作为块插入到另一个图形中，则块定义和所有相关联的几何图形都将存储在当前图形数据库中。修改原图形后，块不会随之更新。插入的块如果被分解，则同其他图形没有本质区别，相当于将一个图形文件中的图形对象复制和粘贴到另一个图形文件中。外部参照（External Reference，Xref）提供了另一种更为灵活的图形引用方法。使用外部参照可以将多个图形链接到当前图形中，并且作为外部参照的图形会随源图形的修改而更新。

当一个图形文件作为外部参照插入到当前图形中时，外部参照中每个图形的数据仍然分别保存在各自的源图形文件中，当前图形中所保存的只是外部参照的名称和路径。因此，外部参照不会明显地增加当前图形的文件大小，从而可以节省磁盘空间，也利于保持系统的性能。无论一个外部参照文件多么复杂，AutoCAD 都会把它作为一个单一对象来处理，而不允许进行分解。用户可对外部参照进行比例缩放、移动、复制、镜像或旋转等操作，还可以控制外部参照的显示状态，但这些操作都不会影响到源图形文件。

8.3.2　外部参照的附着

一个图形能作为外部参照并同时附着到多个图形中，反之，也可以将多个图形作为参照图形附着到单个图形中。

附着外部参照的 3 种方法如下。

◆ 命令行：输入"XATTACH"（快捷命令：XA）命令。

◆ 菜单栏：选择菜单栏中的"插入"→"DWG 参照"命令。

◆ 按钮法：切换至"插入"选项卡，单击"参照"面板中的"附着"按钮 。

新手案例学
AutoCAD 2016 中文版从入门到精通

案例实战 092——给支座附着外部参照

素材文件	光盘\素材\第8章\支座.dwg\悬臂支座.dwg
效果文件	光盘\效果\第8章\支座.dwg
视频文件	光盘\视频\第8章\案例实战092.mp4

步骤 **01** 按〈Ctrl+O〉组合键，打开素材图形，如图 8-29 所示。

步骤 **02** 在命令行中输入"XATTACH"（DWG 参照）命令，按〈Enter〉键确认，弹出"选择参照文件"对话框，选择参照文件"悬臂支座.dwg"，如图 8-30 所示。

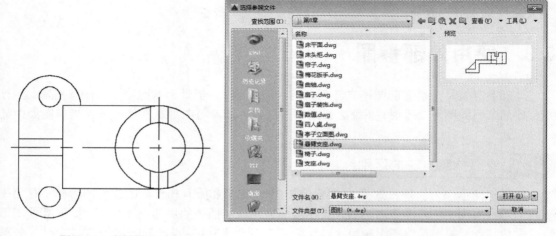

图 8-29 素材图形　　　　　　　　　　　　　　图 8-30 选择合适的参照文件

步骤 **03** 单击"打开"按钮，弹出"附着外部参照"对话框，单击"确定"按钮，如图 8-31 所示。

步骤 **04** 在绘图区中指定端点，并调整其位置，即可以附着外部参照，效果如图 8-32 所示。

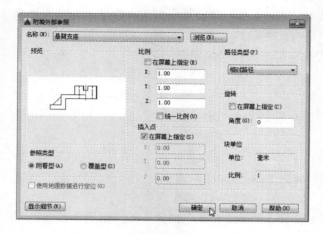
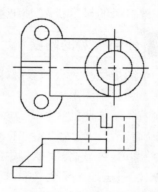

图 8-31 "附着外部参照"对话框　　　　　　　图 8-32 附着外部参照

"附着外部参照"对话框中各主要选项含义如下。

◆ "名称"下拉列表框：列出已选定要进行附着的*.dwg 文件名称。

◆ "浏览"按钮：单击该按钮，将打开"选择参照文件"对话框，从中可以为当前图形选择新的外部参照。

◆ "预览"选项区：显示已选定要进行附着的*.dwg 文件。

◆ "附着型"单选按钮：在图形中附着型的外部参照时，如果其中嵌套有其他外部参照，则将嵌套的外部参照包括在内。

◆ "覆盖型"单选按钮：在图形中附着覆盖型外部参照时，任何嵌套在其中的外部参照都将被忽略，而且其本身也不能显示。

◆ "路径类型"选项区：选择"完整（绝对）路径"、外部参照文件的"相对路径"或"无路径"外部参照的名称（外部参照文件必须与当前图形文件位于同一个文件夹中）。

◆ "在屏幕上指定"复选框：允许用户在命令行提示下或通过定点设备输入。

8.3.3　图像参照的附着

在 AutoCAD 2016 中，附着图像参照与附着外部参照一样，其图像由一些称为像素的小方块或点的矩形栅格组成，附着后的图同图块一样，是作为一个整体来调用，用户可以对其进行多次重新附着。

案例实战 093——附着客厅图像参照

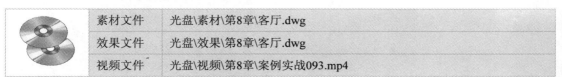

	素材文件	光盘\素材\第8章\客厅.dwg
	效果文件	光盘\效果\第8章\客厅.dwg
	视频文件	光盘\视频\第8章\案例实战093.mp4

步骤　01　按〈Ctrl+N〉组合键，新建一幅空白图形文件，输入"IMAGEATTACH"（光栅图像参照）命令，按〈Enter〉键确认，弹出"选择参照文件"对话框，选择合适的参照文件，如图 8-33 所示。

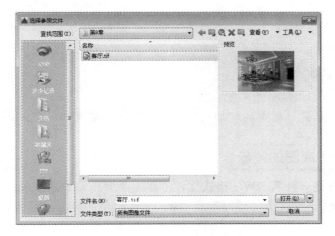

图 8-33　选择合适的参照文件

步骤 02　　单击"打开"按钮，弹出"附着图像"对话框，保持默认设置，如图 8-34 所示，单击"确定"按钮。

图 8-34　"附着图像"对话框

步骤 03　　在命令行提示下，输入（0,0），如图 8-35 所示。
步骤 04　　按两次〈Enter〉键确认，即可附着图像参照，如图 8-36 所示。

指定插入点 <0,0>: 0 🔒 0

图 8-35　输入附着点　　　　　　　　　图 8-36　附着图像参照

专家提醒 ☞

附着图像参照的两种方法如下。
◆ 命令行：输入"IMAGEATTACH"命令。
◆ 菜单栏：选择菜单栏中的"插入"→"光栅图像参照"命令。

8.3.4　DWF 参考底图的附着

DWF 格式文件是一种从 DWG 格式文件创建的高度压缩文件格式，可以将 DWF 文件作为参考底图附着到图形文件上。通过附着 DWF 文件，用户可以参照该文件绘图而不增加图形文件的大小。

案例实战 094——附着餐桌椅 DWF 参考底图

素材文件	光盘\素材\第8章\餐桌椅.dwg
效果文件	光盘\效果\第8章\餐桌椅.dwg
视频文件	光盘\视频\第8章\案例实战094.mp4

步骤 01 按〈Ctrl+N〉组合键，新建一幅空白图形文件；输入"DWFATTACH"（DWF 参考底图）命令，按〈Enter〉键确认，弹出"选择参照文件"对话框，选择合适的参照文件（餐桌椅.dwf），单击"打开"按钮。在弹出"附着 DWF 参考底图"对话框中，保持默认选项设置，如图 8-37 所示。

步骤 02 单击"确定"按钮，在命令行的提示下，输入插入点坐标（0，0），按两次〈Enter〉键确认，即可附着 DWF 参考底图，效果如图 8-38 所示。

图 8-37 "附着 DWF 参考底图"对话框

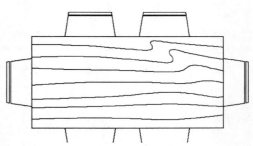

图 8-38 附着 DWF 参考底图

专家提醒

附着 DWF 参考底图的两种方法如下。
◆ 命令行：输入"DWFATTACH"命令。
◆ 菜单栏：选择菜单栏中的"插入"→"DWF 参考底图"命令。

8.3.5 PDF 参考底图的附着

使用"PDF 参考底图"命令，可以将 PDF 文件作为参考底图插入当前图形中。

案例实战 095——附着衣服 PDF 参考底图

素材文件	光盘\素材\第8章\衣服.pdf
效果文件	光盘\效果\第8章\衣服.dwg
视频文件	光盘\视频\第8章\案例实战095.mp4

步骤 01 按〈Ctrl+N〉组合键，新建一幅空白图形文件；输入"PDFATTACH"（PDF

参考底图）命令，按〈Enter〉键确认，弹出"选择参照文件"对话框，选择合适的参照文件（这里选择"衣服.pdf"文件），单击"打开"按钮。在弹出的"附着 PDF 参考底图"对话框中，保持默认选项设置，如图 8-39 所示。

步骤 02 单击"确定"按钮，在命令行提示下，输入插入点坐标（0,0），按两次〈Enter〉键确认，即可附着 PDF 参考底图，如图 8-40 所示。

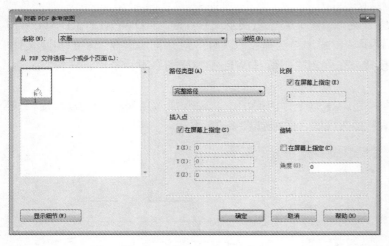

图 8-39 "附着 PDF 参考底图"对话框   图 8-40 附着 PDF 参考底图

专家提醒

将 DWG 文件附着为参考底图时，可将该参照文件链接到当前图形。打开或重新加载参照文件时，当前图形中将显示对该文件所做的所有更改。

附着 DWG 参考底图的两种方法如下。

◆ 命令行：输入"DWGATTACH"命令。
◆ 菜单栏：选择菜单栏中的"插入"→"DWG 参考底图"命令。

8.3.6 DGN 文件的附着

DGN 格式文件是 MicroStation 绘图软件生成的文件，该文件格式对精度、层数以及文件和单元的大小并无限制。

附着 DGN 参考底图的两种方法如下。

◆ 命令行：输入"DGNATTACH"命令。
◆ 菜单栏：选择菜单栏中的"插入"→"DGN 参考底图"命令。

案例实战 096——附着书籍 DGN 参考底图

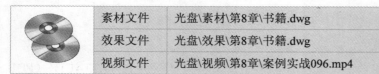

素材文件	光盘\素材\第8章\书籍.dwg	
效果文件	光盘\效果\第8章\书籍.dwg	
视频文件	光盘\视频\第8章\案例实战096.mp4	

步骤 01　按〈Ctrl+N〉组合键，新建一幅空白图形文件；在命令行中输入"DGN ATTACH"（DGN 参考底图）命令，按〈Enter〉键确认，弹出"选择参照文件"对话框，选择合适的参照文件（书籍.dgn），单击"打开"按钮。在弹出的"附着 DGN 参考底图"对话框中，保持系统默认设置，如图 8-41 所示，然后单击"确定"按钮。

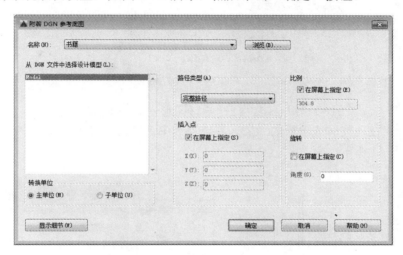

图 8-41　"附着 DGN 参考底图"对话框

步骤 02　在命令行提示下，输入插入点坐标（0,0），按两次〈Enter〉键确认，即可附着 DGN 参考底图，效果如图 8-42 所示。

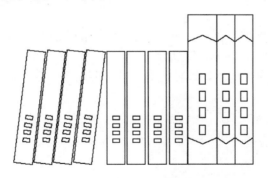

图 8-42　附着 DGN 参考底图

8.4　编辑外部参照

在图形中加入外部参照后，可以根据需要对外部参照进行管理、编辑、剪裁和绑定等操作，本节将分别进行介绍。

8.4.1　外部参照的拆离

当插入一个外部参照后，如果需要删除该外部参照，可以将其拆离。

拆离外部参照的 3 种方法如下。

◆ 命令行：输入"XREF"（快捷命令：XR）命令。
◆ 菜单栏：选择菜单栏中的"插入"→"外部参照"命令。
◆ 按钮法：切换至"插入"选项卡，单击"参照"面板中的"外部参照"按钮。

案例实战 097——拆离方桌外部参照

素材文件	光盘\素材\第8章\方桌.dwg\餐椅.dwg
效果文件	光盘\效果\第8章\方桌.dwg
视频文件	光盘\视频\第8章\案例实战097.mp4

步骤 01　按〈Ctrl+O〉组合键，打开素材图形，如图 8-43 所示。

步骤 02　在功能区选项板的"插入"选项卡中，单击"参照"面板中的"外部参照"按钮，如图 8-44 所示。

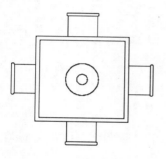

图 8-43　素材图形

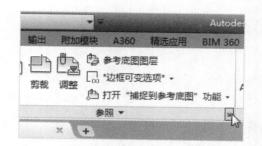

图 8-44　单击"外部参照"按钮

步骤 03　弹出"外部参照"面板，选择合适的选项并单击鼠标右键，在弹出的快捷菜单中选择"拆离"命令，如图 8-45 所示。

步骤 04　执行上述操作后，即可拆离外部参照对象，效果如图 8-46 所示。

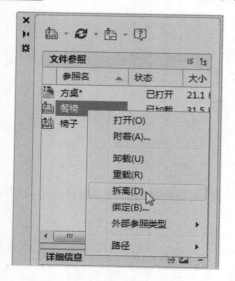

图 8-45　选择"拆离"命令

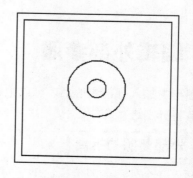

图 8-46　拆离外部参照

“外部参照”面板中各主要选项的含义如下。

- ◆“附着 DWG”按钮：单击该按钮右侧的下拉按钮，用户可以从弹出的下拉列表中选择附着“DWG”“DWF”“DGN”“DWG”或“图像”。
- ◆“刷新”下拉按钮：单击该按钮右侧的下拉按钮，用户可以从弹出的下拉列表中选择“刷新”或“重载所有参照”选项。
- ◆“文件参照”列表框：在该列表框中，显示了当前图形中的各个外部参照的名称，可以将显示设置为列表图或树状图结构的显示模式。

8.4.2 外部参照的重载

当已插入一个外部参照时，在“外部参照”面板中的“文件参照”列表框中选中已经插入的外部参照文件，单击鼠标右键，在弹出的快捷菜单中选择“重载”命令，即可以对指定的外部参照进行更新。

在打开一个附着有外部参照的图形文件时，将自动重载所有附着的外部参照，但是在编辑该文件的过程中则不能实时地反映原图形文件的改变。因此，利用重载功能可以在任何时候对外部参照进行重载。同样可以一次选择多个外部参照文件，同时进行重载。

8.4.3 外部参照的卸载

当已插入一个外部参照时，在“外部参照”面板的“文件参照”列表框中选中已插入的外部参照文件，单击鼠标右键，然后在弹出的快捷菜单中选择“卸载”命令，则可以对指定的外部参照进行卸载。

“卸载”命令与“拆离”命令不同，“卸载”操作并不删除外部参照的定义，而仅仅取消外部参照的图形显示（包括其所有副本）。

8.4.4 外部参照的剪裁

“剪裁”命令用于定义外部参照的剪裁边界、设置前后剪裁面，这样就可以只显示剪裁范围以内的外部参照对象（即将剪裁范围以外的外部参照从当前显示图形中裁掉）。

裁剪外部参照的 3 种方法如下。

- ◆ 命令行：输入“CLIP”命令。
- ◆ 菜单栏：选择菜单栏中的“修改”→“剪裁”→“外部参照”命令。
- ◆ 按钮法：切换至“插入”选项卡，单击“参照”面板中的“剪裁”按钮。

案例实战 098——剪裁窗帘外部参照

素材文件	光盘\素材\第8章\窗帘.dwg\帘子.dwg
效果文件	光盘\效果\第8章\窗帘.dwg
视频文件	光盘\视频\第8章\案例实战098.mp4

步骤 01　按〈Ctrl+O〉组合键，打开素材图形文件，如图 8-47 所示。

步骤 02　在功能区选项板的“插入”选项卡中，单击“参照”面板中的“剪裁”按钮，在命令行提示下，选择外部参照图形，连续按两次〈Enter〉键确认。捕捉左上方合适的端点，向右下方移动鼠标至合适位置后单击，即可剪裁外部参照对象，效果如图 8-48 所示。

执行"剪裁"命令后，命令行提示如下。

选择要剪裁的对象：（选择需要剪裁的外部参照对象）

输入剪裁选项[开(ON)/关(OFF)/剪裁深度(C)/删除(D)/生成多段线(P)/新建边界(N)] <新建边界>：（输入选项或按〈Enter〉键确认，以确定剪裁选项）

命令行中各选项含义如下。

◆ 开（ON）：显示当前图形中外部参照或块的被剪裁部分。

◆ 关（OFF）：显示当前图形中外部参照或块的完整几何图形，忽略剪裁边界。

◆ 剪裁深度（C）：在外部参照或块上设定前剪裁平面和后剪裁平面，系统将不显示由边界和指定深度所定义的区域外的对象。

◆ 删除（D）：为选定的外部参照或块删除剪裁边界。

◆ 生成多段线（P）：自动绘制一条与剪裁边界重合的多段线。

◆ 新建边界（N）：定义一个矩形或多边形剪裁边界，或者用多段线生成一个多边形剪裁边界。

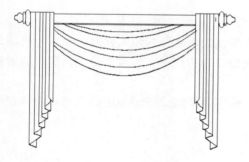
图 8-47　素材图形

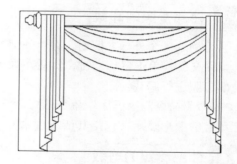
图 8-48　剪裁外部参照

8.4.5　外部参照的绑定

使用"绑定"命令，可以将外部参照中命名对象的一个或多个定义绑定到当前图形。绑定外部参照的 3 种方法如下。

◆ 命令行：输入"XBIND"（快捷命令：XB）命令。

◆ 菜单栏：选择菜单栏中的"修改"→"对象"→"外部参照"→"绑定"命令。

◆ 按钮法：切换至"插入"选项卡，单击"参照"面板中的"剪裁"按钮。

采用以上任意一种方式执行操作后，都将弹出"外部参照绑定"对话框，如图 8-49 所示。其中，各选项的含义如下。

◆"外部参照"选项区：列出当前附着在图形中的外部参照。

◆"绑定定义"选项区：列出依赖外部参照的命名对象定义，以绑定到宿主图形。

◆"添加"按钮：将"外部参照"列表中选择的命名对象定义移动到"绑定定义"列表之中。

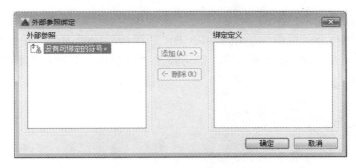

图 8-49　"外部参照绑定"对话框

◆ "删除"按钮：将"绑定定义"列表中选择的依赖外部参照的命名对象定义，移回到它的依赖外部参照的定义表中。

8.5　AutoCAD 设计中心的应用

AutoCAD 设计中心是一个直观高效的工具，同 Windows 资源管理器相似。利用设计中心，不仅可以浏览、查找、预览和管理 AutoCAD 图形、图块、外部参照及光栅图形等不同的资源文件，还可以通过简单的拖放操作，将位于本地计算机、局域网或互联网上的图块、图层、外部参照等内容插入到当前图形中。如果打开了多个图形文件，在多个图形文件之间也可以通过简单的拖放操作实现图形的插入。插入的内容不仅包含图形本身，也包括图层定义、线型和字体等内容，从而使已有资源得到再利用和共享，提高了图形管理和图形设计的效率。

8.5.1　打开"设计中心"面板

AutoCAD 设计中心（AutoCAD Design Center，ADC）是 AutoCAD 中一个非常有用的工具。在绘制图样时，特别是需要编辑多个图形对象，调用不同驱动器甚至不同计算机内的文件，引用已创建的图层、图块、样式等时，使用 AutoCAD 的设计中心将帮助用户提高绘图效率。

通过 AutoCAD 设计中心可以完成如下工作：

◆ 浏览和查看各种图形、图像文件，并可显示、预览图像及说明文字。

◆ 查看图形文件中命名对象的定义，将其插入、附着、复制和粘贴到当前图形中。

◆ 将图形文件（*.dwg）从控制板中拖放到绘图区中，即可打开图形；而将光栅文件从控制板拖放到绘图区域中，则可查看附着光栅图像。

◆ 在本地和网络驱动器上查找图形文件，并可创建指向常用图形、文件夹和互联网地址的快捷方式。

AutoCAD 设计中心的功能十分强大，特别是对于需要同时编辑多个文件的用户，设计中心可发挥巨大的作用。

执行"设计中心"命令的 3 种方法如下。

◆ 命令行：输入"ADCENTER"命令。

◆ 菜单栏：选择菜单栏中的"工具"→"选项板"→"设计中心"命令。
◆ 按钮法：切换至"视图"选项卡，单击"选项板"面板中的"设计中心"按钮▦。
采用以上任意一种命令执行操作后，都将弹出"设计中心"窗口，如图 8-50 所示。其中，各主要选项含义如下。

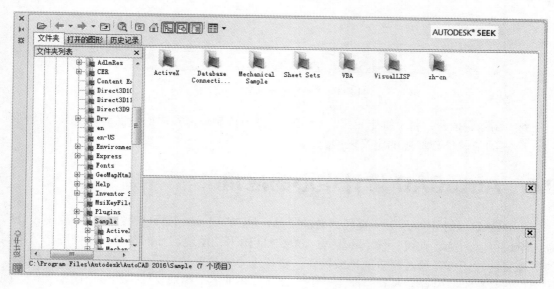

图 8-50 "设计中心"窗口

◆ "文件夹列表"显示区：以树状模式显示图中当前选定的内容。
◆ "加载"按钮📂：单击该按钮，将打开"加载"对话框。
◆ "收藏夹"按钮📖：在"文件夹列表"中显示"收藏夹"文件夹中的内容。
◆ "主页"按钮🏠：将设计中心返回到默认文件夹。
◆ "视图"按钮▦▾：为加载到"文件夹列表"中的内容提供不同的显示格式。

8.5.2 图形信息的搜索

使用 AutoCAD 2016 设计中心的搜索功能，可以搜索文件、图形、块和图层定义等。在"设计中心"窗口中，单击"搜索"按钮🔍，弹出"搜索"对话框，如图 8-51 所示。在该对话框中，可以查找标注样式、布局、块、填充图案、图层和图形等类型。

8.5.3 历史记录的查看

在"设计中心"窗口中，切换至"历史记录"选项卡，使用设计中心的历史记录功能，可以查看最近访问过的图形，如图 8-52 所示。

8.5.4 图形文件的加载

在"设计中心"窗口中，单击"加载"按钮📂，将弹出"加载"对话框，如图 8-53 所示。用户可通过该对话框加载图形文件到设计中心。

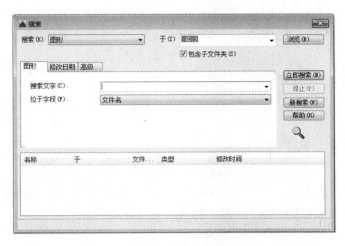

图 8-51　"搜索"对话框

图 8-52　"历史记录"选项卡

图 8-53　"加载"对话框

第 9 章　编辑文字与表格

学前提示

　　文字和表格是 AutoCAD 图形中很重要的图形元素，是工程制图中不可缺少的组成部分。本章介绍有关文字与表格的知识，包括设置文字样式、创建单行文字与多行文字、编辑文字、创建表格和编辑表格的方法。

本章教学目标

▶ 创建与设置文字样式
▶ 创建与编辑单行文字
▶ 创建与编辑多行文字
▶ 创建表格样式和表格

学完本章后你会做什么

▶ 掌握创建与编辑单行文字的操作，如编辑文字内容、修改缩放比例等
▶ 掌握创建与编辑多行文字的操作，如创建堆叠文字、对正多行文字等
▶ 掌握创建表格样式与表格的操作，如输入数据、添加和删除行、列等

视频演示

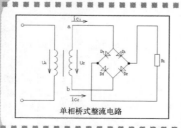

单相桥式整流电路

酒具

序号	名称	数量	材料	备注
螺　母				
1		3	HT150	
2		4	45	
3		1	20	
4		5	30	

9.1　创建与设置文字样式

在创建文字前，应该先对文字样式（如样式名、字体、文字的高度、效果等）进行设置，从而方便、快捷地对图形对象进行标注或说明，得到统一、标准、美观的文字。

9.1.1　文字样式的创建

在 AutoCAD 2016 中，所有文字都有与之相关联的文字样式。在创建文字注释和尺寸标注时，Auto CAD 通常使用当前的文字样式，也可以根据需要创建并设置新的文字样式。

创建文字样式的 4 种方法如下。

◆ 命令行：输入"STYLE"（快捷命令：ST）命令。
◆ 菜单栏：选择菜单栏中的"格式"→"文字样式"命令。
◆ 按钮法 1：切换至"默认"选项卡，单击"注释"面板中的"文字样式"按钮 。
◆ 按钮法 2：切换至"注释"选项卡，单击"文字"面板中的"文字样式"按钮 ▣。

案例实战 099——新建文字样式

	素材文件	无
	效果文件	无
	视频文件	光盘\视频\第9章\案例实战099.mp4

步骤 01　按〈Ctrl+N〉组合键，新建图形文件，在功能区选项板的"默认"选项卡中，单击"注释"面板中的"文字样式"按钮，如图 9-1 所示。

步骤 02　弹出"文字样式"对话框，单击"新建"按钮，弹出"新建文字样式"对话框，设置"样式名"为"文字样式"，如图 9-2 所示。

图 9-1　单击"文字样式"按钮　　　　图 9-2　"新建文字样式"对话框

步骤 03　单击"确定"按钮，即可新建文字样式，并在"文字样式"对话框的"样式"列表框中显示新创建的文字样式，如图 9-3 所示。

"文字样式"对话框中选项含义如下。

◆ "样式"列表框：列出所有已设定的文字样式名或对已有样式名进行相关操作。
◆ "字体"选项区：用于设置字体样式。
◆ "大小"选项区：用于确定文字样式使用的字体文件、字体风格及字体高度。
◆ "颠倒"复选框：选中该复选框，将文本文字倒置。
◆ "反向"复选框：选中该复选框，将文字反向标注。

◆ "宽度因子"文本框：设置宽度系数，确定文字字符的宽高比。
◆ "倾斜角度"文本框：设置文字倾斜角度。

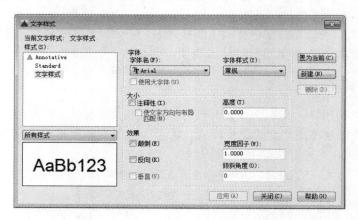

图 9-3　新建文字样式

9.1.2　文字字体和效果的设置

在"文字样式"对话框的"字体"选项区中，可以设置文字样式使用的字体和字体样式等属性。在"效果"选项区中，可以设置字体特性，如"颠倒""反向""垂直""宽度因子"和"倾斜角度"等。

案例实战 100——设置单相电路图的文字字体和效果

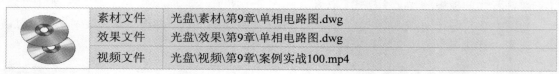

素材文件	光盘\素材\第9章\单相电路图.dwg	
效果文件	光盘\效果\第9章\单相电路图.dwg	
视频文件	光盘\视频\第9章\案例实战100.mp4	

步骤 **01**　按〈Ctrl+O〉组合键，打开素材图形文件，如图 9-4 所示。

步骤 **02**　在命令行中输入"ST"（文字样式）命令，按〈Enter〉键确认，弹出"文字样式"对话框，如图 9-5 所示。

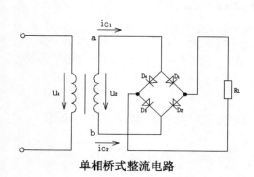

单相桥式整流电路

图 9-4　素材图形

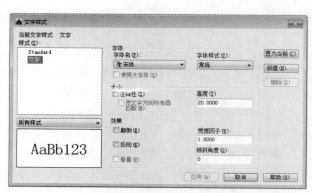

图 9-5　"文字样式"对话框

步骤 03　在"字体"选项区中，单击"字体名"右侧的下拉按钮，在弹出的下拉列表中，选择"楷体-GB2312"选项；在"宽度因子"文本框中输入"2.2"，如图9-6所示。

步骤 04　单击"应用"和"关闭"按钮，即可设置文字的字体和效果，如图9-7所示。

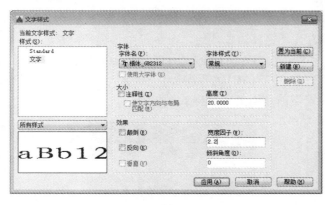

图 9-6　设置参数　　　　　　　　图 9-7　设置文字的字体和效果

9.2　单行文字的创建与编辑

对于单行文字来说，每一行都是文字对象。因此，可以用来创建文字内容比较少的文本对象，并可以对其进行单独编辑。

9.2.1　单行文字的创建

使用"单行文字"命令，可以创建一行或多个单行的文字，每个文字对象都为独立个体。创建与编辑单行文字的4种方法如下。

◆ 命令行：输入"TEXT"命令。
◆ 菜单栏：选择菜单栏中的"绘图"→"文字"→"单行文字"命令。
◆ 按钮法1：切换至"默认"选项卡，单击"注释"面板中的"单行文字"按钮A。
◆ 按钮法2：切换至"注释"选项卡，单击"文字"面板中的"单行文字"按钮A。

案例实战 101——创建浴霸单行文字

	素材文件	光盘\素材\第9章\浴霸.dwg
	效果文件	光盘\效果\第9章\浴霸.dwg
	视频文件	光盘\视频\第9章\案例实战101mp4

步骤 01　按〈Ctrl+O〉组合键，打开素材图形文件，如图9-8所示。

步骤 02　在功能区选项板的"注释"选项卡中，单击"文字"面板中的"单行文字"按钮A，如图9-9所示。

专家提醒
单行文字常用于不需要使用多种字体的简短内容中，用户可以为其中的不同文字设置不同的字体和大小。

执行"单行文字"命令后，命令行提示如下。

指定文字的起点或 [对正(J)/样式(S)]:

命令行中各选项含义如下。

◆ 对正（J）：可以设置文字的对齐方式。选择该选项后，命令行中将提示：

输入选项[对齐(A)/布满(F)/居中(C)/中间(M)/右对齐(R)/左上(TL)/中上(TC)/右上(TR)/左中(ML)/正中(MC)/右中(MR)/左下(BL)/中下(BC)/右下(BR)]:

◆ 样式（S）：选择该选项，可以设置当前使用的文字样式。

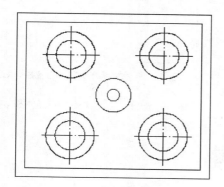

图 9-8　素材图形

图 9-9　单击"单行文字"按钮

步骤 **03**　在命令行提示下，捕捉合适的端点为起点，设置"文字高度"为"40"，如图 9-10 所示。

步骤 **04**　连续按两次〈Enter〉键确认，输入"浴霸"，即可创建单行文字，如图 9-11 所示。

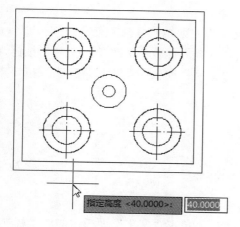

图 9-10　设置文字高度

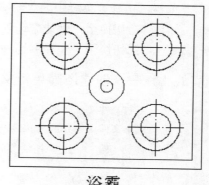

图 9-11　创建单行文字

专家提醒

只有当前文字样式中设置的字符高度为"0"时，在使用"单行文字"命令时，系统才出现要求用户确定字符高度的提示。

9.2.2 特殊字符的插入

在创建单行文本时，用户还可以在输入文字过程中输入一些特殊字符，在实际绘图过程中，也经常需要标注一些特殊字符。如直径符号、百分号等。由于这些特殊字符不能从键盘上直接输入，因此，AutoCAD 提供了相应的控制符，以满足这些标注的要求。

AutoCAD 的控制符由两个百分号（%%）及一个字符构成，常用特殊符号的控制符如下。

◆ %%C：表示直径符号（ϕ）。
◆ %%D：表示角度符号。
◆ %%O：表示上画线符号。
◆ %%P：表示正负公差符号（±）。
◆ %%U：表示下画线符号。
◆ %%%：表示百分号（%）。
◆ %%nnn：表示 ASCII 码字符，其中"nnn"为十进制的 ASCII 码字符值。

9.2.3 单行文字内容的编辑

使用"编辑"命令，可以编辑单行文字的内容。

案例实战 102——编辑酒具文字内容

素材文件	光盘\素材\第9章\酒具.dwg
效果文件	光盘\效果\第9章\酒具.dwg
视频文件	光盘\视频\第9章\案例实战102.mp4

步骤 01　按〈Ctrl+O〉组合键，打开素材图形文件，如图 9-12 所示。

步骤 02　在命令行中输入"DDEDIT"（编辑）命令，按〈Enter〉键确认，在命令行提示下，选择单行文字对象，再输入"酒具平面图"，连续按两次〈Enter〉键确认，即可编辑单行文字内容，如图 9-13 所示。

酒具

图 9-12　素材图形

酒具平面图

图 9-13　编辑单行文字内容

编辑单行文字内容的 4 种方法如下。

◆ 命令行：输入 "DDEDIT" 命令。

◆ 菜单栏：选择菜单栏中的 "修改" → "对象" → "文字" → "编辑" 命令。

◆ 鼠标法：在绘图中需要编辑的单行文字对象上双击。

◆ 快捷菜单：选择单行文字并右击，在弹出的快捷菜单中选择 "编辑" 命令。

9.2.4 单行文字缩放比例的修改

使用 "缩放" 命令，可以缩放单行文字的比例。

修改单行文字缩放比例的 3 种方法如下。

◆ 命令行：输入 "SCALETEXT" 命令。

◆ 菜单栏：选择菜单栏中的 "修改" → "对象" → "文字" → "比例" 命令。

◆ 按钮法：切换至 "注释" 选项卡，单击 "文字" 面板中的 "缩放" 按钮[A]。

案例实战 103——修改床头柜单行文字缩放比例

素材文件	光盘\素材\第9章\床头柜.dwg
效果文件	光盘\效果\第9章\床头柜.dwg
视频文件	光盘\视频\第9章\案例实战103.mp4

步骤 01 按〈Ctrl+O〉组合键，打开素材图形文件，如图 9-14 所示。

步骤 02 在功能区选项板的 "注释" 选项卡中，单击 "文字" 面板中的 "缩放" 按钮[A]，如图 9-15 所示。

图 9-14 素材图形

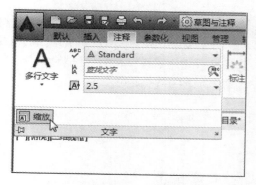

图 9-15 单击 "缩放" 按钮

执行 "缩放" 命令后，命令行提示如下。

选择对象：（选择需要缩放的单行文字对象，按〈Enter〉键确认）

输入缩放的基点选项[现有(E)/左对齐(L)/居中(C)/中间(M)/右对齐(R)/左上(TL)/中上(TC)/右上(TR)/左中(ML)/正中(MC)/右中(MR)/左下(BL)/中下(BC)/右下(BR)] <现有>：（在绘图区指定一个位置作为调整大小或缩放的基点）

指定新模型高度或 [图纸高度(P)/匹配对象(M)/比例因子(S)] <2.5>：（指定文字高度或输

入选项，按〈Enter〉键确认)

步骤　03　在命令行提示下，选择单行文字对象，连续按两次〈Enter〉键确认，输入"S"（比例因子）选项，并确认，再输入比例因子为"1.5"，如图 9-16 所示。

步骤　04　按〈Enter〉键确认，即可修改单行文字的缩放比例，如图 9-17 所示。

图 9-16　输入比例因子　　　　　　　　图 9-17　修改单行文字的缩放比例

9.3　多行文字的创建与编辑

使用多行文字可以创建较为复杂的文字说明，如图样的技术要求和说明等。在 AutoCAD 中，多行文字是通过多行文字编辑器来完成的。

9.3.1　多行文字的创建

多行文字又称段落文本，是一种方便管理的文字对象，是由两行及以上的文字组成，而且所有行的文字都是作为一个整体来处理的。

创建多行文字的 4 种方法如下。

◆　命令行：输入"MTEXT"（快捷命令：MT）命令。

◆　菜单栏：选择菜单栏中的"绘图"→"文字"→"多行文字"命令。

◆　按钮法 1：切换至"默认"选项卡，单击"注释"面板中的"多行文字"按钮 A。

◆　按钮法 2：切换至"注释"选项卡，单击"文字"面板中的"多行文字"按钮 A。

案例实战 104——创建端盖多行文字

素材文件	光盘\素材\第9章\端盖.dwg
效果文件	光盘\效果\第9章\端盖.dwg
视频文件	光盘\视频\第9章\案例实战104.mp4

步骤　01　按〈Ctrl+O〉组合键，打开素材图形文件，如图 9-18 所示。

步骤　02　在功能区选项板的"注释"选项卡中，单击"文字"面板中的"多行文字"

按钮 A，如图 9-19 所示。

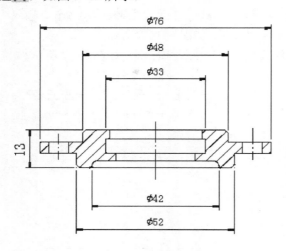

图 9-18　素材图形

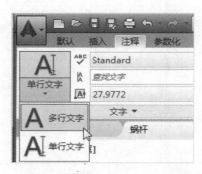

图 9-19　单击"多行文字"按钮

步骤　03　在命令行提示下，在左下方合适的位置处单击鼠标左键，在命令行中输入"H"选项，设置"文字高度"为"5"，向右上方引导光标，单击鼠标左键，弹出文本编辑框，如图 9-20 所示。

步骤　04　在文本框中，输入"技术要求"等文字，在空白处，单击鼠标左键，即可创建多行文字，效果如图 9-21 所示。

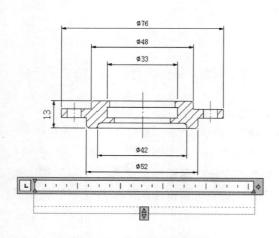

图 9-20　弹出文本编辑框

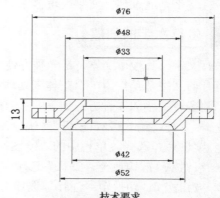

技术要求
棱边倒角0.5×45°，未注明倒角1×45°。

图 9-21　创建多行文字

"文字编辑器"选项卡中各主要选项含义如下。

◆ "样式"面板：用于向多行文字对象应用文字样式。
◆ "文字高度"文本框：使用图形单位设定新文字字符高度或更改选定文字高度。
◆ "粗体"按钮 **B**：打开和关闭新文字或选定文字的粗体格式。
◆ "斜体"按钮 *I*：打开和关闭新文字或选定文字的斜体格式。

◆ "字体"按钮 宋体 ▾：为新输入的文字指定字体或更改选定文字的字体。

◆ "颜色"按钮 ByLayer ▾：指定新文字的颜色或更改选定文字的颜色。

◆ "对正"按钮 Ａ：打开"多行文字对正"菜单，其中有 9 个对齐选项可用。

◆ "行距"按钮 行距 ▾：显示建议的行距选项或"段落"对话框。

◆ "符号"按钮 @：在光标位置插入符号或不间断空格。

◆ "字段"按钮：打开"字段"对话框，从中可以选择要插入到文字中的字段。

◆ "拼写检查"按钮 ᴬᴮᶜ：确定键入时拼写检查处于打开还是关闭状态。

9.3.2　堆叠文字的创建

使用堆叠文字可以创建一些特殊的字符，如分数等。

案例实战 105——在机械图中创建堆叠文字

	素材文件	光盘\素材\第9章\机械图.dwg
	效果文件	光盘\效果\第9章\机械图.dwg
	视频文件	光盘\视频\第9章\案例实战105.mp4

步骤 01　按〈Ctrl+O〉组合键，打开素材图形文件，如图 9-22 所示。

步骤 02　在命令行中输入"MTEXT"（多行文字）命令，按〈Enter〉键确认，在命令行提示下，依次捕捉端点，弹出文本编辑框和"文字编辑器"选项卡，输入"%%C83+0.01/-0.02"，如图 9-23 所示。

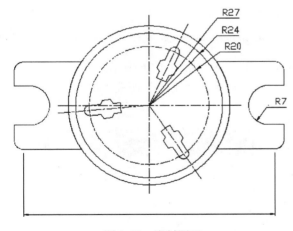

图 9-22　素材图形

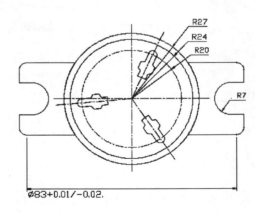

图 9-23　输入命令

步骤 03　在文本编辑框中，选择"+0.01/-0.02"文字为堆叠对象，单击鼠标右键，在弹出的快捷菜单中选择"堆叠"命令，如图 9-24 所示。

步骤 04　在合适位置单击鼠标左键，即可创建堆叠文字。调整其位置，效果如图 9-25 所示。

图 9-24　选择"堆叠"命令

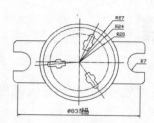

图 9-25　创建堆叠文字

9.3.3　多行文字的对正

　　在编辑多行文字时，常常需要设置其对正方式，在对正多行文字对象的同时控制文字对齐和文字走向。

案例实战 106——为零部件图创建对正多行文字

	素材文件	光盘\素材\第9章\零部件.dwg
	效果文件	光盘\效果\第9章\零部件.dwg
	视频文件	光盘\视频\第9章\案例实战106.mp4

步骤　01　　按〈Ctrl+O〉组合键，打开素材图形文件，如图 9-26 所示。

步骤　02　　在功能区选项板的"注释"选项卡中，单击"文字"面板中的"对正"按钮 ，如图 9-27 所示。

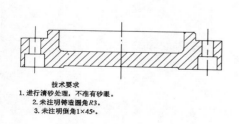

图 9-26　素材图形

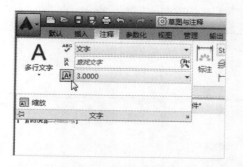

图 9-27　单击"对正"按钮

步骤　03　　在命令行提示下，选择多行文字，按〈Enter〉键确认，效果如图 9-28 所示。

步骤　04　　输入对正方式为"L"（左对齐）选项，按〈Enter〉键确认，即可对正多行文字，效果如图 9-29 所示。

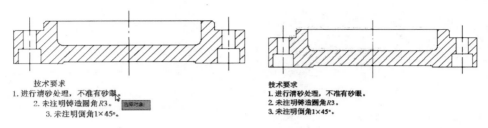

图 9-28　选择多行文字　　　　　　　图 9-29　对正多行文字

专家提醒 ☞

对正多行文字的方式有左对齐（L）、对齐（A）、布满（F）、居中（C）、中间（M）、右对齐（R）、左上（TL）、中上（TC）、右上（TR）、左中（ML）、正中（MC）、右中（MR）、左下（BL）、中下（BC）和右下（BR），共 15 种。对正多行文字的 3 种方法如下。

◆ 命令行：输入"JUSTIFYTEXT"命令。
◆ 菜单栏：选择菜单栏中的"修改"→"对象"→"文字"→"对正"命令。
◆ 按钮法：切换至"注释"选项卡，单击"文字"面板中的"对正"按钮 📐。

9.3.4　文字的查找和替换

在 AutoCAD 中，使用"查找"命令，可以查找单行文字和多行文字中的指定字符，并可对其进行替换操作。

查找和替换文字的 3 种方法如下。

◆ 命令行：输入"FIND"命令。
◆ 菜单栏：选择菜单栏中的"编辑"→"查找"命令。
◆ 按钮法：切换至"注释"选项卡，单击"文字"面板中的"查找文字"按钮 🔍。

案例实战 107——查找替换机械平面图文字

	素材文件	光盘\素材\第9章\机械平面图.dwg
	效果文件	光盘\效果\第9章\机械平面图.dwg
	视频文件	光盘\视频\第9章\案例实战107.mp4

步骤 **01**　按〈Ctrl+O〉组合键，打开素材图形文件，如图 9-30 所示。

步骤 **02**　输入"FIND"（查找）命令，按〈Enter〉键确认，弹出"查找和替换"对话框（一），依次输入相应内容，如图 9-31 所示。

步骤 **03**　单击"全部替换"按钮，弹出"查找和替换"对话框（二），如图 9-32 所示。

步骤 **04**　单击"确定"按钮，返回到"查找和替换"对话框（一），单击"完成"按钮，即可替换文字，效果如图 9-33 所示。

"查找和替换"对话框中各主要选项含义如下。

◆"查找内容"下拉列表框：指定要查找的字符串。

◆ "替换为"下拉列表框：指定用于替换找到文字的字符串。

机械平面图

图 9-30　素材图形

图 9-31　"查找和替换"对话框（一）

◆ "查找位置"下拉列表框：指定是搜索整个图形、当前布局还是当前选定的对象。
◆ "列出结果"复选框：确定是否在显示位置（模型或图纸空间）、对象类型和文字表格中列出结果。
◆ "查找"按钮：查找在"查找内容"下拉列表框中输入的文字。
◆ "全部替换"按钮：用"替换为"下拉列表框中输入的文字替换在"查找内容"下拉列表框中输入的文字。

图 9-32　"查找和替换"对话框（二）

平面图样

图 9-33　替换文字效果

9.3.5　文本显示的控制

在绘制图形时，为了加快图形在重生成过程中的速度，使用"快速文字"命令，可以控制文字和属性对象的显示和打印。执行操作的方法为命令行输入"QTEXT"命令。

案例实战 108——控制底座的文本显示

	素材文件	光盘\素材\第9章\底座.dwg
	效果文件	光盘\效果\第9章\底座.dwg
	视频文件	光盘\视频\第9章\案例实战108.mp4

步骤　01　按〈Ctrl+O〉组合键，打开素材图形文件，如图 9-34 所示。
步骤　02　在命令行中输入"QTEXT"（快速文字）命令，并按〈Enter〉键确认，在命令行提示下，输入"OFF"（关）选项，按〈Enter〉键确认。在命令行中输入"REGEN"（重

生成）命令，按〈Enter〉键确认，即可控制文本显示，效果如图 9-35 所示。

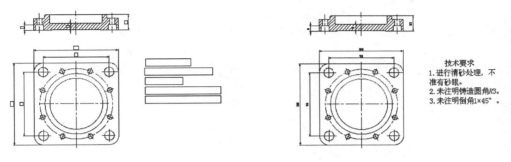

图 9-34　素材图形　　　　　　　　　　图 9-35　控制文本显示

专家提醒 ☞

　　"QTEXT" 命令不是一个绘制和编辑对象的命令，该命令只能控制文本的显示。通过该命令可以将显示模式设置为 "开" 状态，在图形重新生成时，AutoCAD 将不必对文本的笔画进行具体计算与绘图操作，因而可以节省系统资源，提高计算机的效率。

9.4　创建表格样式和表格

　　在 AutoCAD 2016 中，用户可以使用 "表格样式" 和 "表格" 命令，创建数据表和标题栏，或从 Microsoft Excel 中直接复制表格，并将其作为 AutoCAD 表格对象粘贴到图形中。本节将介绍创建表格样式与表格的操作方法。

9.4.1　表格样式的设置

　　表格样式控制了表格外观，用于保证标注字体、颜色、文本、高度和行距。用户可以使用默认的表格样式，还可以根据需要自定义表格样式，并保存这些设置以供以后使用。

　　设置表格样式的 4 种方法如下。

　　◆ 命令行：输入 "TABLESTYLE" 命令。

　　◆ 菜单栏：选择菜单栏中的 "格式" → "表格样式" 命令。

　　◆ 按钮法 1：切换至 "默认" 选项卡，单击 "注释" 面板中的 "表格样式" 按钮 。

　　◆ 按钮法 2：切换至 "注释" 选项卡，单击 "表格" 面板中的 "表格样式" 按钮 。

　　采用以上任意一种方式执行操作后，将弹出 "表格样式" 对话框，如图 9-36 所示。在该对话框中，各主要选项含义如下。

　　◆ "当前表格样式" 显示区：用于显示应用于所创建表格的表格样式的名称。

　　◆ "样式" 列表框：用于显示表格样式列表。当前样式被亮显。

　　◆ "列出" 下拉列表框：用于控制 "样式" 列表的内容。

　　◆ "置为当前" 按钮：单击该按钮，将 "样式" 列表中选定的表格样式设定为当前样式，所有新表格都将使用此表格样式创建。

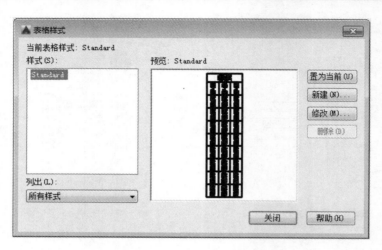

图 9-36 "表格样式"对话框

◆ "修改"按钮：单击该按钮，可以打开"修改表格样式"对话框，从中可以修改表格样式。

◆ "删除"按钮：单击该按钮，可以删除"样式"列表中选定的表格样式，但不能删除图形中正在使用的样式。

专家提醒 ☞

表格的外观是由表格样式控制的，使用表格样式，可以保证表格具有标准的字体、颜色、文本、高度和行距。

9.4.2 表格的创建

表格是在行和列中包含数据对象，且由单元格构成的矩形阵列。用户在创建表格时，可以直接插入表格对象而不需要用单独的直线绘制组成的表格。

创建表格的 4 种方法如下。

◆ 命令行：输入"TABLE"命令。

◆ 菜单栏：选择菜单栏中的"绘图"→"表格"命令。

◆ 按钮法 1：切换至"默认"选项卡，单击"注释"面板中的"表格"按钮▦。

◆ 按钮法 2：切换至"注释"选项卡，单击"表格"面板中的"表格"按钮▦。

案例实战 109——在电气图中创建表格

素材文件	光盘\素材\第9章\电气图.dwg
效果文件	光盘\效果\第9章\电气图.dwg
视频文件	光盘\视频\第9章\案例实战109.mp4

步骤 01 按〈Ctrl+O〉组合键，打开素材图形文件，如图 9-37 所示。

步骤 02 在功能区选项板的"注释"选项卡中，单击"表格"面板中的"表格"按钮▦，如图 9-38 所示。

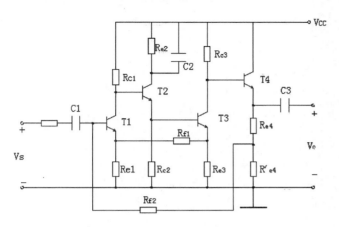

图 9-37　素材图形

图 9-38　单击"表格"按钮

步骤　03　弹出"插入表格"对话框，设置"列数"为"5"，"列宽"为"350"，"数据行数"为"4"，"行高"为"18"，如图 9-39 所示。

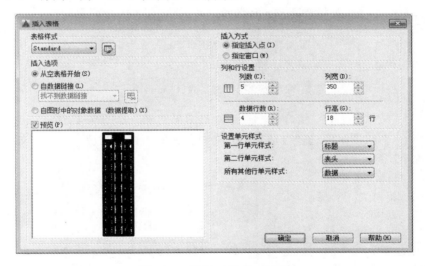

图 9-39　"插入表格"对话框

步骤　04　单击"确定"按钮，在绘图区中任意捕捉一点，按两次〈Esc〉键退出，即可创建表格，效果如图 9-40 所示。

"插入表格"对话框主要选项含义如下。

◆ "表格样式"下拉列表框：为要创建表格的当前图形选择表格样式。

◆ "插入选项"选项区：指定插入表格的方式。

◆ "预览"复选框：控制是否显示预览。

◆ "插入方式"选项区：指定表格位置。

◆ "列和行设置"选项区：设置列和行的数目和大小。

◆ "设置单元样式"选项区：对于那些不包含起始表格的表格样式，指定新表格中行的单元格式。

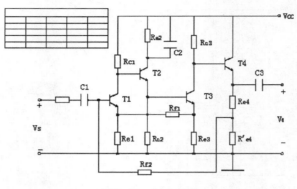

图 9-40 创建表格

9.4.3 数据的输入

创建完表格后，用户可以根据需要，输入相应的文本和数据内容。

案例实战 110——输入材料统计表数据

素材文件	光盘\素材\第9章\材料统计表.dwg
效果文件	光盘\效果\第9章\材料统计表.dwg
视频文件	光盘\视频\第9章\案例实战110.mp4

步骤 01　按〈Ctrl+O〉组合键，打开素材图形文件，如图 9-41 所示。

步骤 02　在绘图区中选择合适的单元格对象并双击鼠标左键，打开"文字编辑器"选项卡，如图 9-42 所示。

螺 母

序号	名称	数量	材料	备注
1		3	HT150	
2		4	45	
3		1	20	
4		5	30	

图 9-41 素材图形

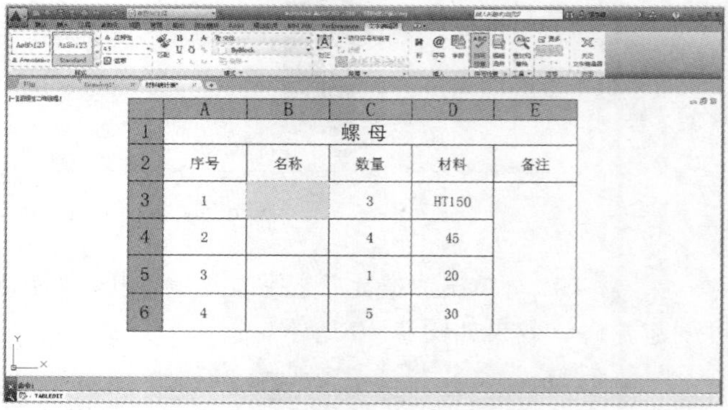

图 9-42 打开"文字编辑器"选项卡

步骤 03　输入"底座"文字，在绘图区中的任意位置单击，即可在表格中输入数据，如图 9-43 所示。

步骤 04　采用同样的方法，在绘图区中的其他单元格内，输入相应的数据，效果如图 9-44 所示。

螺　母				
序号	名称	数量	材料	备注
1	底座	3	HT150	
2		4	45	
3		1	20	
4		5	30	

图 9-43　输入数据

螺　母				
序号	名称	数量	材料	备注
1	底座	3	HT150	
2	钻套	4	45	
3	钻模板	1	20	
4	开口垫片	5	30	

图 9-44　输入其他数据

9.4.4　行和列的添加

使用"表格单元"选项卡中的相应按钮，可以添加表格的行和列。

案例实战 111——为植物供应表添加行和列

素材文件	光盘\素材\第9章\植物供应表.dwg
效果文件	光盘\效果\第9章\植物供应表.dwg
视频文件	光盘\视频\第9章\案例实战111.mp4

步骤 01　按〈Ctrl+O〉组合键，打开素材图形文件，如图 9-45 所示。

植物供应表						
名称	单位	数量	规格	备注	修剪高度	
松柏	株	187	H=1.0 m			
河北杨	株	450	胸径6-8 cm	行道荷		
腊梅	株	872		20株/m²		
月季	株	48360		20株/m²		

图 9-45　素材图形

步骤 02　选择最下方的单元格对象，在左下方的位置单击，弹出"表格单元"选项卡，单击"从下方插入"按钮，如图 9-46 所示，执行上述操作后，即可添加行。

步骤 03　选择最右侧的单元格，单击"从右侧插入"按钮，如图 9-47 所示。

步骤 04　执行操作后，即可插入列，按〈Esc〉键退出，完成行和列的添加。效果如图 9-48 所示。

专家提醒

添加行和列的 4 种方法如下。

◆ 按钮法 1：在"表格单元"选项卡中，单击"行"面板中的"从下方插入"按钮或"从上方插入"按钮，插入行。

◆ 按钮法 2：在"表格单元"选项卡中，单击"列"面板中的"从左侧插入"按钮或"从右侧插入"按钮，插入列。

◆ **快捷菜单 1**：在选择的单元格上右击，在弹出的快捷菜单中选择"在下方插入"命令。

◆ **快捷菜单 2**：在选择的单元格上右击，在弹出的快捷菜单中选择"从右侧插入"命令。

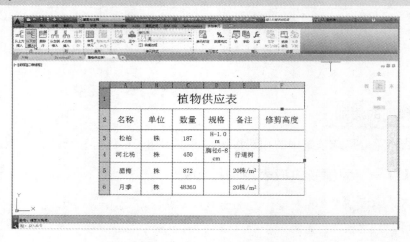

图 9-46　单击"从下方插入"按钮

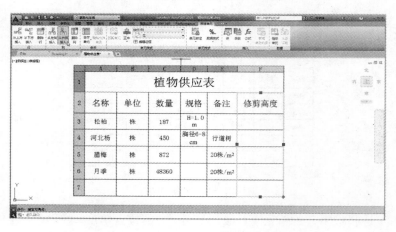

图 9-47　单击"从右侧插入"按钮

植物供应表						
名称	单位	数量	规格	备注	修剪高度	
松柏	株	187	H=1.0 m			
河北杨	株	450	胸径6-8 cm	行道树		
腊梅	株	872		20株/m²		
月季	株	48360		20株/m²		

图 9-48　完成行和列的添加

9.4.5　行和列的删除

在 AutoCAD 2016 中，使用"表格单元"选项卡中的相应按钮，可以删除行和列。

案例实战 112——删除螺钉加工表行和列

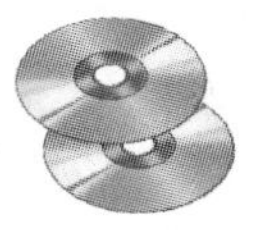

素材文件	光盘\素材\第9章\螺钉加工表.dwg
效果文件	光盘\效果\第9章\螺钉加工表.dwg
视频文件	光盘\视频\第9章\案例实战112.mp4

步骤 01　按〈Ctrl+O〉组合键，打开素材图形文件，如图 9-49 所示。

图 9-49　素材图形

步骤 02　选择最下方的单元格对象，打开"表格单元"选项卡，单击"行"面板中的"删除行"按钮，如图 9-50 所示。

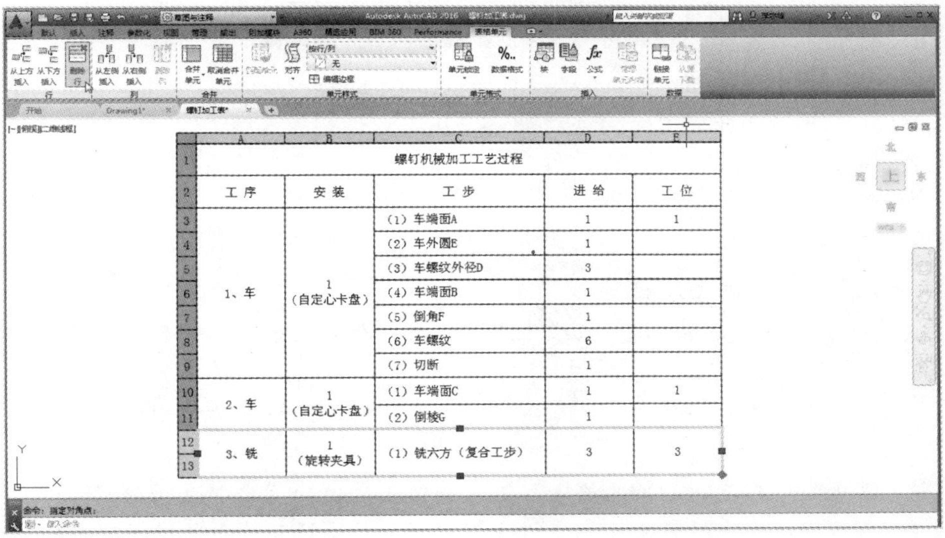

图 9-50　单击"删除行"按钮

步骤 03 选择最右侧的单元格，单击"列"面板中的"删除列"按钮 ，效果如图 9-51 所示。

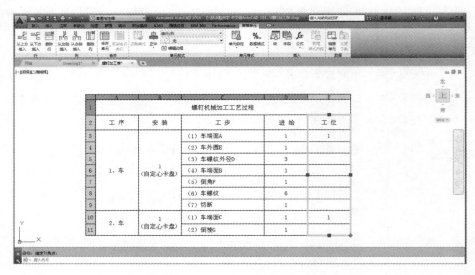

图 9-51 单击"删除列"按钮

步骤 04 执行上述操作后，即可删除表格中的行和列，按〈Esc〉键退出，效果如图 9-52 所示。

螺钉机械加工工艺过程			
工 序	安 装	工 步	进 给
1、车	1 （自定心卡盘）	（1）车端面A	1
		（2）车外圆E	1
		（3）车螺纹外径D	3
		（4）车端面B	1
		（5）倒角F	1
		（6）车螺纹	6
		（7）切断	1
2、车	1 （自定心卡盘）	（1）车端面C	1
		（2）倒棱G	1

图 9-52 删除行和列

专家提醒

删除行和列的 4 种方法如下。

◆ 按钮法 1：在"表格单元"选项卡中，单击"行"面板中的"删除行"按钮 ，删除行。

◆ 按钮法 2：在"表格单元"选项卡中，单击"列"面板中的"删除列"按钮 ，删除列。

◆ 快捷菜单 1：在选择的单元格上右击，在弹出的快捷菜单中选择"删除行"命令。

◆ 快捷菜单 2：在选择的单元格上右击，在弹出的快捷菜单中选择"删除列"命令。

9.4.6　单元格的合并

单击"合并单元"按钮，可以将多个单元格合并为一个单元格。执行操作的方法：在"表格单元"选项卡中，单击"合并"面板中的"合并单元"按钮 。

案例实战 113——合并图样目录单元格

素材文件	光盘\素材\第9章\图样目录.dwg	
效果文件	光盘\效果\第9章\图样目录.dwg	
视频文件	光盘\视频\第9章\案例实战113.mp4	

步骤 01　按〈Ctrl+O〉组合键，打开素材图形文件，如图 9-53 所示。

图样目录				
图别	图号	图样名称	张数	图纸规格
建施	1		1	A1
建施	2		1	A1
建施	3		1	A1
建施	4		1	A1
建施	5		1	A1

图 9-53　素材图形

步骤 02　在绘图区中，选择第一行的所有单元格对象，打开"表格单元"选项卡，单击"合并单元"按钮 ，如图 9-54 所示。

图 9-54　单击"合并单元"按钮

步骤 03　在弹出的下拉列表中单击"合并全部"按钮 ，如图 9-55 所示。

步骤 04　执行上述操作后，即可合并单元格，按〈Esc〉键退出。效果如图 9-56 所示。

专家提醒

除了运用上述方法合并单元格外，用户还可以在选择的单元格上右击，在弹出的快捷菜单中选择"合并"→"全部"命令。

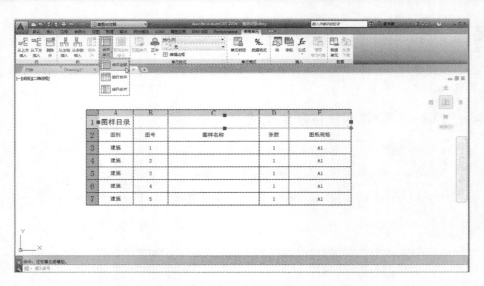

图 9-55　单击"合并全部"按钮

图样目录				
图别	图号	图样名称	张数	图纸规格
建施	1		1	A1
建施	2		1	A1
建施	3		1	A1
建施	4		1	A1
建施	5		1	A1

图 9-56　合并单元格

第 10 章　创建与编辑标注

学前提示

尺寸标注是绘图设计中的一项重要内容，有着严格的规范。本章将介绍有关尺寸标注的知识，包括创建与管理标注样式，创建与设置尺寸标注等。通过本章的学习，读者可以初步掌握有关尺寸标注的知识和操作方法，为进一步学习 AutoCAD 2016 奠定基础。

本章教学目标

- ▶ 标注的基础知识
- ▶ 标准样式的应用
- ▶ 常用类型标注尺寸的创建
- ▶ 创建其他类型标注尺寸
- ▶ 尺寸标注的设置

学完本章后你会做什么

- ▶ 掌握创建与管理标注样式的操作
- ▶ 掌握创建常用尺寸标注的操作
- ▶ 掌握创建其他尺寸标注的操作

视频演示

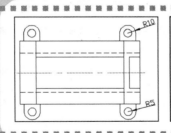
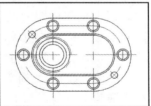
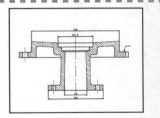

10.1 初识尺寸标注

尺寸标注对表达有关设计元素的尺寸、材料等信息有着非常重要的作用。在对图形进行尺寸标注之前，需要对标注的基础（组成、规则、类型及步骤等知识）有一个初步的了解与认识。

10.1.1 尺寸标注的组成

在 AutoCAD 2016 中，所有文字都有与之相关联的文字样式。在创建文字注释和尺寸标注时，AutoCAD 通常使用当前的文字样式。也可以根据需要创建并设置新文字样式。

通常，一个完整的尺寸标注由尺寸线、尺寸界线、尺寸文字和尺寸箭头组成，有时还用到圆心标记和中心线，如图 10-1 所示。

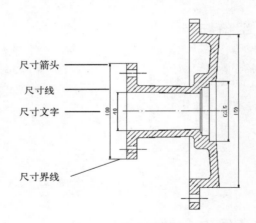

图 10-1　尺寸标注组成

尺寸标注各主要组成部分的含义如下。

◆ 尺寸线：用于表明标注的范围。AutoCAD 通常将尺寸线放置在测量区域内。如果空间不足，则可将尺寸线或文字移到测量区域的外部，这取决于标注样式的设置规则。对于角度标注，尺寸线是一段圆弧。尺寸线应使用细实线绘制。

◆ 尺寸界线：应从图形的轮廓线、轴线、对称中心线引出；同时，轮廓线、轴线和对称中心线也可以作为尺寸界线。尺寸界线也应使用细实线绘制。

◆ 尺寸文字：用于标明机件的测量值。尺寸文字应按标准字体书写，在同一张图样上的字高要一致。尺寸文字在图中遇到图线时，需将图线断开，如果图线断开影响图形表达时，需调整尺寸标注的位置。

◆ 尺寸箭头：尺寸箭头显示在尺寸线的端部，用于指出测量的开始和结束位置。AutoCAD 默认使用闭合的填充箭头符号。此外，系统还提供了多种箭头符号，如建筑标记、小斜线箭头、点和斜杠等。

10.1.2　尺寸标注的规则

在 AutoCAD 2016 中，对绘制的图形进行尺寸标注时，应遵守以下规则。

◆ 图样上所标注的尺寸数为工程图形真实大小，与绘图比例和绘图的准确度无关。

◆ 图形中的尺寸以系统默认值毫米（mm）为单位时，不需要标注计量单位代号或名称。如果采用其他单位，则必须注明相应计量单位代号或名称，如度"°"、英寸"″"等。

◆ 图样上所标注的尺寸数值应为工程图形完工后的实际尺寸，否则需另加说明。

◆ 工程图对象中的每个尺寸一般只标注一次，并标注在最能清晰表现该图形结构特征的视图上。

◆ 尺寸配置要合理，功能尺寸应该直接标注；同一要素的尺寸应尽可能集中标注，如孔的直径和深度、槽的深度和宽度等；尽量避免在不可见的轮廓线上标注尺寸，数字之间不允许任何图线穿过，必要时可以将图线断开。

10.1.3　尺寸标注的类型

尺寸标注分为线性标注、对齐尺寸标注、坐标尺寸标注、弧长尺寸标注、半径尺寸标注、折弯尺寸标注、直径尺寸标注、角度尺寸标注、引线标注、基线标注和连续标注等。其中，线性尺寸标注又分为水平标注、垂直标注和旋转标注 3 种。在 AutoCAD 2016 中，提供了各类尺寸标注的工具按钮与命令，"标注"面板如图 10-2 所示，"标注"菜单如图 10-3 所示。

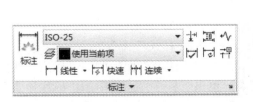

图 10-2　"标注"面板　　　　图 10-3　"标注"菜单

10.1.4 尺寸标注的创建

在 AutoCAD 2016 中，对图形进行尺寸标注时，通常按如下步骤进行操作。

◆ 为所有尺寸标注建立单独的图层，以便于管理图形。

◆ 专门为尺寸文本创建文本样式。

◆ 创建合适的尺寸标注样式。还可以为尺寸标注样式创建子标注样式或替代标注样式，以标注一些特殊尺寸。

◆ 设置并打开对象捕捉模式，利用各种尺寸标注命令标注尺寸。

10.2 标注样式的应用

标注样式可以控制标注格式的外观，如箭头、文字位置和尺寸公差等。为了便于使用、维护标注标准，可以将这些设置存储在标注样式中。建立和强制执行图表的绘图标准，有利于对标注格式和用途进行修改。可以更新以前由 Standard 样式创建的所有标注以反映新设置。在"标注样式管理器"对话框中可以创建与设置标注样式。

10.2.1 定义标注样式的内容

在 AutoCAD 2016 中，标注样式定义如下内容：

◆ 尺寸线、尺寸界线、箭头和圆心标记的格式和位置。

◆ 标注文字的外观、位置和对齐方式。

◆ AutoCAD 放置标注文字和尺寸线的规则。

◆ 全局标注比例。主单位、换算单位和角度标注单位的格式和精度。

◆ 公差的格式和精度。

在进行标注时，AutoCAD 使用当前的标注样式，直到另一种样式设置为当前样式为止。AutoCAD 默认的标注样式为 Standard，该样式基本上是根据美国国家标准协会（ANSI）标注标准设计的。如果开始绘制新图形时，选择了米制单位，则默认标注样式将为 ISO-25（国际标准组织标注标准）。此外，DIN（德国工业标准）和 JIS（日本工业标准）样式分别由 AutoCAD DIN 和 JIS 图形样板提供。

10.2.2 标注样式的创建

在 AutoCAD 2016 中，系统默认的标注样式包括 ISO-25 和 Standard 两种，用户可以根据绘图的需要创建标注样式。

创建标注样式的 4 种方法如下。

◆ 命令行：输入"DIMSTYLE"命令。

◆ 菜单栏：选择菜单栏中的"插入"→"标注样式"命令。

◆ 按钮法 1：切换至"常用"选项卡，单击"注释"面板中的"标注样式"按钮 ◢。

◆ 按钮法 2：切换至"注释"选项卡，单击"标注"面板中的"标注样式"按钮 ▣。

采用以上任意一种方式执行操作后，都将弹出"标注样式管理器"对话框，如图 10-4 所示。在该对话框中，各选项含义如下。

◆ "当前标注样式"显示区：显示出当前的标注样式名称。

◆ "样式"列表框：列出了图形中所包含的所有标注样式，当前样式被亮显。选择某一个样式名并单击鼠标右键，弹出快捷菜单，在该菜单中可以设置当前标注样式、重命名样式和删除样式，如图 10-5 所示。

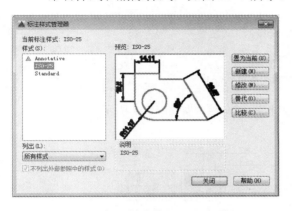

图 10-4　"标注样式管理器"对话框　　　　图 10-5　快捷菜单

◆ "列出"下拉列表框：主要用于选择列出标注样式的形式。一般有两种选项，即"所有样式"和"正在使用的样式"。

◆ "预览"显示区：用于显示"样式"列表框中选定的标注样式。

◆ "说明"显示区：用于说明"样式"列表中与当前样式相关的选定样式。

◆ "置为当前"按钮：单击该按钮，可以将"样式"列表框中选定的标注样式设置为当前标注样式。

◆ "新建"按钮：单击该按钮，弹出"创建新标注样式"对话框，如图 10-6 所示，在该对话框中可以创建新标注样式。

图 10-6　"创建新标注样式"对话框

◆ "修改"按钮：打开"修改标注样式：ISO-25"对话框，修改标注样式。

◆ "替代"按钮：单击该按钮，弹出"替代当前样式"对话框，在该对话框中，可以设置标注样式的临时替代，对同一个对象可以标注两个以上的尺寸和公差。

◆ "比较"按钮：单击该按钮，弹出"比较标注样式"对话框，比较两个标注样式或列出一个标注样式的所有特性。

10.2.3 标注样式的设置

在"修改标注样式"对话框中，可以设置相应的参数来修改已有的标注样式。

案例实战 114——设置泵轴标注样式

	素材文件	光盘\素材\第10章\泵轴.dwg
	效果文件	光盘\效果\第10章\泵轴.dwg
	视频文件	光盘\视频\第10章\案例实战114.mp4

步骤 01 按〈Ctrl+O〉组合键，打开素材图形文件，如图 10-7 所示。

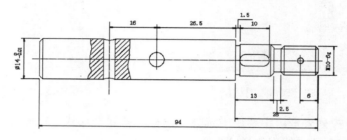

图 10-7 素材图形

步骤 02 输入"D"（标注样式）命令，按〈Enter〉键确认，弹出"标注样式管理器"对话框，单击"修改"按钮，如图 10-8 所示。

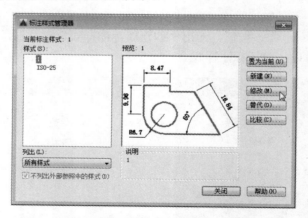

图 10-8 "标注样式管理器"对话框

步骤 03 弹出"修改标注样式：1"对话框，切换至"线"选项卡，设置所有线的"颜色"均为"红"；切换至"文字"选项卡，设置"文字高度"为"3"、"文字颜色"为"红"；切换至"主单位"选项卡，设置"精度"为 0，如图 10-9 所示。

步骤 04 单击"确定"按钮，返回到"标注样式管理器"对话框，单击"关闭"按钮，完成标注样式的设置，效果如图 10-10 所示。

"修改标注样式"对话框中各选项卡含义如下。

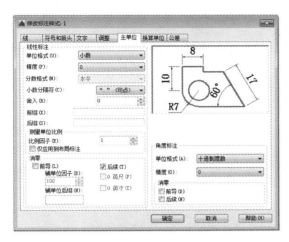

图 10-9　设置参数值

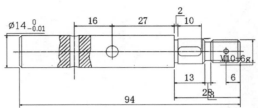

图 10-10　设置标注样式

- ◆ "线"选项卡：设定尺寸线、尺寸界线、箭头和圆心标记的格式和特性。
- ◆ "符号和箭头"选项卡：设定箭头、圆心标记、弧长符号和折弯半径标注的格式和位置。
- ◆ "文字"选项卡：设定标注文字的格式、放置和对齐。
- ◆ "调整"选项卡：控制标注文字、箭头、引线和尺寸线的放置。
- ◆ "主单位"选项卡：设定主标注单位的格式和精度、标注文字的前缀和后缀。
- ◆ "换算单位"选项卡：设定标注测量值中换算单位的显示及其格式和精度。
- ◆ "公差"选项卡：设定标注文字中公差的显示及格式。

专家提醒

　　与标注文字一样，进行尺寸标注也要首先根据绘图界限、绘图尺寸大小和图形的类型需要来设置标注样式，也就是对标注尺寸的外观进行设置。在一个图形文件中，可能会设置多种尺寸标注样式。

10.2.4　标注样式的替代

　　使用标注样式替代，无须更改当前标注样式便可临时更改标注系统变量。标注样式替代是对当前标注样式中的指定设置所做的更改。它与在不更改当前标注样式的情况下更改尺寸标注系统变量等效。

案例实战 115——替代花键标注样式

	素材文件	光盘\素材\第10章\花键.dwg
	效果文件	光盘\效果\第10章\花键.dwg
	视频文件	光盘\视频\第10章\案例实战115.mp4

步骤　01　按〈Ctrl+O〉组合键，打开素材图形文件，如图 10-11 所示。

步骤　02　输入"D"（标注样式）命令，按〈Enter〉键确认，弹出"标注样式管理器"

对话框，单击"替代"按钮，如图 10-12 所示。

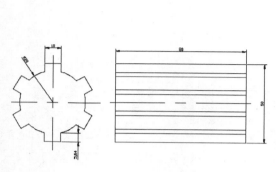

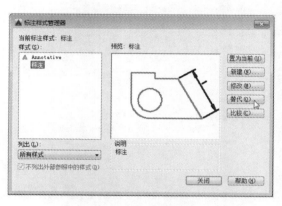

图 10-11　素材图形　　　　　图 10-12　"标注样式管理器"对话框

步骤 **03**　弹出"替代当前样式：标注"对话框，切换至"线"选项卡，设置所有线条"颜色"均为"蓝"；切换至"符号和箭头"选项卡，设置"第一个"箭头为"空心闭合"；切换至"主单位"选项卡，设置"精度"为"0"；切换至"文字"选项卡，设置"文字高度"为"5"，如图 10-13 所示。

步骤 **04**　单击"确定"按钮，返回"标注样式管理器"对话框，选择要替代的标注样式并单击鼠标右键，在弹出的快捷菜单中选择"保存到当前样式"命令，单击"关闭"按钮，即可替代当前标注样式，效果如图 10-14 所示。

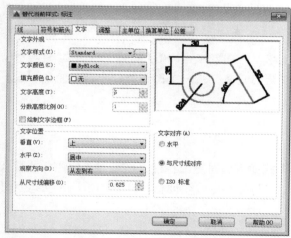

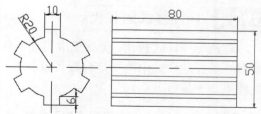

图 10-13　设置参数　　　　　　　图 10-14　替代标注样式

专家提醒

　　使用替代标注样式，可以为单独的标注或当前的标注样式定义替代标注样式。对于个别标注，可能需要在不创建其他标注样式的情况下创建替代样式，如不显示标注的尺寸界线，或者修改文字和箭头的位置，使它们不与图形中的几何图形重叠。

10.3　常用类型尺寸标注的创建

设置好尺寸标注样式后，可以利用相应的标注命令对图形对象进行尺寸标注。在 AutoCAD 中，要标注长度、弧长、半径等常用类型的尺寸标注，应使用不同的标注命令。本节将向读者介绍创建常用类型尺寸标注的方法。

10.3.1　线性尺寸标注

使用"线性"命令，可以以水平、垂直或对齐放置来创建尺寸标注。

标注线性尺寸的 4 种方法如下。

◆ 命令行：输入"DIMLINEAR"（快捷命令：DLI）命令。

◆ 菜单栏：选择菜单栏中的"标注"→"线性"命令。

◆ 按钮法 1：切换至"默认"选项卡，单击"注释"面板中的"线性"按钮 ⊟。

◆ 按钮法 2：切换至"注释"选项卡，单击"标注"面板中的"线性"按钮 ⊟。

案例实战 116——标注钳座的线性尺寸

素材文件	光盘\素材\第10章\钳座.dwg
效果文件	光盘\效果\第10章\钳座.dwg
视频文件	光盘\视频\第10章\案例实战116.mp4

步骤 01　按〈Ctrl+O〉组合键，打开素材图形文件，如图 10-15 所示。

步骤 02　在功能区选项板的"注释"选项卡中，单击"标注"面板中的"线性"按钮 ⊟，如图 10-16 所示。

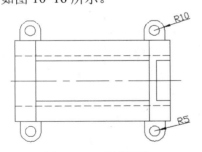

图 10-15　素材图形

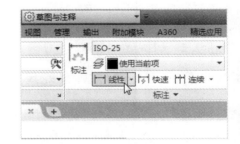

图 10-16　单击"线性"按钮

步骤 03　在命令行提示下，依次捕捉左侧垂直直线的上下端点，向左引导光标，如图 10-17 所示。

步骤 04　在合适位置处，单击鼠标左键，即可标注线性尺寸，效果如图 10-18 所示。

执行"线性"命令后，命令行中的提示如下。

指定第一个尺寸界线原点或 <选择对象>：（指定点，或直接选择要标注的对象）

指定第二条尺寸界线原点：（指定第二个原点）

指定尺寸线位置或[多行文字(M)/文字(T)/角度(A)/水平(H)/垂直(V)/旋转(R)]：（用于确定尺寸线的位置）

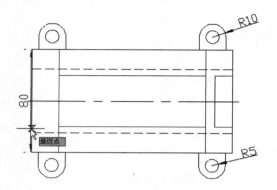

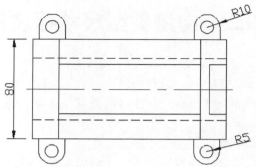

图 10-17　向左引导光标　　　　　图 10-18　标注线性尺寸

命令行中各选项含义如下。

◆ 多行文字（M）：显示在位文字编辑器，可用它来编辑标注文字。

◆ 文字（T）：在命令行中显示尺寸文字的自动测量值，用户可以修改尺寸值。

◆ 角度（A）：指定文字的倾斜角度，使尺寸文字倾斜标注。

◆ 水平（H）：创建水平尺寸标注。

◆ 垂直（V）：创建垂直尺寸标注。

◆ 旋转（R）：创建旋转线性标注。

10.3.2　对齐尺寸标注

使用"对齐"命令，可以创建与指定位置或对象平行的标注。

标注对齐尺寸的 4 种方法如下。

◆ 命令行：输入"DIMSTYLE"命令。

◆ 菜单栏：选择菜单栏中的"标注"→"对齐"命令。

◆ 按钮法 1：切换至"默认"选项卡，单击"注释"面板中的"对齐"按钮 。

◆ 按钮法 2：切换至"注释"选项卡，单击"标注"面板中的"对齐"按钮 。

案例实战 117——对齐标注传动轮尺寸

	素材文件	光盘\素材\第10章\传动轮.dwg
	效果文件	光盘\效果\第10章\传动轮.dwg
	视频文件	光盘\视频\第10章\案例实战117.mp4

步骤　01　按〈Ctrl+O〉组合键，打开素材图形文件，如图 10-19 所示。

步骤　02　在功能区选项板的"注释"选项卡中，单击"标注"面板中的"已对齐"按钮 ，如图 10-20 所示。

步骤　03　在命令行提示下，捕捉右上方倾斜直线的上下端点，并向右上方引导光标，如图 10-21 所示。

步骤　04　在绘图区中的合适位置上，单击鼠标左键，即可标注对齐尺寸，效果如图 10-22 所示。

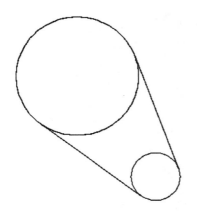

图 10-19　素材图形

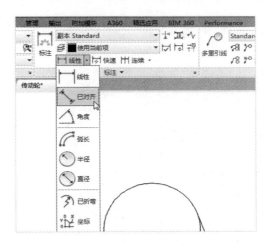

图 10-20　单击"已对齐"按钮

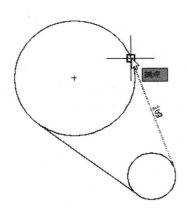

图 10-21　向右上方引导光标

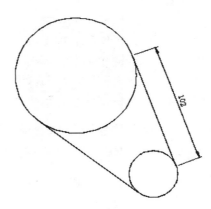

图 10-22　标注对齐尺寸

10.3.3　半径尺寸标注

半径标注可以标注圆或圆弧的半径尺寸，并显示前面带有半径符号的标注文字。

案例实战 118——标注手轮半径尺寸

素材文件	光盘\素材\第10章\手轮.dwg
效果文件	光盘\效果\第10章\手轮.dwg
视频文件	光盘\视频\第10章\案例实战118.mp4

步骤 01　按〈Ctrl+O〉组合键，打开素材图形文件，如图 10-23 所示。

步骤 02　在功能区选项板的"注释"选项卡中，单击"标注"面板中的"半径"按钮◎，如图 10-24 所示。

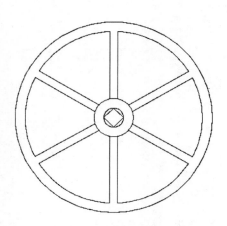

图 10-23　素材图形

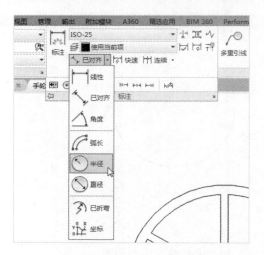

图 10-24　单击"半径"按钮

专家提醒

标注半径尺寸的 4 种方法如下。

◆ 命令行：输入"DIMRADIUS"命令。

◆ 菜单栏：选择菜单栏中的"标注"→"半径"命令。

◆ 按钮法 1：切换至"默认"选项卡，单击"注释"面板中的"半径"按钮⊘。

◆ 按钮法 2：切换至"注释"选项卡，单击"标注"面板中的"半径"按钮⊘。

步骤 **03**　在命令行提示下，选择最大的圆对象，向右上方引导光标，如图 10-25 所示。

步骤 **04**　按〈Enter〉键确认，即可标注半径尺寸，如图 10-26 所示。

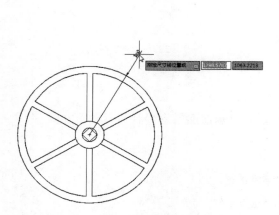

图 10-25　向右上方引导光标

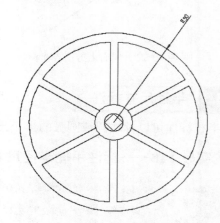

图 10-26　标注半径尺寸

10.3.4　直径尺寸标注

直径标注用于测量选定圆或圆弧的直径，并显示前面带有直径符号的标注文字。

标注直径尺寸的 4 种方法如下。

◆ 命令行：输入"DIMDIAMETER"命令。
◆ 菜单栏：选择菜单栏中的"标注"→"直径"命令。
◆ 按钮法 1：切换至"默认"选项卡，单击"注释"面板中的"直径"按钮 。
◆ 按钮法 2：切换至"注释"选项卡，单击"标注"面板中的"直径"按钮 。

案例实战 119——标注四人桌直径尺寸

素材文件	光盘\素材\第10章\四人桌.dwg
效果文件	光盘\效果\第10章\四人桌.dwg
视频文件	光盘\视频\第10章\案例实战119.mp4

步骤 01　按〈Ctrl+O〉组合键，打开素材图形文件，如图 10-27 所示。

步骤 02　在功能区选项板的"注释"选项卡中，单击"标注"面板中的"直径"按钮 ，如图 10-28 所示。

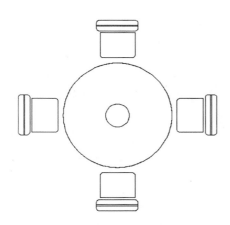

图 10-27　素材图形

图 10-28　单击"直径"按钮

步骤 03　在命令行提示下，选择大圆为对象，向右上方引导光标，如图 10-29 所示。

步骤 04　按〈Enter〉键确认，即可标注直径尺寸，效果如图 10-30 所示。

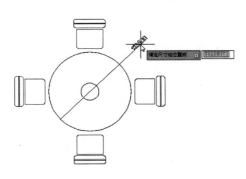

图 10-29　向右上方引导光标

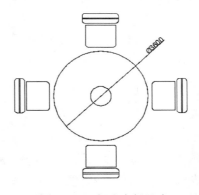

图 10-30　标注直径尺寸

专家提醒 ☞

　　直径尺寸常用于标注圆的大小。在标注时，AutoCAD 将自动在标注文字的前面添加直径符号。

10.3.5　弧长尺寸标注

　　使用"弧长"命令，可测量圆弧或多段线圆弧段上的距离。弧长标注的典型用法包括测量围绕凸轮的距离或表示电缆的长度。

　　标注弧长尺寸的 4 种方法如下。

◆ 命令行：输入"DIMARC"命令。

◆ 菜单栏：选择菜单栏中的"标注"→"弧长"命令。

◆ 按钮法 1：切换至"默认"选项卡，单击"注释"面板中的"弧长"按钮 。

◆ 按钮法 2：切换至"注释"选项卡，单击"标注"面板中的"弧长"按钮 。

案例实战 120——标注后盖弧长尺寸

	素材文件	光盘\素材\第10章\后盖.dwg
	效果文件	光盘\效果\第10章\后盖.dwg
	视频文件	光盘\视频\第10章\案例实战120.mp4

　　步骤 **01**　按〈Ctrl+O〉组合键，打开素材图形文件，如图 10-31 所示。

　　步骤 **02**　在功能区选项板的"注释"选项卡中，单击"标注"面板中的"弧长"按钮 ，在命令行提示下，选择右侧的大圆弧对象，向右上方引导光标；在合适位置处单击鼠标左键，即可创建弧长尺寸标注，效果如图 10-32 所示。

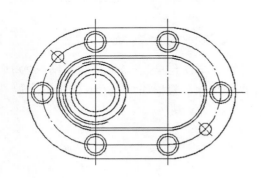

图 10-31　素材图形

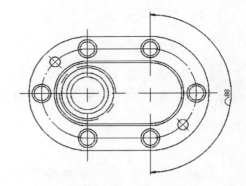

图 10-32　创建弧长尺寸标注

　　执行"弧长"命令后，命令行提示如下。

　　选择弧线段或多段线圆弧段：（选择需要标注的圆弧对象，按〈Enter〉键确认）

　　指定弧长标注位置或 [多行文字(M)/文字(T)/角度(A)/部分(P)/引线(L)]：（用于指定尺寸线的位置并确定尺寸界线的方向）

　　命令行中各选项含义如下。

◆ 多行文字（M）：显示在位文字编辑器，可用它来编辑标注文字。

◆ 文字（T）：生成的标注测量值显示在尖括号中。

◆ 角度（A）：用于修改标注文字的角度。

◆ 部分（P）：用于缩短弧长标注的长度。

◆ 引线（L）：添加引线对象。仅当圆弧（或圆弧段）大于 90°时会显示此选项。引线是按径向绘制的，指向所标注圆弧的圆心。

10.3.6　角度尺寸标注

使用"角度"命令，可以测量两条直线或 3 个点之间的角度。

标注角度尺寸的 4 种方法如下。

◆ 命令行：输入"DIMANGULAR"命令。

◆ 菜单栏：选择菜单栏中的"标注"→"角度"命令。

◆ 按钮法 1：切换至"默认"选项卡，单击"注释"面板中的"角度"按钮△。

◆ 按钮法 2：切换至"注释"选项卡，单击"标注"面板中的"角度"按钮△。

案例实战 121——标注办公桌角度尺寸

素材文件	光盘\素材\第10章\办公桌.dwg
效果文件	光盘\效果\第10章\办公桌.dwg
视频文件	光盘\视频\第10章\案例实战121.mp4

步骤 01　按〈Ctrl+O〉组合键，打开素材图形文件，如图 10-33 所示。

步骤 02　在功能区选项板的"注释"选项卡中，单击"标注"面板中的"角度"按钮△，如图 10-34 所示。

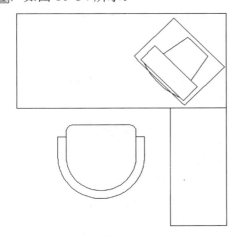

图 10-33　素材图形

图 10-34　单击"角度"按钮

步骤 03　在命令行提示下，依次选择办公桌左上角的水平和竖直两条直线，向右下方引导光标，显示角度标注对象，如图 10-35 所示。

步骤 04　移动光标至合适位置后单击鼠标左键，即可标注角度尺寸对象，如图 10-36 所示。

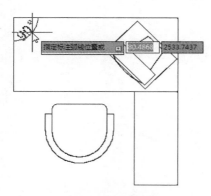
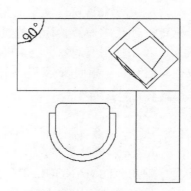

图 10-35　显示角度标注对象　　　　图 10-36　标注角度尺寸

10.3.7　折弯尺寸标注

在 AutoCAD 2016 中，使用"折弯"命令可以测量选定对象的半径，显示前面带有半径符号的标注文字。

案例实战 122——标注棉被折弯尺寸

素材文件	光盘\素材\第10章\棉被.dwg
效果文件	光盘\效果\第10章\棉被.dwg
视频文件	光盘\视频\第10章\案例实战122.mp4

步骤 01　按〈Ctrl+O〉组合键，打开素材图形文件，如图 10-37 所示。

步骤 02　在功能区选项板的"注释"选项卡中，单击"标注"面板中的"已折弯"按钮，如图 10-38 所示。

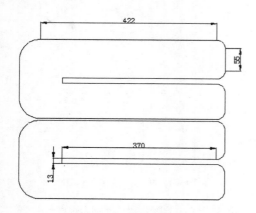
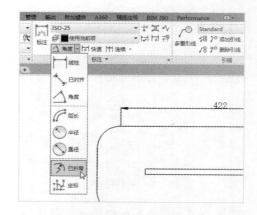

图 10-37　素材图形　　　　图 10-38　单击"已折弯"按钮

步骤 03　在命令行提示下，选择左下方的圆弧对象，捕捉圆弧中点，如图 10-39 所示。

步骤 04　在合适位置处单击鼠标左键，按〈Enter〉键确认，即可标注折弯尺寸，效果如图 10-40 所示。

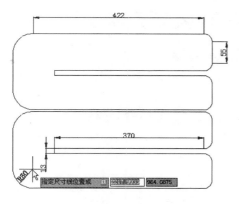

图 10-39　捕捉圆弧中点

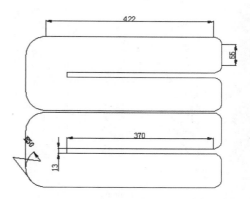

图 10-40　标注折弯尺寸

专家提醒

标注折弯尺寸的 4 种方法如下。

◆ 命令行：输入 "DIMJOGGED" 命令。

◆ 菜单栏：选择菜单栏中的 "标注" → "已折弯" 命令。

◆ 按钮法 1：切换至 "默认" 选项卡，单击 "注释" 面板中的 "已折弯" 按钮 ⬚。

◆ 按钮法 2：切换至 "注释" 选项卡，单击 "标注" 面板中的 "已折弯" 按钮 ⬚。

10.4　其他类型尺寸标注的创建

在 AutoCAD 2016 中，除了前面所介绍的几种常用尺寸标注方法外，用户还可以进行快速标注、引线标注、几何公差标注以及折弯线性尺寸标注等。

10.4.1　连续尺寸标注

使用 "连续" 命令，可以从先前创建的标注尺寸界线处开始创建标注。

标注连续尺寸的 3 种方法如下。

◆ 命令行：输入 "DIMCONTINUE" 命令。

◆ 菜单栏：选择菜单栏中的 "标注" → "连续" 命令。

◆ 按钮法：切换至 "注释" 选项卡，单击 "标注" 面板中的 "连续" 按钮 ⬚。

案例实战 123——连续标注盘件剖视图

	素材文件	光盘\素材\第10章\盘件剖视图.dwg
	效果文件	光盘\效果\第10章\盘件剖视图.dwg
	视频文件	光盘\视频\第10章\案例实战123.mp4

步骤 01　按〈Ctrl+O〉组合键，打开素材图形文件，如图 10-41 所示。

步骤 02　在功能区选项板的 "注释" 选项卡中，单击 "标注" 面板中的 "连续" 按钮

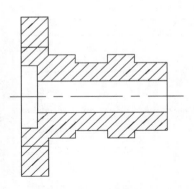，如图 10-42 所示。

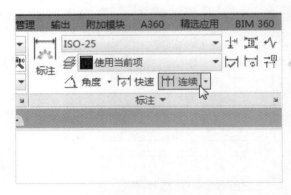

图 10-41　素材图形　　　　　　　　　图 10-42　单击"连续"按钮

步骤 **03**　在命令行提示下，选择尺寸标注，并在最上方的端点上，依次单击鼠标左键，按〈Enter〉键确认，如图 10-43 所示。

步骤 **04**　按照同样的方法操作后即可连续标注尺寸，效果如图 10-44 所示。

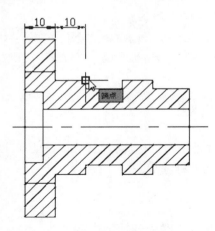

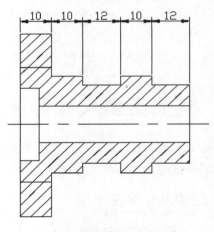

图 10-43　标注连续尺寸　　　　　　　　图 10-44　标注连续尺寸

专家提醒

在标注连续尺寸标注对象时，如果当前任务中未创建任何标注，系统将提示用户选择线性标注、坐标标注或角度标注，以作为连续标注的基准。

10.4.2　快速尺寸标注

使用快速尺寸标注可以快速创建成组的基线标注、连续标注、阶梯标注和坐标尺寸标注。快速尺寸标注允许同时标注多个对象的尺寸，也可以对现有的尺寸标注进行快速编辑，还可以创建新的尺寸标注。

快速标注尺寸的 3 种方法如下。

◆ 命令行：输入"QDIM"命令。

◆ 菜单栏：选择菜单栏中的"标注"→"快速标注"命令。
◆ 按钮法：切换至"注释"选项卡，单击"标注"面板中的"快速"按钮 。

案例实战 124——快速标注箱体尺寸

素材文件	光盘\素材\第10章\箱体dwg
效果文件	光盘\效果\第10章\箱体.dwg
视频文件	光盘\视频\第10章\案例实战124.mp4

步骤 01　按〈Ctrl+O〉组合键，打开素材图形文件，如图 10-45 所示。

步骤 02　在功能区选项板的"注释"选项卡中，单击"标注"面板中的"快速"按钮 ，如图 10-46 所示。

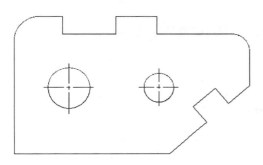

图 10-45　素材图形

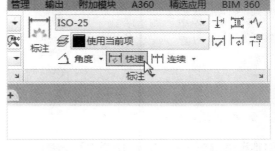

图 10-46　单击"快速"标注按钮

步骤 03　在命令行提示下，选择上方合适的直线对象，如图 10-47 所示。

步骤 04　按〈Enter〉键确认，向上引导光标，在合适位置处，单击鼠标左键；按照同样的方法操作后，即可快速标注尺寸，如图 10-48 所示。

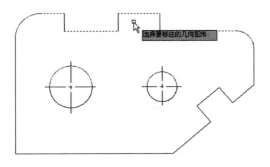

图 10-47　选择合适的直线对象

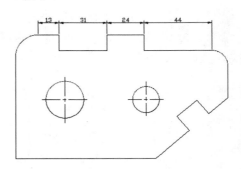

图 10-48　快速标注尺寸

执行"快速标注"命令后，命令行提示如下。

关联标注优先级 = 端点

选择要标注的几何图形：（选择要标注尺寸的多个对象）

指定尺寸线位置或 [连续(C)/并列(S)/基线(B)/坐标(O)/半径(R)/直径(D)/基准点(P)/编辑(E)/设置(T)] <连续>:

命令行中各选项含义如下。

◆ 连续（C）：用于创建一系列连续标注。
◆ 并列（S）：用于创建一系列并列标注。
◆ 基线（B）：用于创建一系列基线标注。
◆ 坐标（O）：用于创建一系列坐标标注。
◆ 半径（R）：用于创建一系列半径标注。
◆ 直径（D）：用于创建一系列直径标注。
◆ 基准点（P）：为基线标注和坐标标注设定新的基准点。
◆ 编辑（E）：编辑一系列标注。将提示用户在现有标注中添加或删除点。
◆ 设置（T）：为指定的尺寸界线原点设置默认对象捕捉。

10.4.3 基线尺寸标注

基线标注是指自同一基线处标注的多个尺寸。在创建基线标注或连续标注之前，必须创建线性标注、对齐标注或角度标注。

标注基线尺寸的 3 种方法如下。

◆ 命令行：输入"DIMBASELINE"命令。
◆ 菜单栏：选择菜单栏中的"标注"→"基线"命令。
◆ 按钮法：切换至"注释"选项卡，单击"标注"面板中的"基线"按钮 ⊢⊣。

案例实战 125——标注电路图基线尺寸

素材文件	光盘\素材\第10章\电路图.dwg
效果文件	光盘\效果\第10章\电路图.dwg
视频文件	光盘\视频\第10章\案例实战125.mp4

步骤 01 　按〈Ctrl+O〉组合键，打开素材图形文件，如图 10-49 所示。

步骤 02 　在功能区选项板的"注释"选项卡中，单击"标注"面板中的"基线"按钮 ⊢⊣，如图 10-50 所示。

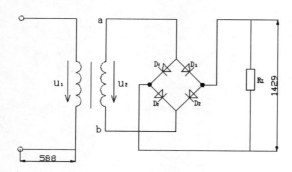

图 10-49　素材图形

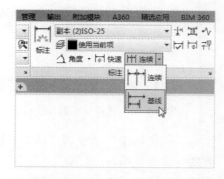

图 10-50　单击"基线"按钮

步骤 03 　在命令行提示下，选择最下方的尺寸标注对象，如图 10-51 所示。

步骤 04 　依次在最下方的端点上单击，按〈Enter〉键确认，即可标注基线尺寸，如

图 10-52 所示。

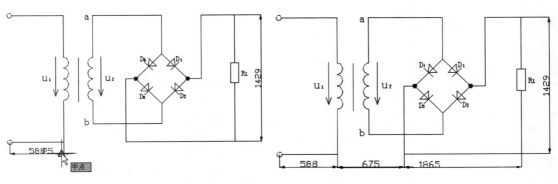

图 10-51　选择最下方尺寸标注对象　　　　图 10-52　标注基线尺寸

10.4.4　引线尺寸标注

在 AutoCAD 2016 中，使用"多重引线"命令，可以创建和修改多重引线样式。创建多重引线时，可以创建单个对象。

标注引线尺寸的 4 种方法如下。

◆ 命令行：输入"MLEADER"命令。

◆ 菜单栏：选择菜单栏中的"标注"→"多重引线"命令。

◆ 按钮法 1：切换至"默认"选项卡，单击"注释"面板中的"多重引线"按钮 。

◆ 按钮法 2：切换至"注释"选项卡，单击"引线"面板中的"多重引线"按钮 。

案例实战 126——引线标注冰箱

素材文件	光盘\素材\第10章\冰箱.dwg
效果文件	光盘\效果\第10章\冰箱.dwg
视频文件	光盘\视频\第10章\案例实战126.mp4

步骤 01　按〈Ctrl+O〉组合键，打开素材图形文件，如图 10-53 所示。

步骤 02　在功能区选项板的"注释"选项卡中，单击"引线"面板中的"多重引线"按钮 ，如图 10-54 所示。

步骤 03　在命令行提示下，捕捉上方水平直线中点，向右上方引导光标并单击，如图 10-55 所示，弹出文本编辑框和"文字编辑器"选项卡。

步骤 04　输入"冰箱"文本，设置"文字高度"为"100"。在绘图区中的空白位置处单击鼠标左键，即可标注引线尺寸，效果如图 10-56 所示。

执行"多重引线"命令后，命令行提示如下。

指定引线箭头的位置或 [引线基线优先(L)/内容优先(C)/选项(O)] <选项>:

命令行中各选项含义如下。

◆ 引线基线优先（L）：指定多重引线对象的基线的位置。

◆ 内容优先（C）：指定与多重引线对象相关联的文字或块的位置。

205

◆ 选项（O）：指定用于放置多重引线对象的选项。

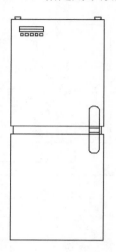

图 10-53　素材图形

图 10-54　单击"多重引线"按钮

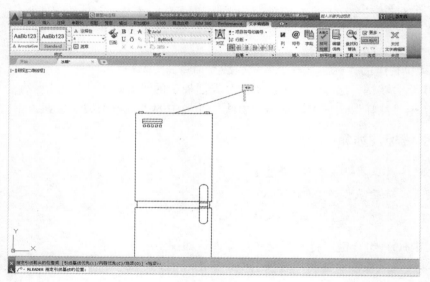

图 10-55　捕捉引线点

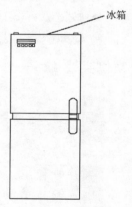

图 10-56　标注引线尺寸

10.4.5　圆心标记标注

使用"圆心标记"命令可以创建圆和圆弧的圆心标记或中心线。

案例实战 127——标注圆形窗圆心标记

	素材文件	光盘\素材\第10章\圆形窗.dwg
	效果文件	光盘\效果\第10章\圆形窗.dwg
	视频文件	光盘\视频\第10章\案例实战127.mp4

步骤 01　按〈Ctrl+O〉组合键，打开素材图形文件，如图 10-57 所示。

步骤 02　在功能区选项板的"注释"选项卡中，单击"标注"面板中的"圆心标记"
按钮⊙，如图 10-58 所示。

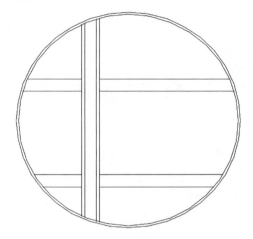

图 10-57　素材图形

图 10-58　单击"圆心标记"按钮

步骤 03　在命令行提示下，在绘图区中的内侧圆上，单击鼠标左键，如图 10-59
所示。

步骤 04　执行操作后即可标注圆心标记，效果如图 10-60 所示。

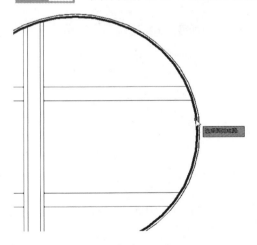

图 10-59　标注圆心标记

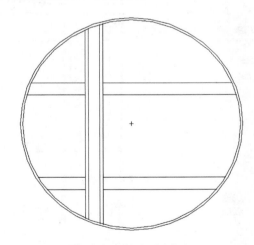

图 10-60　标注圆心标记

专家提醒

标注圆心标记的 3 种方法如下。

◆ 命令行：输入"DIMCENTER"命令。

◆ 菜单栏：选择菜单栏中的"标注"→"圆心标记"命令。

◆ 按钮法：切换至"注释"选项卡，单击"标注"面板中的"圆心标记"按钮⊙。

10.4.6　几何公差标注

对于一个零件，它的实际形状和位置相对于理想形状和位置会有一定的误差，该误差称为几何公差。

标注几何公差的 3 种方法如下。

◆ 命令行：输入 "TOLERANCE" 命令。
◆ 菜单栏：选择菜单栏中的 "标注" → "公差" 命令。
◆ 按钮法：切换至 "注释" 选项卡，单击 "标注" 面板中的 "公差" 按钮▣。

案例实战 128——标注零件详图几何公差

素材文件	光盘\素材\第10章\零件详图.dwg
效果文件	光盘\效果\第10章\零件详图.dwg
视频文件	光盘\视频\第10章\案例实战128.mp4

步骤 01　按〈Ctrl+O〉组合键，打开素材图形文件，如图 10-61 所示。

步骤 02　在功能区选项板的 "注释" 选项卡中，单击 "标注" 面板中的 "公差" 按钮▣，如图 10-62 所示。

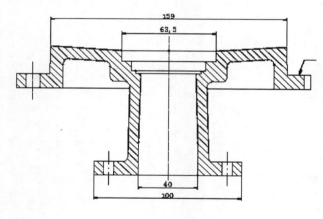

图 10-61　素材图形　　　　　　　　图 10-62　单击 "公差" 按钮

步骤 03　弹出 "形位公差" 对话框，设置 "公差 1" 为 "0.02"、"基准 1" 为 "A"，如图 10-63 所示。

步骤 04　单击 "确定" 按钮，在引线上方的右端点处单击鼠标左键，即可创建几何公差尺寸标注，效果如图 10-64 所示。

专家提醒　☞

几何公差在机械图样中非常重要，其重要性具体表现在：一方面，如果几何公差不能完全配合，装配件就不能正确装配；另一方面，对几何公差的过高要求又会由于额外的制造费用而产生浪费。

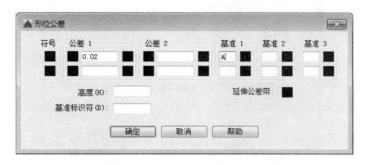

图 10-63 "形位公差"对话框

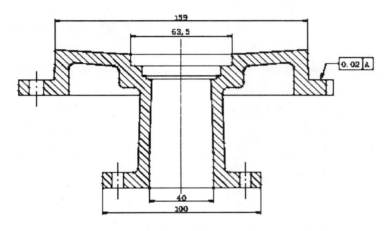

图 10-64 标注几何公差

10.5 尺寸标注的设置

AutoCAD 提供的尺寸标注功能是一种半自动标注，它只要求用户输入较少的标注信息，其他参数是通过标注样式的设置来确定的。

10.5.1 关联尺寸标注

尺寸关联是指所标注的尺寸与被标注对象的关联关系。如果标注的尺寸值是按自动测量值标注，且尺寸标注是按尺寸关联模式标注的，那么改变被标注对象的大小后，相应的标注尺寸也将发生改变，即尺寸界线、尺寸线的位置都将改变到相应的新位置，尺寸值也变成新的测量值。反之，若改变尺寸界线的起始点位置，尺寸值将不发生相应变化。

使用"重新关联标注"命令，可对非关联标注的尺寸标注进行关联。

关联尺寸标注的 3 种方法如下。

◆ 命令行：输入"DIMREASSOCIATE"命令。

◆ 菜单栏：选择菜单栏中的"标注"→"重新关联标注"命令。

◆ 按钮法：切换至"注释"选项卡，单击"标注"面板中的"重新关联"按钮。

案例实战 129——关联轴承尺寸标注

素材文件	光盘\素材\第10章\轴承.dwg	
效果文件	光盘\效果\第10章\轴承.dwg	
视频文件	光盘\视频\第10章\案例实战129.mp4	

步骤 **01** 　按〈Ctrl+O〉组合键，打开素材图形文件，如图 10-65 所示。

步骤 **02** 　在功能区选项板的"注释"选项卡中，单击"标注"面板中的"重新关联"
按钮，如图 10-66 所示。

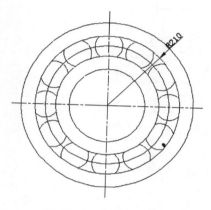

图 10-65　素材图形

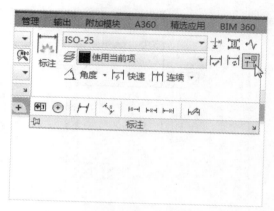

图 10-66　单击"重新关联"按钮

步骤 **03** 　在命令行提示下，在绘图区中选择标注的半径尺寸，按〈Enter〉键确认，
效果如图 10-67 所示。

步骤 **04** 　选择最外侧大圆，即可重新关联标注，效果如图 10-68 所示。

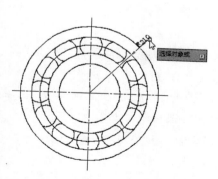

图 10-67　选择标注的半径尺寸

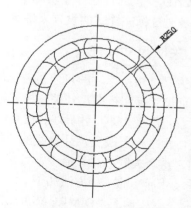

图 10-68　重新关联标注

10.5.2　尺寸标注的检验

检验尺寸标注可以有效检查所制造的部件，以确保标注值和部件公差位于指定范围。

案例实战 130——检验厨具尺寸标注

	素材文件	光盘\素材\第10章\厨具.dwg
	效果文件	光盘\效果\第10章\厨具.dwg
	视频文件	光盘\视频\第10章\案例实战130.mp4

步骤 01　按〈Ctrl+O〉组合键，打开素材图形文件，如图 10-69 所示。

步骤 02　在功能区选项板的"注释"选项卡中，单击"标注"面板中的"检验"按钮 ，如图 10-70 所示。

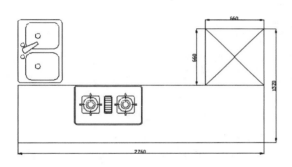

图 10-69　素材图形

图 10-70　单击"检验"按钮

步骤 03　弹出"检验标注"对话框，单击"选择标注"按钮，如图 10-71 所示。

步骤 04　在命令行提示下，选择最下方的尺寸标注，按〈Enter〉键确认，返回"检验标注"对话框，单击"确定"按钮，即可检验尺寸标注，如图 10-72 所示。

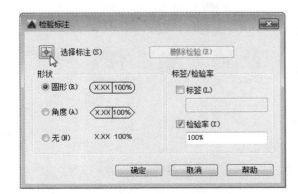

图 10-71　单击"选择标注"按钮

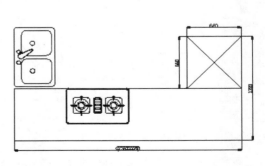

图 10-72　检验尺寸标注

检验尺寸标注的 3 种方法如下。

◆ 命令行：输入"DIMINSPECT"命令。

◆ 菜单栏：选择菜单栏中的"标注"→"检验"命令。

◆ 按钮法：切换至"注释"选项卡，单击"标注"面板中的"检验"按钮。

 标注间距的调整

使用"调整间距"命令，可以自动调整图形中现有的平行线性标注和角度标注，以使其间距相等或在尺寸线处相互对齐。

调整标注间距的 3 种方法如下。

◆ 命令行：输入"DIMSPACE"命令。

◆ 菜单栏：选择菜单栏中的"标注"→"标注间距"命令。

◆ 按钮法：切换至"注释"选项卡，单击"标注"面板中的"调整间距"按钮。

案例实战 131——调整零部件标注间距

	素材文件	光盘\素材\第10章\零部件.dwg
	效果文件	光盘\效果\第10章\零部件.dwg
	视频文件	光盘\视频\第10章\案例实战131.mp4

步骤 01 按〈Ctrl+O〉组合键，打开素材图形文件，如图 10-73 所示。

步骤 02 在功能区选项板的"注释"选项卡中，单击"标注"面板中的"调整间距"按钮，如图 10-74 所示。

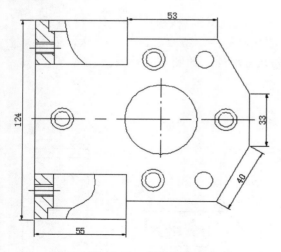

图 10-73 素材图形

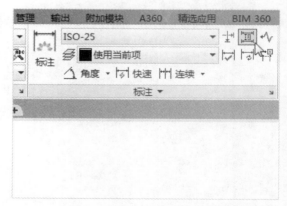

图 10-74 单击"调整间距"按钮

步骤 03 在命令行提示下，依次选择最下方和最左侧的直线尺寸标注，按〈Enter〉键确认，输入"100"，如图 10-75 所示。

步骤 04 按〈Enter〉键确认，即可调整标注间距，效果如图 10-76 所示。

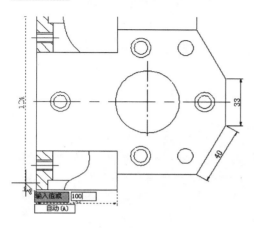

图 10-75 输入参数值

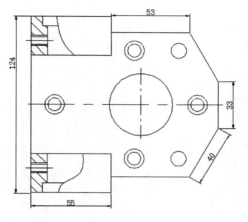

图 10-76 调整标注间距

10.5.4 标注文字的编辑

在 AutoCAD 2016 中，用户可以编辑标注尺寸的文字内容。

案例实战 132——编辑导柱标注文字

素材文件	光盘\素材\第10章\导柱.dwg
效果文件	光盘\效果\第10章\导柱.dwg
视频文件	光盘\视频\第10章\案例实战132.mp4

步骤 01 按〈Ctrl+O〉组合键，打开素材图形文件，如图 10-77 所示。

步骤 02 在右侧的长度为"98"的尺寸标注上双击鼠标左键，打开"文字编辑器"选项卡和文本编辑框，输入"零件长度"，在绘图区中的空白处单击鼠标左键，即可编辑标注文字，如图 10-78 所示。

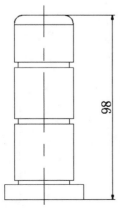

图 10-77 素材图形

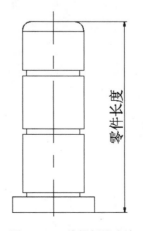

图 10-78 编辑标注文字

第 11 章　三维绘图环境设置

学前提示

　　AutoCAD 2016 除了具有强大的二维绘图功能外，其三维绘图功能也十分强大。本章将介绍有关三维图形绘制的基础知识，包括三维坐标系，以及使用导航工具、漫游、飞行和相机等观察三维图形。通过本章的学习，读者可以初步掌握三维图形绘制知识。

本章教学目标

▶ 三维坐标系的创建
▶ 观察三维图形对象
▶ 三维模型显示的设置
▶ 创建投影样式

学完本章后你会做什么

▶ 掌握创建三维坐标系的操作，如创建世界坐标系、圆柱坐标系等
▶ 掌握观察三维图形的操作，如视点观察、动态观察、相机观察图形等
▶ 掌握设置三维投影样式的操作，如创建投影视图、平面视图等

视频演示

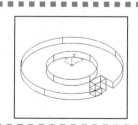
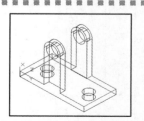
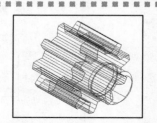

11.1　三维坐标系的创建

在三维空间创建对象时，可以使用笛卡儿坐标系、圆柱坐标系和球面坐标系定位点，同时也可以创建三维用户坐标系。本节将详细介绍创建三维坐标系的方法。

11.1.1　世界坐标系的创建

世界坐标系也称通用坐标系或绝对坐标系，它的原点和方向始终保持不变。三维世界坐标系是在二维世界坐标系的基础上增加 Z 轴而形成的，三维世界坐标系是其他三维坐标系的基础，不能对其进行重定义。

案例实战 133——创建外舌止动垫圈世界坐标系

素材文件	光盘\素材\第11章\外舌止动垫圈.dwg	
效果文件	光盘\效果\第11章\外舌止动垫圈.dwg	
视频文件	光盘\视频\第11章\案例实战133.mp4	

步骤 01　按〈Ctrl+O〉组合键，打开素材图形文件，如图 11-1 所示。

步骤 02　输入 "UCS"（坐标系）命令，按〈Enter〉键确认，在命令行提示下，输入 "W"（世界）选项并确认，即可创建世界坐标系，如图 11-2 所示。

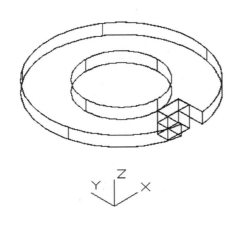

图 11-1　素材图形

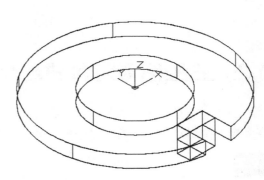

图 11-2　创建世界坐标系

11.1.2　圆柱坐标系的创建

圆柱坐标系用 XY 平面距离、XY 平面角度和 z 坐标来表示，如图 11-3 所示。其格式包括："XY 平面距离<XY 平面角度，Z 坐标（绝对坐标）"和"@XY 平面距离<XY 平面角度，Z 坐标（相对坐标）"两种。

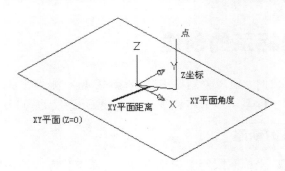

图 11-3　圆柱坐标系

11.1.3　球面坐标系的创建

球面坐标系共有 3 个参数，分别是点到原点的距离、在 *XY* 平面上的角度和 *XY* 平面的夹角，如图 11-4 所示。其格式包括："XYZ 距离<XY 平面角度<XY 平面的夹角（绝对坐标）"和"@XYZ 距离<XY 平面角度<XY 平面的夹角（相对坐标）"两种。

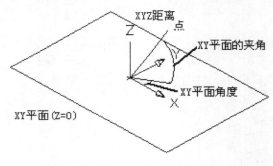

图 11-4　球坐标系

11.2　三维图形对象的观察

在三维建模空间中，使用三维动态观察器、相机、漫游和飞行可以从不同的角度、距离和高度查看图形对象，从而实时地控制和改变当前视口中创建的三维视图。

11.2.1　图形的动态观察

使用"动态观察"命令可以在当前视口中创建一个三维视图，用户可以使用鼠标实时控制和改变视图，以得到不同的观察效果。

执行"动态观察"命令操作的 4 种方法如下。

◆ 命令行：输入"3DORBIT"命令。

◆ 菜单栏：选择菜单栏中的"视图"→"动态观察"→"受约束的动态观察"命令。

◆ 按钮法：切换至"视图"选项卡，单击"导航"面板中的"动态观察"按钮 🔄。

◆ 导航面板：单击导航面板中的"动态观察"按钮 🔄。

案例实战 134——动态观察端盖图形

	素材文件	光盘\素材\第11章\端盖.dwg
	效果文件	光盘\效果\第11章\端盖.dwg
	视频文件	光盘\视频\第11章\案例实战134.mp4

步骤 **01**　按〈Ctrl+O〉组合键，打开素材图形文件，如图 11-5 所示。

步骤 **02**　在功能区选项板的"视图"选项卡中，单击"导航"面板中的"动态观察"按钮 ⊕，如图 11-6 所示。

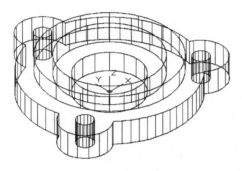

图 11-5　素材图形　　　　　　　　　图 11-6　单击"动态观察"按钮

步骤 **03**　在命令行提示下，在绘图区中出现受约束的动态观察光标 ⊕，在绘图区中的上方位置单击，并向下拖曳，如图 11-7 所示。

步骤 **04**　至合适位置后释放鼠标左键，并按〈Enter〉键确认，即可动态观察三维模型，效果如图 11-8 所示。

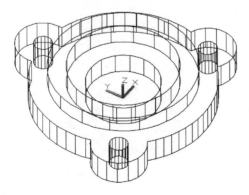

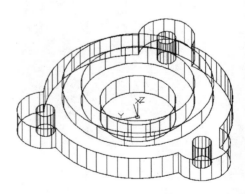

图 11-7　向下拖曳光标　　　　　　　　图 11-8　动态观察三维图形

动态观察包括受约束的动态观察、自由动态观察和连续动态观察 3 种方式。

◆ 受约束的动态观察：受约束的动态观察可以查看整个图形。进入受约束的动态观察状态时，光标在视图中显示为两条线环绕着的小球体，拖动光标可以沿 X、Y 轴和 Z 轴方向约束三维动态观察。

◆ 自由动态观察：自由动态观察视图显示一个导航球，它被更小的圆分成 4 个区域。

导航球的中心成为目标点。使用三维动态观察器后，被观察的目标保持静止不动，而视点可以绕目标点在三维空间转动。

◆ 连续动态观察：使用连续动态观察可以连续、动态地观察图形。当光标在绘图区时，按住鼠标左键，并沿任意方向拖动光标，可以使对象沿着拖动的方向开始旋转。

11.2.2 图形的视点观察

在 AutoCAD 2016 中，使用"视点"命令可以为当前视口设置视点，该视点均是相对于 WCS 坐标系的。

视点观察图形的两种方法如下。

◆ 命令行：输入"VPOINT"命令。

◆ 菜单栏：选择菜单栏中的"视图"→"三维视图"→"视点"命令。

案例实战 135——视点观察圆筒图形

	素材文件	光盘\素材\第11章\圆筒.dwg
	效果文件	光盘\效果\第11章\圆筒.dwg
	视频文件	光盘\视频\第11章\案例实战135.mp4

步骤 **01** 按〈Ctrl+O〉组合键，打开素材图形文件，如图 11-9 所示。

步骤 **02** 输入"VPOINT"（视点）命令，按〈Enter〉键确认，弹出"视点预设"对话框，单击"设置为平面视图"按钮，然后单击"确定"按钮，即可视点观察图形，效果如图 11-10 所示。

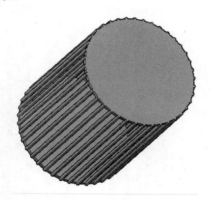

图 11-9　素材图形

图 11-10　视点观察图形

专家提醒

在建模过程中，一般使用三维动态观察器来观察实体，而在最终输入渲染或着色模型时，使用"DDVPOINT"命令或"VOPINT"命令指定精确的查看方向。

11.2.3 图形的相机观察

在 AutoCAD 2016 中，通过在模型空间中放置相机和根据需要调整相机设置，可以定义三维视图。

相机观察图形的两种方法如下。

◆ 命令行：输入"CAMERA"（快捷命令：CAM）命令。

◆ 菜单栏：选择菜单栏中的"视图"→"创建相机"命令。

案例实战 136——相机观察轴支架

	素材文件	光盘\素材\第11章\轴支架.dwg
	效果文件	光盘\效果\第11章\轴支架.dwg
	视频文件	光盘\视频\第11章\案例实战136.mp4

步骤 01　按〈Ctrl+O〉组合键，打开素材图形文件，如图 11-11 所示。

步骤 02　输入"CAM"（相机）命令，按〈Enter〉键确认，在命令行提示下，在绘图区中出现一个相机光标，在绘图区中的最上方中心点处，单击鼠标左键并拖曳，确定相机位置，在下方合适的端点上单击鼠标左键，确定目标位置，如图 11-12 所示。

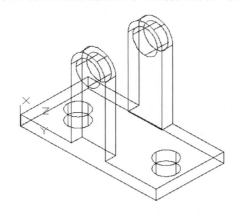

图 11-11　素材图形

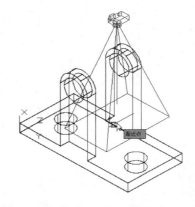

图 11-12　确定目标位置

步骤 03　输入"LE"（镜头）选项，按〈Enter〉键确认，输入"50"，连续按两次〈Enter〉键确认，即可创建相机，并在绘图区中出现一个相机图形，如图 11-13 所示。

步骤 04　在相机图形上单击鼠标左键，弹出"相机预览"对话框，即可使用相机观察图形，如图 11-14 所示。

执行"相机"命令后，命令行提示如下。

当前相机设置：高度=0 焦距=50 毫米

指定相机位置：（设定模型中对象的点）

指定目标位置：（设定相机镜头的目标位置）

输入选项 [? /名称(N)/位置(LO)/高度(H)/坐标(T)/镜头(LE)/剪裁(C)/视图(V)/退出(X)]
<退出>:（输入相对应的选项参数，或直接按〈Enter〉键确认，结束操作）

命令行中各选项含义如下。

◆ 列出相机：显示当前已定义相机的列表。

◆ 名称（N）：给相机命名。

◆ 位置（LO）：指定相机的位置。
◆ 高度（H）：更改相机高度。
◆ 坐标（T）：指定相机的坐标位置。
◆ 镜头（LE）：更改相机的焦距。
◆ 剪裁（C）：定义前后剪裁平面并设定它们的值。
◆ 视图（V）：设定当前视图以匹配相机设置。
◆ 退出（X）：取消该命令。

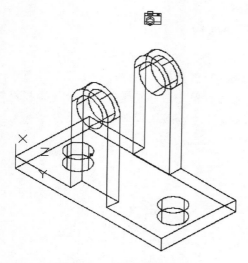

图 11-13　显示相机图形

图 11-14　"相机预览"对话框

专家提醒

相机有以下 4 个属性。
◆ 位置：定义要观察三维模型的起点。
◆ 目标：通过指定视图中心的坐标来定义要观察的点。
◆ 焦距：定义相机镜头的比例特性。焦距越大，视野越窄。
◆ 前向和后向剪裁平面：指定剪裁平面的位置。剪裁平面可定义（或剪裁）视图的边界。在相机视图中，将隐藏相机与前向剪裁平面之间和后向剪裁平面与目标之间的所有对象。

11.2.4　图形飞行模式的观察

"飞行"工具用于模拟在模型中飞行。使用"飞行"命令，可以动态调整视点，以查看三维动态效果。

飞行模式观察图形的两种方法如下。
◆ 命令行：输入"3DFLY"命令。
◆ 菜单栏：选择菜单栏中的"视图"→"漫游和飞行"→"飞行"命令。

案例实战 **137**——飞行模式观察瓶塞

素材文件	光盘\素材\第11章\瓶塞.dwg
效果文件	光盘\效果\第11章\瓶塞.dwg
视频文件	光盘\视频\第11章\案例实战137.mp4

步骤 01　按〈Ctrl+O〉组合键，打开素材图形文件，如图 11-15 所示。

步骤 02　在命令行中输入"3DFLY"（飞行）命令，按〈Enter〉键确认，弹出"漫游和飞行-更改为透视视图"对话框，单击"修改"按钮，弹出"定位器"面板，选择指示器，如图 11-16 所示。

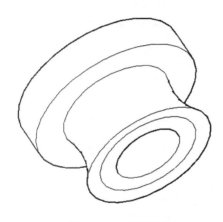

图 11-15　素材图形

图 11-16　"定位器"面板

步骤 03　按住鼠标左键并向右拖曳，在合适位置上释放鼠标按键，效果如图 11-17 所示。

步骤 04　关闭面板，全部显示模型，即可使用飞行模式观察三维模型，效果如图 11-18 所示。

图 11-17　拖曳鼠标

图 11-18　使用飞行模式观察三维模型

221

"定位器"面板中各主要选项含义如下。

◆ "放大"按钮：放大"定位器"面板中显示的内容。

◆ "缩小"按钮：缩小"定位器"面板中显示的内容。

◆ "范围缩放"按钮：缩放内容至"定位器"面板显示范围之内。

◆ "预览"显示区：显示模型的当前位置。

◆ "位置指示器颜色"下拉列表框：设定显示当前位置的点的颜色。

◆ "位置指示器尺寸"列表框：设定指示器的尺寸。

◆ "位置指示器闪烁"列表框：打开或关闭闪烁效果。

◆ "位置 Z 坐标"文本框：用于指定位置指示器的 z 坐标值。

◆ "目标指示器"列表框：显示视图目标。

◆ "目标指示器颜色"下拉列表框：设定目标指示器的颜色。

◆ "目标 Z 坐标"文本框：指定目标位置指示器的 z 坐标值。

◆ "预览透明度"列表框：设定预览窗口的透明度。

◆ "预览视觉样式"列表框：设定预览的视觉样式。

11.2.5 运动路径动画观察

用户使用运动路径动画可以形象地演示模型，可以录制和回放导航过程，以动态传达设计意图。要使用运动路径来创建动画，可以将相机及其目标链接到某个点或某条路径上。

运动路径观察的两种方法如下。

◆ 命令行：输入"ANIPATH"命令。

◆ 菜单栏：选择菜单栏中的"视图"→"运动路径动画"命令。

案例实战 138——运动路径动画观察插头图形

素材文件	光盘\素材\第11章\插头.dwg
效果文件	光盘\效果\第11章\插头.dwg
视频文件	光盘\视频\第11章\案例实战138.mp4

步骤 01　按〈Ctrl+O〉组合键，打开素材图形文件，如图 11-19 所示。

步骤 02　输入"ANIPATH"（运动路径动画）命令，按〈Enter〉键确认，弹出"运动路径动画"对话框，在"相机"选项区选中"路径"单选按钮，单击"选择相机所在位置的点或沿相机运动的路径"按钮，如图 11-20 所示。

步骤 03　在命令行提示下，在绘图区中的矩形上单击鼠标左键，弹出"路径名称"对话框，保持默认名称，如图 11-21 所示。

步骤 04　单击"确定"按钮，返回"运动路径动画"对话框，在"目标"选项区中，选中"点"单选按钮，单击"选择目标的点或路径"按钮。切换至绘图区，拾取两个插头的中心点为相机目标点，按〈Enter〉键确认，弹出"点名称"对话框，保持默认名称，如图 11-22 所示。

步骤 05　单击"确定"按钮，返回"运动路径动画"对话框，此时对话框中的设置如图 11-23 所示，单击"预览"按钮，如图 11-24 所示。

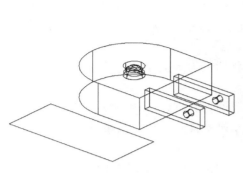

图 11-19 素材图形

图 11-20 "运动路径动画"对话框

图 11-21 "路径名称"对话框

图 11-22 "点名称"对话框

步骤 06 弹出"动画预览"对话框，开始自动播放动画，如图 11-24 所示。

图 11-23 "运动路径动画"对话框

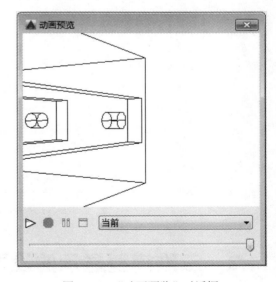

图 11-24 "动画预览"对话框

"运动路径动画"对话框中各主要选项含义如下。

◆ "相机"选项区：将相机链接至图形中的静态点或运动路径。

◆ "点"单选按钮：将相机链接至图形中的静态点。

◆ "路径"单选按钮：将相机链接至图形中的运动路径。

◆ "选择相机所在位置的点或沿相机运动的路径"按钮：选择相机所在位置的点或沿相机运动所经过的路径，这取决于选择的是"点"还是"路径"。

◆ 点/路径列表框：显示可以链接相机的命名点或路径列表。

◆ "目标"选项区：将目标链接至点或路径。

◆ "帧率"文本框：动画运行的速度，以每秒帧数为单位计量。

◆ "帧数"文本框：指定动画中总帧数。

◆ "持续时间（秒）"文本框：指定动画的持续时间（以节为单位）。

◆ "视觉样式"下拉列表框：选择可应用于动画文件的视觉样式和渲染预设。

◆ "格式"下拉列表框：选择动画格式。

◆ "分辨率"下拉列表框：以屏幕显示单位定义生成的动画的宽度和高度。

步骤 07 　单击"关闭"按钮，返回"运动路径动画"对话框，单击"确定"按钮，弹出"另存为"对话框，设置文件名和保存路径，如图 11-25 所示，单击"保存"按钮，弹出"正在创建视频"对话框，即可保存运动路径动画。

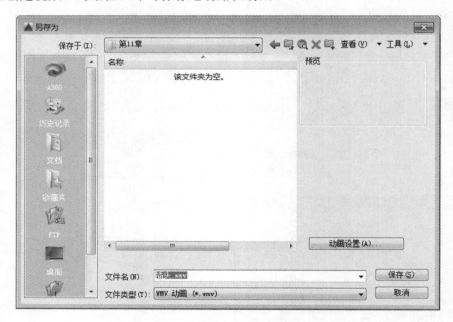

图 11-25 "另存为"对话框

11.3 三维模型显示的设置

在创建三维模型的过程中，可以采用不同的三维图形模式表现出模型的特点，本节将详细介绍设置模型显示的操作方法。

11.3.1 视觉样式管理器

在"视觉样式管理器"命令中，可以创建和修改视觉样式。

打开"视觉样式管理器"面板的 4 种方法如下。

◆ 命令行：输入"VISUALSTYLES"命令。

◆ 菜单栏：选择菜单栏中的"视图"→"视觉样式"
→"视觉样式管理器"命令。

◆ 按钮法 1：切换至"默认"选项卡，单击"视图"
面板的"视觉样式管理器"按钮。

◆ 按钮法 2：切换至"视图"选项卡，单击"视觉
样式"面板中的"视觉样式"按钮。

采用以上任意一种方式执行操作后，将弹出"视觉
样式管理器"面板，如图 11-26 所示。

在"图形中的可用视觉样式"列表框中，显示了图
形中可用视觉样式的样例图像。当选定某一视觉样式时，
该视觉样式显示黄色边框，选定的视觉样式的名称显示
在面板的底部。在"视觉样式管理器"面板的下部，将
显示该视觉样式的面设置、环境设置和边设置。

在"视觉样式管理器"面板中，使用工具条中的工
具按钮，可创建新的视觉样式，将选定的视觉样式应用
于当前视口，将选定的视觉样式输出到工具选项板以及
删除选定的视觉样式。

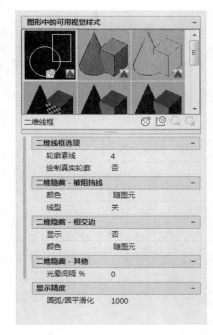

图 11-26 "视觉样式管理器"面板

在"图形中的可用视觉样式"列表中选择的视觉样式不同，设置区中的参数选项也不同，
用户可以根据需要在面板中进行相关设置。

11.3.2 视觉样式的应用

视觉样式是一组用来设置控制视口中边和着色显示的命令。使用"视觉样式"命令来处
理实体模型，不仅可以实现模型的消隐，还能够给实体模型的表面着色。

应用视觉样式的 4 种方法如下。

◆ 命令行：输入"SHADEMODE"（快捷命令：SHA）命令。

◆ 菜单栏：选择菜单栏中的"视图"→"视觉样式"命令，在弹出的子菜单中选择相
应的命令。

◆ 按钮法 1：切换至"默认"选项卡，单击"视图"面板中的"视觉样式"按钮 二维线框 。

◆ 按钮法 2：切换至"视图"选项卡，单击"视觉样式"面板中的"视觉样式"按钮。

案例实战 139——为轴底座应用视觉样式

	素材文件	光盘\素材\第11章\轴底座.dwg
	效果文件	光盘\效果\第11章\轴底座.dwg
	视频文件	光盘\视频\第11章\案例实战139.mp4

步骤 01 按〈Ctrl+O〉组合键，打开素材图形文件，如图 11-27 所示。

步骤 02 在命令行中输入"SHADEMODE"（视觉样式）命令，并按〈Enter〉键确认；

根据命令行提示，输入"SK"（勾画）选项，效果如图 11-28 所示。

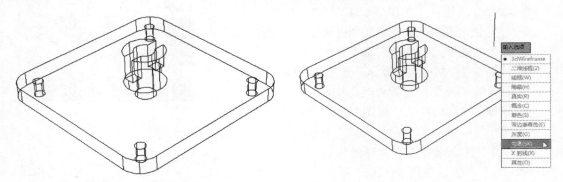

图 11-27　素材图形　　　　　　　　　　　图 11-28　输入选项

步骤 **03**　按〈Enter〉键确认，即可应用勾画视觉样式，效果如图 11-29 所示。

步骤 **04**　重复执行该命令，输入"X"（X 射线）选项，按〈Enter〉键确认，将以 X 射线视觉样式显示模型，效果如图 11-30 所示。

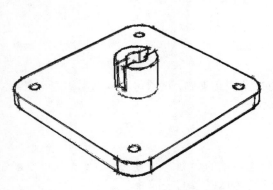
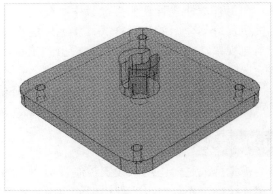

图 11-29　应用"勾画"视觉样式　　　　　　图 11-30　以"X 射线"视觉样式显示模型

执行"视觉样式"命令后，命令行提示如下。

输入选项 [二维线框(2)/线框(W)/隐藏(H)/真实(R)/概念(C)/着色(S)/带边缘着色(E)/灰度(G)/勾画(SK)/X 射线(X)/其他(O)] <线框>:

命令行中各选项含义如下。

◆ 二维线框（2）：用于显示用直线和曲线表示边界的对象。光栅和 OLE 对象、线型和线宽均可见。

◆ 线框（W）：用于显示用直线和曲线表示的对象。

◆ 隐藏（H）：用于显示用三维线框表示的对象并隐藏表示后向面的直线。

◆ 真实（R）：使用平滑着色和材质显示对象。

◆ 概念（C）：使用平滑着色和古氏面样式显示对象。古氏面样式在冷暖颜色而不是明暗效果之间转换。效果缺乏真实感，但是可以更方便地查看模型的细节。

◆ 着色（S）：用于产生平滑的着色模型。

◆ 带边缘着色（E）：使用平滑着色和可见边显示对象。

◆ 灰度（G）：使用平滑着色和单色灰度显示对象。

◆ 勾画（SK）：使用线延伸和抖动边修改器显示手绘效果的对象。

◆ X 射线（X）：以局部透明度显示对象。

11.3.3　曲面轮廓线的控制

使用 ISOLINES 环境变量可以控制对象上每个曲面的轮廓线数目。执行操作的方法为：在命令行输入"ISOLINES"命令。

案例实战 140——控制饮水桶曲面轮廓线数目

素材文件	光盘\素材\第11章\饮水桶.dwg	
效果文件	光盘\效果\第11章\饮水桶.dwg	
视频文件	光盘\视频\第11章\案例实战140.mp4	

步骤 01　按〈Ctrl+O〉组合键，打开素材图形文件，如图 11-31 所示。

步骤 02　输入"ISOLINES"（曲面轮廓线）命令，按〈Enter〉键确认，在命令行提示下，输入"ISOLINES"的新值为"20"，按〈Enter〉键确认；输入"HIDE"（消隐）命令，按〈Enter〉键确认，即可设置模型的曲面轮廓线数目，效果如图 11-32 所示。

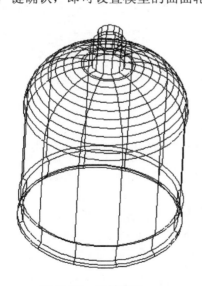

图 11-31　素材图形

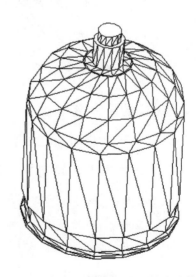

图 11-32　设置模型的曲面轮廓线数目

专家提醒

曲面的轮廓线数目越多，显示性能越差，渲染时间也越长，其取值范围为 0 ~ 2047。

11.3.4　以线框形式显示轮廓

使用"线框形式"命令，可以控制是否将三维实体对象的轮廓曲线显示为线框。执行操作的方法为：在命令行输入"DISPSILH"命令。

案例实战 141——以线框形式显示轮盘轮廓

素材文件	光盘\素材\第11章\轮盘.dwg
效果文件	光盘\效果\第11章\轮盘.dwg
视频文件	光盘\视频\第11章\案例实战141.mp4

步骤 01 按〈Ctrl+O〉组合键，打开素材图形，并以消隐视觉样式显示图形，如图 11-33 所示。

步骤 02 在命令行中输入"DISPSILH"（线框形式）命令，并按〈Enter〉键确认，然后输入"DISPSILH"值为"1"并确认，即可控制以线框形式显示实体轮廓，并以消隐视觉样式显示图形，效果如图 11-34 所示。

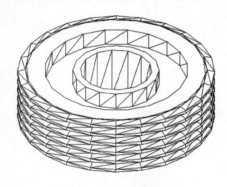 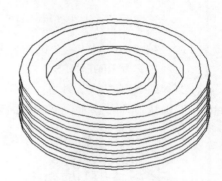

图 11-33　素材图形　　　　图 11-34　以线框形式显示实体轮廓

11.3.5　渲染对象的平滑度

使用平滑度（FACETRES）系统变量，可以控制着色和渲染曲面实体的平滑度。

案例实战 142——渲染齿轮轴的平滑度

素材文件	光盘\素材\第11章\齿轮轴.dwg
效果文件	光盘\效果\第11章\齿轮轴.dwg
视频文件	光盘\视频\第11章\案例实战142.mp4

步骤 01 按〈Ctrl+O〉组合键，打开素材图形，并以消隐视觉样式显示图形，如图 11-35 所示。

步骤 02 在命令行中输入"FACETRES"（平滑度）命令，并按〈Enter〉键确认，在命令行提示下，输入"FACETRES"的新值为"7"并确认，即可改变实体轮廓的平滑度，以消隐样式显示图形，效果如图 11-36 所示。

专家提醒

使用"平滑度"系统变量可以控制着色和渲染曲面实体的平滑度，其取值范围为 0.01 ～

10，数值越大，曲面就越光滑。执行操作的方法：在命令行输入"FACETRES"命令。

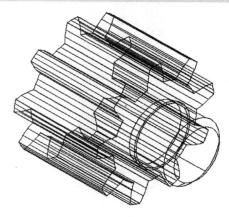

图 11-35　素材图形

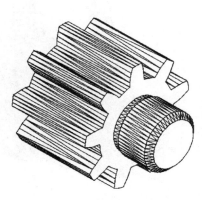

图 11-36　改变实体轮廓的平滑度

11.4　创建投影样式

在 AutoCAD 2016 中，可以创建三维模型的平行投影和透视投影，本节将详细介绍创建投影样式的方法。

11.4.1　投影视图的创建

通过定义模型的透视投影可以在图形中创建真实的视觉效果。执行操作的方法为：在命令行输入"DVIEW"命令。

案例实战 143——创建挂锁投影视图

	素材文件	光盘\素材\第11章\挂锁.dwg
	效果文件	光盘\效果\第11章\挂锁.dwg
	视频文件	光盘\视频\第11章\案例实战143.mp4

步骤 01　按〈Ctrl+O〉组合键，打开素材图形，如图 11-37 所示。在命令行中输入"DVIEW"（投影）命令，按〈Enter〉键确认，在命令行提示下，选择所有图形对象，按〈Enter〉键确认，输入"CA"（相机）选项并确认。根据命令行的提示，输入"T"（切换角度起点）选项并确认。

步骤 02　根据命令行提示，输入在 XY 平面上与 X 轴的角度值"45"，按〈Enter〉键确认；输入与 XY 平面的角度为"10"并确认，即可创建投影视图，效果如图 11-38 所示。

执行"投影"命令后，命令行提示如下。

选择对象或 ＜使用 DVIEWBLOCK＞：（指定修改视图时在预览图像中使用的对象）

输入选项[相机(CA)/目标(TA)/距离(D)/点(PO)/平移(PA)/缩放(Z)/扭曲(TW)/剪裁(CL)/隐藏(H)/关(O)/放弃(U)]：（输入选项后，按〈Enter〉键确认）

命令行中各选项含义如下。

图 11-37　素材图形

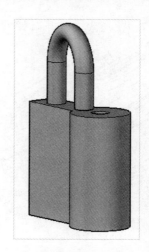

图 11-38　创建投影视图

◆ 相机（CA）：通过围绕目标点旋转相机来指定新的相机位置。

◆ 目标（TA）：通过围绕相机旋转指定新的目标位置。

◆ 距离（D）：相对于目标沿着视线移近或移远相机。

◆ 点（PO）：使用 x、y、z 坐标定位相机和目标点。

◆ 平移（PA）：不更改放大比例而移动图像。

◆ 缩放（Z）：如果透视视图是关闭的，"缩放"将在当前视口动态地增大或缩小对象的外观尺寸。

◆ 扭曲（TW）：可以围绕视线扭转或倾斜视图。

◆ 剪裁（CL）：剪裁视图，用于遮掩前向剪裁平面之前或后向剪裁平面之后的图形部分。

◆ 隐藏（H）：不显示选定对象上的隐藏线，以增强可视性。

◆ 关（O）：关闭透视视图。

◆ 放弃（U）：取消上一次投影操作的结果。

11.4.2　平面视图的创建

平面视图是从正 Z 轴上的一点指向原点（0,0,0）的视图。使用"平面视图"命令，通过将 UCS 方向设置为"世界"，并将三维视图设置为"平面视图"，可以恢复大多数图形的默认视图和坐标系。

创建平面视图的两种方法如下。

◆ 命令行：输入"PLAN"命令。

◆ 菜单栏：选择菜单栏中的"视图"→"平面视图"命令下的相应子菜单命令。

案例实战 144——创建弹簧片平面视图

	素材文件	光盘\素材\第11章\弹簧片.dwg
	效果文件	光盘\效果\第11章\弹簧片.dwg
	视频文件	光盘\视频\第11章\案例实战144.mp4

步骤 01　按〈Ctrl+O〉组合键，打开素材图形，如图 11-39 所示。

步骤 02　在命令行中输入"PLAN"（平面视图）命令，连续按两次〈Enter〉键确认，即可创建平面视图，如图 11-40 所示。

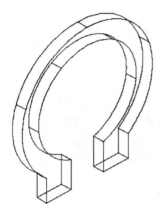

图 11-39　素材图形

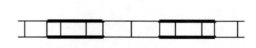

图 11-40　创建平面视图

执行"平面视图"命令后，命令行提示如下。

输入选项 ［当前 UCS(C)/UCS(U)/世界(W)］＜当前 UCS＞:（输入相应的选项后，按〈Enter〉键确认）

命令行中各选项含义如下。

◆ 当前 UCS（C）：重新生成平面视图显示，以便能使图形范围布满当前 UCS 的当前视口。

◆ UCS（U）：修改为以前保存的 UCS 的平面视图并重生成显示。

◆ 世界（W）：重生成平面视图显示以使图形范围布满世界坐标系屏幕。

第 12 章　创建与修改三维模型

学前提示

　　在 AutoCAD 2016 坐标系下，用户可以使用相应的网格命令创建直纹网格、球体网格、旋转网格等，也可以编辑三维对象。本章将介绍在三维空间中使用相应的实体命令，创建长方体、球体、圆柱体和圆锥体等，以及编辑三维图形对象的命令，包括三维移动、三维阵列、三维旋转以及三维镜像等。

本章教学目标

- ▶ 三维实体的生成
- ▶ 三维网格对象的创建
- ▶ 三维实体对象的创建
- ▶ 三维实体的修改
- ▶ 实体的布尔运算

学完本章后你会做什么

- ▶ 掌握创建和修改三维实体的操作，如创建拉伸实体、旋转实体等
- ▶ 掌握创建网格和实体对象的操作，如平移网格、创建长方体等
- ▶ 掌握实体的布尔运算操作，如实体的并集、交集运算等

视频演示

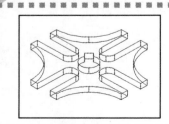
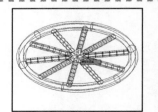
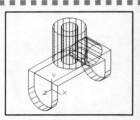

12.1 三维实体的生成

在 AutoCAD 中，不仅可以利用各类基本实体工具进行简单实体模型的创建，同时还可以利用二维图形生成三维实体。

12.1.1 拉伸实体的创建

在 AutoCAD 2016 中，使用"拉伸"命令，可以将闭合的二维图形创建为实体，将非闭合的二维图形创建为曲面对象。

创建拉伸实体的 3 种方法如下。

◆ 命令行：输入"EXTRUDE"（快捷命令：EXT）命令。
◆ 菜单栏：选择菜单栏中的"绘图"→"建模"→"拉伸"命令。
◆ 按钮法：切换到"常用"选项卡，单击"建模"面板中的"拉伸"按钮 。

案例实战 145——创建拉伸实体槽轮

素材文件	光盘\素材\第 12 章\槽轮.dwg
效果文件	光盘\效果\第 12 章\槽轮.dwg
视频文件	光盘\视频\第 12 章\案例实战 145.mp4

步骤 01 按〈Ctrl＋O〉组合键，打开素材图形文件，如图 12-1 所示。

步骤 02 在功能区选项板的"常用"选项卡中，单击"建模"面板中的"拉伸"按钮 ，如图 12-2 所示。

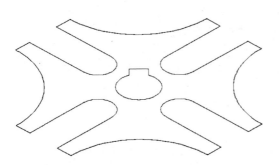

图 12-1 素材图形

图 12-2 单击"拉伸"按钮

步骤 03 在命令行提示下，选择图形对象为拉伸对象，按〈Enter〉键确认，输入拉伸高度为"8"，效果如图 12-3 所示。

步骤 04 按〈Enter〉键确认，即可拉伸实体，效果如图 12-4 所示。

执行"拉伸"命令后，命令行提示如下。

当前线框密度：ISOLINES=4，闭合轮廓创建模式 = 实体
选择要拉伸的对象或 [模式(MO)]：（选择绘制好的二维对象，按〈Enter〉键确认）
指定拉伸的高度或 [方向(D)/路径(P)/倾斜角(T)/表达式(E)]：（按指定的高度拉出三

维实体对象。如果输入正值，将沿对象所在坐标系的 Z 轴正方向拉伸对象。如果输入负值，将沿 Z 轴负方向拉伸对象）

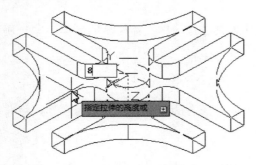
图 12-3　输入拉伸高度

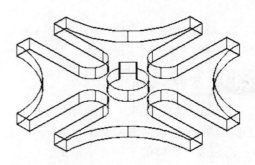
图 12-4　拉伸实体

命令行中各选项含义如下。

◆ 模式（MO）：控制拉伸对象是实体或曲面。
◆ 方向（D）：用两个指定点指定拉伸的长度和方向。
◆ 路径（P）：指定选定对象的拉伸路径。
◆ 倾斜角（T）：指定拉伸的倾斜角。
◆ 表达式（E）：通过输入公式或方程式以指定拉伸高度。

12.1.2　旋转实体的创建

　　使用"旋转"命令，可以通过绕轴旋转开放或闭合对象来创建实体或曲面，以旋转对象定义实体或曲面轮廓。

　　创建旋转实体的 3 种方法如下。

◆ 命令行：输入"REVOLVE"（快捷命令：REV）命令。
◆ 菜单栏：选择菜单栏中的"绘图"→"建模"→"旋转"命令。
◆ 按钮法：切换到"常用"选项卡，单击"建模"面板中的"旋转"按钮🔲。

案例实战 146——创建旋转实体轴

	素材文件	光盘\素材\第 12 章\轴.dwg
	效果文件	光盘\效果\第 12 章\轴.dwg
	视频文件	光盘\视频\第 12 章\案例实战 146.mp4

步骤 01　按〈Ctrl+O〉组合键，打开素材图形文件，如图 12-5 所示。
步骤 02　在功能区选项板的"常用"选项卡中，单击"建模"面板中的"旋转"按钮🔲，如图 12-6 所示。

专家提醒 🐾

　　用于旋转实体的二维对象可以是封闭多段线、多边形、圆、椭圆、封闭样条曲线、圆环以及封闭区域。三维对象、包含在块中的对象、有交叉或干涉的多段线不能被旋转。

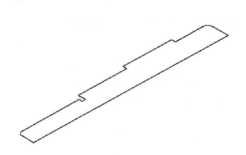

图 12-5　素材图形

图 12-6　单击"旋转"按钮

步骤 03　在命令行提示下，选择多段线作为旋转对象，按〈Enter〉键确认，捕捉右下侧竖直直线的左右端点作为旋转轴，输入旋转角度为"360"，如图 12-7 所示。

步骤 04　按〈Enter〉键确认，即可创建旋转实体，效果如图 12-8 所示。

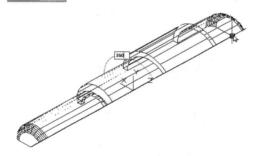

图 12-7　输入旋转角度

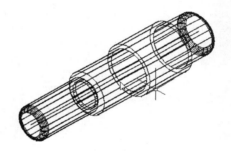

图 12-8　创建旋转实体

执行"旋转"命令后，命令行提示如下。

当前线框密度：ISOLINES=4，闭合轮廓创建模式 = 实体

选择要旋转的对象或 [模式(MO)]：（选择绘制好的二维对象，按〈Enter〉键确认）

指定轴起点或根据以下选项之一定义轴 [对象(O)/X/Y/Z] <对象>：（用于指定旋转轴的第一个端点）

指定轴端点：（用于指定旋转轴的第二个端点）

指定旋转角度或 [起点角度(ST)/反转(R)/ 表达式(EX)] <360>：（用于指定选定对象绕轴旋转的角度）

命令行中各选项含义如下。

◆ 模式（MO）：控制旋转动作是创建实体还是曲面。

◆ 对象（O）：指定要用作旋转轴的现有对象。旋转轴正方向从该对象最近端点指向最远端点。

◆ X/Y/Z：将当前 UCS 的 X 轴、Y 轴或 Z 轴正向设定为旋转轴的正方向。

◆ 起点角度（ST）：为从旋转对象所在平面开始的旋转指定偏移。

◆ 反转（R）：更改旋转方向，类似于输入负角度值。

◆ 表达式（EX）：输入公式或方程式以指定旋转角度。

新手案例学
AutoCAD 2016 中文版从入门到精通

12.1.3 放样实体的创建

放样实体是指在数个横截面之间的空间中创建三维实体或曲面，包括圆或圆弧等。
创建放样实体的 3 种方法如下。

◆ 命令行：输入"LOFT"命令。
◆ 菜单栏：选择菜单栏中的"绘图"→"建模"→"放样"命令。
◆ 按钮法：切换到"常用"选项卡，单击"建模"面板中的"放样"按钮。

案例实战 147——创建放样实体瓶子

素材文件	光盘\素材\第 12 章\瓶子.dwg
效果文件	光盘\效果\第 12 章\瓶子.dwg
视频文件	光盘\视频\第 12 章\案例实战 147.mp4

步骤 01 按〈Ctrl＋O〉组合键，打开素材图形文件，如图 12-9 所示。

步骤 02 在功能区选项板的"常用"选项卡中，单击"建模"面板中的"放样"按钮，如图 12-10 所示。

图 12-9 素材图形　　　　　　　图 12-10 单击"放样"按钮

步骤 03 在命令行提示下，从上至下依次选择圆为放样对象，如图 12-11 所示。

步骤 04 连续按两次〈Enter〉键确认，即可创建放样实体，效果如图 12-12 所示。

执行"放样"命令后，命令行提示如下。

当前线框密度：ISOLINES=30，闭合轮廓创建模式 = 实体

按放样次序选择横截面或 [点(PO)/合并多条边(J)/模式(MO)]：（按曲面或实体将通过曲线的次序的截面指定为开放或闭合曲线）

输入选项 [导向(G)/路径(P)/仅横截面(C)/设置(S)] <仅横截面>：（输入选项或按〈Enter〉键确认，以确定放样类型）

命令行中各选项含义如下。

◆ 点（PO）：如果选择"点"选项，则必须选择闭合曲线。

◆ 合并多条边（J）：将多个端点相交曲线合并为一个横截面。
◆ 模式（MO）：控制放样对象是实体还是曲面。
◆ 导向（G）：指定控制放样实体或曲面形状的导向曲线。
◆ 路径（P）：指定放样实体或曲面的单一路径。
◆ 仅横截面（C）：在不使用导向或路径的情况下，创建放样对象。

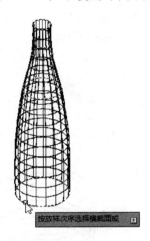 

图 12-11　选择放样对象　　　　　　　　图 12-12　创建放样实体

12.1.4　扫掠实体的创建

使用"扫掠"命令，可以通过沿路径扫掠二维对象来创建三维实体或曲面。
创建扫掠实体的 3 种方法如下。
◆ 命令行：输入"SWEEP"命令。
◆ 菜单栏：选择菜单栏中的"绘图"→"建模"→"扫掠"命令。
◆ 按钮法：切换到"常用"选项卡，单击"建模"面板中的"扫掠"按钮 🍃。

案例实战 148——创建扫掠实体螺旋

素材文件	光盘\素材\第 12 章\螺旋.dwg
效果文件	光盘\效果\第 12 章\螺旋.dwg
视频文件	光盘\视频\第 12 章\案例实战 148.mp4

步骤 01　按〈Ctrl＋O〉组合键，打开素材图形文件，如图 12-13 所示。

步骤 02　在功能区选项板的"常用"选项卡中，单击"建模"面板中的"扫掠"按
钮 🍃，如图 12-14 所示。

步骤 03　在命令行的提示下，在绘图区中，选择左上角的圆为扫掠对象，如图 12-15
所示。

步骤 04　按〈Enter〉键确认，拾取曲线为扫掠路径，即可创建扫掠实体，效果如
图 12-16 所示。

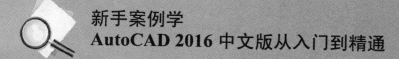
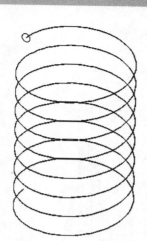

图 12-13　素材图形

图 12-14　单击"扫掠"按钮

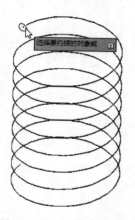

图 12-15　选择扫掠对象

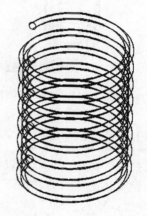

图 12-16　创建扫掠实体

执行"扫掠"命令后，命令行提示如下。

选择要扫掠的对象或 [模式(MO)]：（指定要用作扫掠截面轮廓的对象）

选择扫掠路径或 [对齐(A)/基点(B)/比例(S)/扭曲(T)]：（基于选择的对象指定扫掠路径）

命令行中各选项含义如下。

◆ 模式（MO）：控制扫掠动作是创建实体还是创建曲面。

◆ 对齐（A）：指定是否对齐轮廓以使其作为扫掠路径切向的法向。

◆ 基点（B）：指定要扫掠对象的基点。

◆ 比例（S）：指定比例因子扫掠。

◆ 扭曲（T）：设置被扫掠对象的扭曲角度。

12.2　三维网格对象的创建

网格对象包括直纹网格、边界网格、平移网格以及旋转网格等。本节将详细介绍创建三维网格对象的方法。

12.2.1　直纹网格的创建

直纹网格是在两条直线或曲线之间创建一个多边形网格。在创建直纹网格时，选择对象的不同边创建的网格也不同。

创建直纹网格的 3 种方法如下。

◆ 命令行：输入"RULESURF"命令。

◆ 菜单栏：选择菜单栏中的"绘图"→"建模"→"网格"→"直纹网格"命令。

◆ 按钮法：切换至"网格"选项卡，单击"图元"面板中的"直纹曲面"按钮。

案例实战 149——为零部件创建直纹网格

素材文件	光盘\素材\第 12 章\零部件.dwg	
效果文件	光盘\效果\第 12 章\零部件.dwg	
视频文件	光盘\视频\第 12 章\案例实战 149.mp4	

步骤 01　按〈Ctrl＋O〉组合键，打开素材图形文件，如图 12-17 所示。

步骤 02　在功能区选项板的"网格"选项卡中，单击"图元"面板中的"直纹曲面"按钮，如图 12-18 所示。

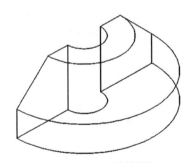

图 12-17　素材图形

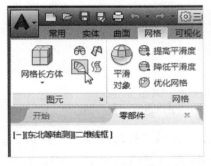

图 12-18　单击"直纹曲面"按钮

步骤 03　在命令行提示下，在绘图区中，选择中间的大圆弧对象作为第一条定义曲线，如图 12-19 所示。

步骤 04　选择上方的圆弧对象作为第二条定义曲线，按〈Enter〉键确认，即可创建直纹网格，效果如图 12-20 所示。

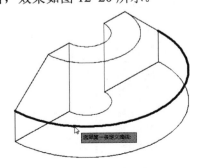

图 12-19　选择第一条定义曲线

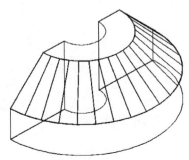

图 12-20　创建直纹网格

12.2.2 边界网格的创建

边界网格是指创建一个多边形网格。该多边形网格近似于一个由 4 条邻边定义的孔曲面网格。

案例实战 150——在零件轴测图上创建边界网格

素材文件	光盘\素材\第 12 章\零件轴测图.dwg
效果文件	光盘\效果\第 12 章\零件轴测图.dwg
视频文件	光盘\视频\第 12 章\案例实战 150.mp4

步骤 **01** 按〈Ctrl＋O〉组合键,打开素材图形文件,如图 12-21 所示。

步骤 **02** 在功能区选项板的"网格"选项卡中,单击"图元"面板中的"边界曲面"按钮,如图 12-22 所示。

图 12-21 素材图形

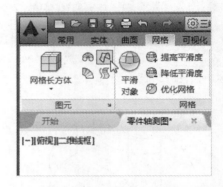

图 12-22 单击"边界曲面"按钮

执行"边界网格"命令后,命令行提示如下。

当前线框的密度:SURFTAB1=6,SURFTAB2=6

步骤 **03** 在命令行提示下,在绘图区中,选择最左侧的竖直直线作为第一曲面边界对象,如图 12-23 所示。

步骤 **04** 依次选择最左侧竖直直线所在面的其他 3 条直线作为边界,即可创建边界网格,效果如图 12-24 所示。

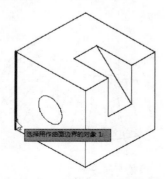

图 12-23 选择用作曲面边界的对象

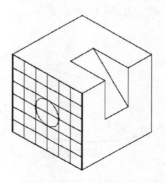

图 12-24 创建边界网格

专家提醒 👉

系统变量 SURFTAB1 和 SURFTAB2 分别控制 M、N 方向的网格分段数。可以通过在命令行中输入 SURFTAB1 改变 M 方向的默认数值,也可以在命令行中输入 SURFTAB2 改变 N 方向的默认数值。

创建边界网格的 3 种方法如下。

◆ 命令行: 输入 "EDGESURF" 命令。

◆ 菜单栏: 选择菜单栏中的 "绘图" → "建模" → "网格" → "边界网格" 命令。

◆ 按钮法: 切换至 "网格" 选项卡, 单击 "图元" 面板中的 "边界曲面" 按钮🔲。

12.2.3　平移网格的创建

使用 "平移网格" 命令可以创建多边形网格,该网格表示通过指定的方向和距离(方向矢量)拉伸直线或曲线(路径曲线)定义的常规平移曲面。

创建平移网格的 3 种方法如下。

◆ 命令行: 输入 "TABSURF" 命令。

◆ 菜单栏: 选择菜单栏中的 "绘图" → "建模" → "网格" → "平移网格" 命令。

◆ 按钮法: 切换至 "网格" 选项卡, 单击 "图元" 面板中的 "平移曲面" 按钮🔲。

案例实战 151——创建平移网格绘制几何线条

素材文件	光盘\素材\第 12 章\几何线条.dwg
效果文件	光盘\效果\第 12 章\几何线条.dwg
视频文件	光盘\视频\第 12 章\案例实战 151.mp4

步骤 01　按〈Ctrl+O〉组合键, 打开素材图形文件, 如图 12-25 所示。

步骤 02　在功能区选项板的 "网格" 选项卡中, 单击 "图元" 面板中的 "平移曲面" 按钮🔲, 如图 12-26 所示。

图 12-25　素材图形

图 12-26　单击 "平移曲面" 按钮

步骤 03　选择曲线为轮廓对象, 选择直线为方向矢量对象, 如图 12-27 所示。

步骤 04　操作后即可创建平移网格, 效果如图 12-28 所示。

图 12-27 选择对象

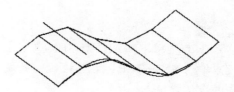

图 12-28 创建平移网格

专家提醒 👉

在创建平移网格时，用作轮廓曲线的对象包括：直线、样条曲线、圆弧、圆、椭圆、二维或三维多段线。

12.2.4 旋转网格的创建

旋转网格是指对象绕轴旋转的路径曲线或轮廓，如直线、圆弧、闭合多段线、多边形、闭合样条曲线和圆环等。

创建旋转网格的 3 种方法如下。

◆ 命令行：输入"REVSURF"命令。

◆ 菜单栏：选择菜单栏中的"绘图"→"建模"→"网格"→"旋转网格"命令。

◆ 按钮法：切换至"网格"选项卡，单击"图元"面板中的"旋转曲面"按钮 🖼。

案例实战 152——创建旋转网格画螺帽

	素材文件	光盘\素材\第 12 章\螺帽.dwg
	效果文件	光盘\效果\第 12 章\螺帽.dwg
	视频文件	光盘\视频\第 12 章\案例实战 152.mp4

步骤 01 按〈Ctrl＋O〉组合键，打开素材图形文件，如图 12-29 所示。

步骤 02 在功能区选项板的"网格"选项卡中，单击"图元"面板中的"旋转曲面"按钮 🖼，如图 12-30 所示。

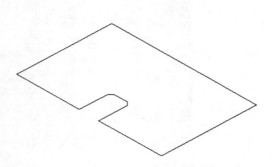

图 12-29 素材图形

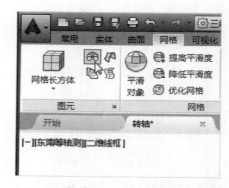

图 12-30 单击"旋转曲面"按钮

步骤 03 在命令行提示下，选择多段线作为旋转对象，选择右上方的直线作为旋转轴，输入旋转角度为"360"，如图 12-31 所示。

步骤 04 连续按两次〈Enter〉键确认，即可以创建旋转网格，效果如图 12-32 所示。

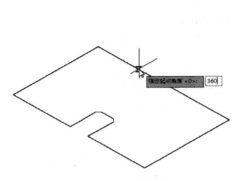

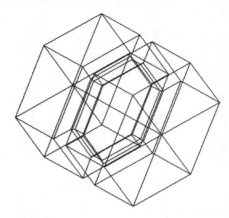

图 12-31 选择旋转对象　　　　图 12-32 创建旋转网格

专家提醒

在使用"旋转网格"命令时，可以将直线、圆弧、椭圆、椭圆弧、多段线和闭合多段线等图形进行旋转处理。其中，旋转轴可以是直线，也可以是开放的二维或三维多段线。

12.3　三维实体对象的创建

实体模型是常用的三维模型，AutoCAD 2016 提供了绘制长方体、球体、圆柱体和圆锥体等基本几何实体的命令，通过这些命令可以创建出简单的三维实体模型。

12.3.1　长方体的创建

使用"长方体"命令，可以创建实心长方体或实心立方体。

创建长方体的 3 种方法如下。

◆ 命令行：输入"BOX"命令。

◆ 菜单栏：选择菜单栏中的"绘图"→"建模"→"长方体"命令。

◆ 按钮法：切换到"常用"选项卡，单击"建模"面板中的"长方体"按钮 。

案例实战 153——创建长方体画盘件

	素材文件	光盘\素材\第 12 章\盘件.dwg
	效果文件	光盘\效果\第 12 章\盘件.dwg
	视频文件	光盘\视频\第 12 章\案例实战 153.mp4

步骤 01 按〈Ctrl＋O〉组合键，打开素材图形文件，如图 12-33 所示。

步骤 02 在功能区选项板的"常用"选项卡中，单击"建模"面板中的"长方体"按钮 ，如图 12-34 所示。

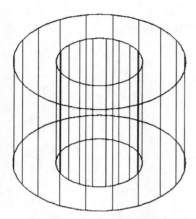

图 12-33 素材图形

图 12-34 单击"长方体"按钮

执行"长方体"命令后，命令行中的提示如下。

指定第一个角点或[中心(C)]：（指定第一点，或按〈Enter〉键确认直接以原点为长方体的第一角点）

指定其他角点或[立方体(C)/长度(L)]：（指定长方体的对角点或输入相应的选项）

指定高度或[两点(2P)]：（指定长方体高度）

命令行中各选项含义如下。

◆ 中心（C）：使用指定的中心点创建长方体。

◆ 立方体（C）：创建一个长、宽、高相同的长方体。

◆ 长度（L）：按照指定的长、宽、高创建长方体。长度与 X 轴对应，宽度与 Y 轴对应，高度与 Z 轴对应。

◆ 两点（2P）：指定长方体的高度为两个指定点之间的距离。

步骤 03 在命令行提示下，输入长方体的一个角点坐标为（0, 0, 0），按〈Enter〉键确认，输入"L"（长度）选项并确认，按〈F8〉键，开启正交功能，如图 12-35 所示。

步骤 04 输入长度为"160"，按〈Enter〉键确认；输入宽值为"160"并确认，向上引导光标；再输入高度值为"15"，按〈Enter〉键确认，即可创建长方体，效果如图 12-36 所示。

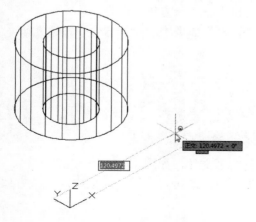

图 12-35 输入选项

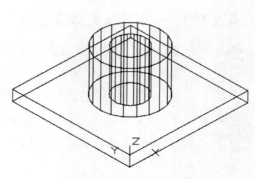

图 12-36 创建长方体

12.3.2 圆柱体的创建

圆柱体是指在一个平面内，绕该平面内的一条定直线旋转一周所围成的旋转面。圆柱体常用于创建房屋基柱、旗杆等柱状物体。

创建圆柱体的 3 种方法如下。

◆ 命令行：输入"CYLINDER"命令。

◆ 菜单栏：选择菜单栏中的"绘图"→"建模"→"圆柱体"命令。

◆ 按钮法：切换到"常用"选项卡，单击"建模"面板中的"圆柱体"按钮 。

案例实战 154——创建圆柱体绘制花键轴

素材文件	光盘\素材\第 12 章\花键轴.dwg
效果文件	光盘\效果\第 12 章\花键轴.dwg
视频文件	光盘\视频\第 12 章\案例实战 154.mp4

步骤 01　按〈Ctrl＋O〉组合键，打开素材图形文件，如图 12-37 所示。

步骤 02　在功能区选项板的"常用"选项卡中，单击"建模"面板中的"圆柱体"按钮 ，如图 12-38 所示。

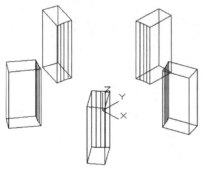

图 12-37　素材图形

图 12-38　单击"圆柱体"按钮

步骤 03　在命令行提示下，输入底面中心点坐标为（0,0,0），按〈Enter〉键确认，输入底面半径为"463"并确认，向上引导光标，如图 12-39 所示。

步骤 04　输入圆柱体的高度为"500"并确认，即可创建圆柱体，效果如图 12-40 所示。

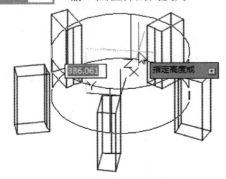

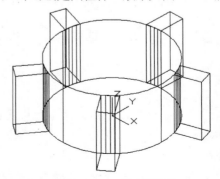

图 12-39　输入参数并引导光标

图 12-40　创建圆柱体

12.3.3 圆锥体的创建

在创建圆锥体时，底面半径的默认值始终是先前输入的任意实体的底面半径值。用户可以通过在命令行中选择相应的选项，来定义圆锥面的底面。

创建圆锥体的 3 种方法如下。

◆ 命令行：输入"CONE"命令。

◆ 菜单栏：选择菜单栏中的"绘图"→"建模"→"圆锥体"命令。

◆ 按钮法：切换到"常用"选项卡，单击"建模"面板中的"圆锥体"按钮 △ 。

案例实战 155——创建圆锥体接头

	素材文件	光盘\素材\第 12 章\接头.dwg
	效果文件	光盘\效果\第 12 章\接头.dwg
	视频文件	光盘\视频\第 12 章\案例实战 155.mp4

步骤 **01** 按〈Ctrl＋O〉组合键，打开素材图形文件，如图 12-41 所示。

步骤 **02** 在功能区选项板的"常用"选项卡中，单击"建模"面板中的"圆锥体"按钮 △ ，如图 12-42 所示。

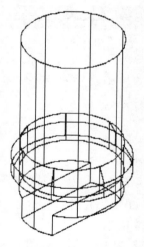

图 12-41 素材图形

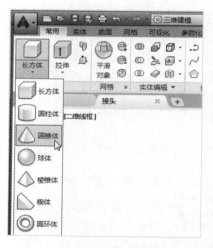

图 12-42 单击"圆锥体"按钮

步骤 **03** 在命令行的提示下，捕捉最上方的圆心点，输入底面半径为"12"，如图 12-43 所示。

步骤 **04** 按〈Enter〉键确认，输入圆锥体高度为"20"并确认，即可创建圆锥体，效果如图 12-44 所示。

执行"圆锥体"命令后，命令行中的提示如下。

指定底面的中心点或[三点(3P)/两点(2P)/切点、切点、半径(T)/椭圆(E)]：

指定底面半径或 [直径(D)]：

指定高度或 [两点(2P)/轴端点(A)/顶面半径(T)] <120.7359>：

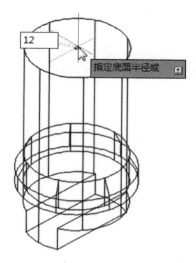

图 12-43　输入底面半径

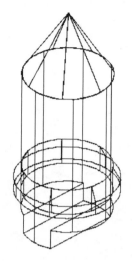

图 12-44　创建圆锥体

命令行中各选项含义如下。

◆ 三点（3P）：通过指定 3 个点来定义圆锥体的底面周长和底面。

◆ 两点（2P）：通过指定两个点来定义圆锥体的底面直径。

◆ 切点、切点、半径（T）：定义具有指定半径，且与两个对象相切的圆锥体底面。

◆ 椭圆（E）：指定圆锥体的椭圆底面。

◆ 直径（D）：指定圆锥体的底面直径。

◆ 轴端点（A）：用于指定圆锥体轴的端点位置。轴端点是圆锥体的顶点，或圆台的顶面圆心。

◆ 顶面半径（T）：用于指定创建圆锥体平截面时圆台的顶面半径。

12.3.4　球体的创建

球体是在三维空间中，到一个点（即球心）距离相等的所有点的集合形成的实体，广泛应用于机械、建筑等设计中，如创建档位控制杆、建筑物的球形屋顶等。

创建球体的 3 种方法如下。

◆ 命令行：输入"SPHERE"命令。

◆ 菜单栏：选择菜单栏中的"绘图"→"建模"→"球体"命令。

◆ 按钮法：切换到"常用"选项卡，单击"建模"面板中的"球体"按钮 ⬭。

案例实战 156——创建球体绘制轮子

	素材文件	光盘\素材\第 12 章\轮子.dwg
	效果文件	光盘\效果\第 12 章\轮子.dwg
	视频文件	光盘\视频\第 12 章\案例实战 156.mp4

步骤 01　按〈Ctrl＋O〉组合键，打开素材图形文件，如图 12-45 所示。

步骤 02　在功能区选项板的"常用"选项卡中，单击"建模"面板中的"球体"按钮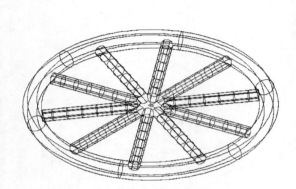，如图 12-46 所示。

图 12-45　素材图形　　　　　　　　　　　图 12-46　单击"球体"按钮

执行"球体"命令后，命令行提示如下。

指定中心点或 [三点(3P)/两点(2P)/切点、切点、半径(T)]：（用于指定球体的圆心）

指定半径或 [直径(D)] <20.0000>：（用于指定球体的半径）

命令行中各选项含义如下。

◆ 三点（3P）：通过在三维空间的任意位置指定三个点来定义球体的圆周。三个指定点
也可以定义圆周平面。

◆ 两点（2P）：通过在三维空间的任意位置指定两个点来定义球体的圆周。第一点的 z
值定义圆周所在的平面。

◆ 切点、切点、半径（T）：通过指定半径定义可与两个对象相切的球体。

◆ 直径（D）：定义球体的直径。

步骤 03　在命令行提示下，捕捉中间的圆心点，输入球面半径为"25"，如图 12-47
所示。

步骤 04　按〈Enter〉键确认，即可创建球体，效果如图 12-48 所示。

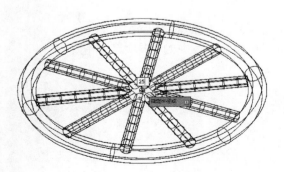

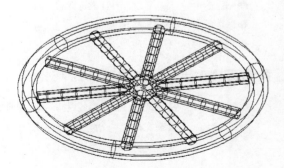

图 12-47　输入球面半径　　　　　　　　　　图 12-48　创建球体

12.3.5　多段体的创建

在 AutoCAD 2016 中，多段体的创建方法与多段线的创建方法基本相同。在默认情况下，多段体始终带有一个矩形轮廓，可以指定轮廓的高度和宽度。

创建多段体的 4 种方法如下。

◆ 命令行：输入"POLYSOLID"命令。

◆ 菜单栏：选择菜单栏中的"绘图"→"建模"→"多段体"命令。

◆ 按钮法 1：切换到"常用"选项卡，单击"建模"面板中的"多段体"按钮。

◆ 按钮法 2：切换至"实体"选项卡，单击"图元"面板中的"多段体"按钮。

案例实战 157——创建多段体绘制手表

	素材文件	光盘\素材\第 12 章\手表.dwg
	效果文件	光盘\效果\第 12 章\手表.dwg
	视频文件	光盘\视频\第 12 章\案例实战 157.mp4

步骤 01　按〈Ctrl＋O〉组合键，打开素材图形文件，如图 12-49 所示。

步骤 02　在功能区选项板的"常用"选项卡中，单击"建模"面板中的"多段体"按钮，如图 12-50 所示。

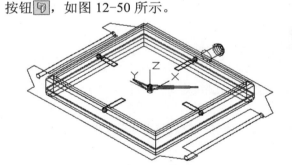

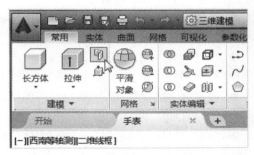

图 12-49　素材图形　　　　　　　　　图 12-50　单击"多段体"按钮

步骤 03　在命令行的提示下，输入"H"（高度）选项，按〈Enter〉键确认，如图 12-51 所示。

步骤 04　输入高度值为"3"，按〈Enter〉键确认，输入"O"（对象）并确认，效果如图 12-52 所示。

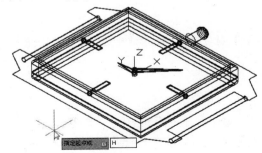

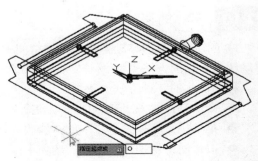

图 12-51　输入选项（一）　　　　　　　图 12-52　输入选项（二）

步骤 05 在绘图区中选择多段线为创建对象，如图 12-53 所示。

步骤 06 操作完成后，即可创建多段体，效果如图 12-54 所示。

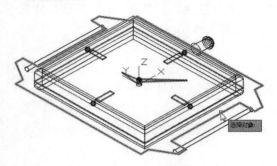

图 12-53　选择创建对象

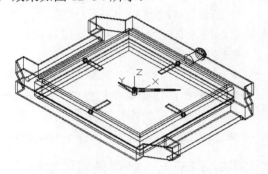

图 12-54　创建多段体

执行"多段体"命令后，命令行中的提示如下。

高度 = 80.0000，宽度 = 5.0000，对正 = 居中

指定起点或 [对象 (O) / 高度 (H) / 宽度 (W) / 对正 (J)] <对象>：（指定实体轮廓的起点）

指定下一个点或 [圆弧 (A) / 放弃 (U)]：（指定实体轮廓的下一个点）

指定下一个点或 [圆弧 (A) / 闭合 (C) / 放弃 (U)]：（再次指定实体轮廓的下一个点）

命令行中各选项含义如下。

◆ 对象（O）：指定要转换为实体的对象。

◆ 高度（H）：指定实体的高度。

◆ 宽度（W）：指定实体的宽度。

◆ 对正（J）：定义轮廓时，可以将实体的宽度和高度设定为左对正、右对正或居中。

◆ 圆弧（A）：将圆弧段添加到实体中。

◆ 闭合（C）：通过从指定实体的最后一点到起点创建直线段或圆弧段来闭合实体。

◆ 放弃（U）：删除最后添加到实体的圆弧段。

12.4　三维实体的修改

在三维绘图中最常用的是三维实体。通过 AutoCAD 创建出的三维实体，再加以编辑和组合，便可以形成一幅逼真的图形对象。

12.4.1　实体的移动

三维图形对象的移动是指在三维空间中调整图形对象的位置，操作方法与在二维空间中移动图形对象的方法类似。

移动实体的 3 种方法如下。

◆ 命令行：输入"3DMOVE"命令。

◆ 菜单栏：选择菜单栏中的"修改"→"三维操作"→"三维移动"命令。

◆ 按钮法：切换到"常用"选项卡，单击"修改"面板中的"三维移动"按钮。

案例实战 158——移动支撑板实体

素材文件	光盘\素材\第 12 章\支撑板.dwg	
效果文件	光盘\效果\第 12 章\支撑板.dwg	
视频文件	光盘\视频\第 12 章\案例实战 158.mp4	

步骤 01　按〈Ctrl＋O〉组合键，打开素材图形文件，如图 12-55 所示。

步骤 02　在功能区选项板的"常用"选项卡中，单击"修改"面板中的"三维移动"按钮，如图 12-56 所示。

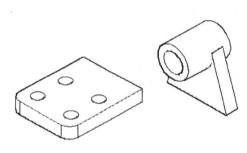

图 12-55　素材图形

图 12-56　单击"三维移动"按钮

步骤 03　在命令行提示下，在绘图区中选择左侧图形为移动对象，如图 12-57 所示。

步骤 04　按〈Enter〉键确认，在图形右下角上的端点处单击鼠标左键，确认移动基点，移动对象至相应位置，效果如图 12-58 所示。

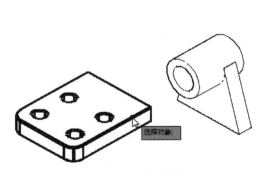

图 12-57　选择移动对象

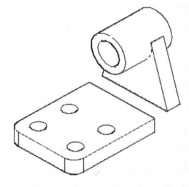

图 12-58　移动实体

专家提醒

执行"三维移动"命令后，在三维视图中显示三维移动小控件，以便将三维对象在指定方向上移动指定距离。

12.4.2　实体的镜像

使用三维镜像工具，可以将三维对象通过镜像平面获取与之完全相同的对象。

案例实战 159——镜像梯子实体

	素材文件	光盘\素材\第 12 章\梯子.dwg
	效果文件	光盘\效果\第 12 章\梯子.dwg
	视频文件	光盘\视频\第 12 章\案例实战 159.mp4

步骤 01 按〈Ctrl＋O〉组合键，打开素材图形文件，如图 12-59 所示。

步骤 02 在功能区选项板的"常用"选项卡中，单击"修改"面板中的"三维镜像"按钮 ，如图 12-60 所示。

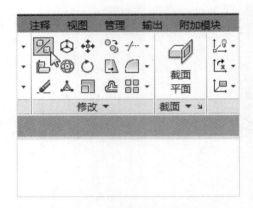

图 12-59　素材图形　　　　　　　　图 12-60　单击"三维镜像"按钮

执行"三维镜像"命令后，命令行提示如下。

选择对象:（选择需要镜像的模型对象，按〈Enter〉键确认）

指定镜像平面（三点）的第一个点或 [对象(O)/最近的(L)/Z 轴(Z)/视图(V)/XY 平面(XY)/YZ 平面(YZ)/ZX 平面(ZX)/三点(3)] <三点>:（输入选项、指定点或直接按〈Enter〉键确认）

在镜像平面上指定第二点:（指定镜像平面的第二点）

在镜像平面上指定第三点:（指定镜像平面的第三点）

是否删除源对象? [是(Y)/否(N)] <否>:（输入"Y"选项将删除源对象，输入"N"选项保留源对象）

命令行中各选项含义如下。

◆ 对象（O）：使用选定二维对象的平面作为镜像平面。

◆ 最近的（L）：相对于最后定义的镜像平面对选定的对象进行镜像处理。

◆ Z 轴（Z）：根据平面上的一个点和平面法线上的一个点定义镜像平面。

◆ 视图（V）：将镜像平面与当前视口中通过指定点的视图平面对齐。

◆ XY 平面（XY）：将镜像平面与一个通过指定点的 XY 标准平面对齐。

◆ YZ 平面（YZ）：将镜像平面与一个通过指定点的 YZ 标准平面对齐。

◆ ZX 平面（ZX）：将镜像平面与一个通过指定点的 ZX 标准平面对齐。

◆ 三点（3）：通过 3 个点定义镜像平面。

专家提醒 ☞

镜像实体的 3 种方法如下。

◆ 命令行: 输入 "MIRROR3D" 命令。

◆ 菜单栏: 选择菜单栏中的 "修改" → "三维操作" → "三维镜像" 命令。

◆ 按钮法: 切换到 "常用" 选项卡, 单击 "修改" 面板中的 "三维镜像" 按钮⌘。

步骤 **03** 在命令行提示下, 选择梯子作为镜像对象, 按〈Enter〉键确认, 依次捕捉右侧矩形下方的两个端点, 如图 12-61 所示。

步骤 **04** 向下引导光标, 任意捕捉一个端点, 按〈Enter〉键确认, 即可镜像实体, 效果如图 12-62 所示。

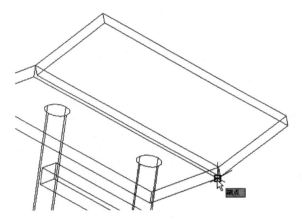

图 12-61 捕捉合适的端点

图 12-62 镜像实体

专家提醒 ☞

使用 "三维镜像" 命令镜像图形, 与二维平面图的 "镜像" 命令相似, 只是三维镜像命令除了在 XY 平面上进行镜像操作之外, 还可以在 YZ 和 ZY 等平面中进行镜像操作。

12.4.3 实体的旋转

使用 "三维旋转" 命令, 可以将三维对象和子对象的旋转约束到轴上。

案例实战 160——旋转连接件实体

素材文件	光盘\素材\第 12 章\连接件.dwg	
效果文件	光盘\效果\第 12 章\连接件.dwg	
视频文件	光盘\视频\第 12 章\案例实战 160.mp4	

步骤 **01** 按〈Ctrl＋O〉组合键, 打开素材图形文件, 如图 12-63 所示。

步骤 **02** 在功能区选项板的 "常用" 选项卡中, 单击 "修改" 面板中的 "三维旋转" 按钮⌾, 如图 12-64 所示。

步骤 **03** 在命令行提示下, 选择所有图形为旋转对象, 按〈Enter〉键确认, 指定最下角点为旋转基点, 如图 12-65 所示。

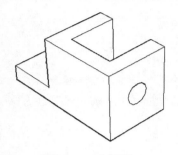

图 12-63　素材图形

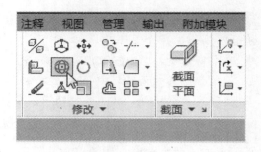

图 12-64　单击"三维旋转"按钮

步骤 **04**　在旋转控件上单击蓝色圆圈，指定 Z 轴为旋转轴，输入旋转角度为"180"，按〈Enter〉键确认，即可旋转实体，效果如图 12-66 所示。

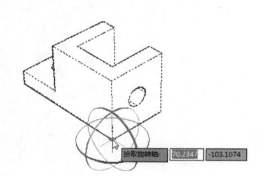

图 12-65　指定旋转基点

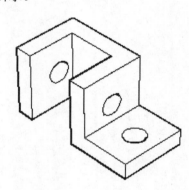

图 12-66　旋转实体

执行"三维旋转"命令后，命令行提示如下。

UCS 当前的正角方向：　　ANGDIR=逆时针　ANGBASE=0

选择对象：（选择需要旋转的模型对象，按〈Enter〉键确认）

指定基点：（设定绘图区中旋转的中心点）

拾取旋转轴：（在三维缩放小控件上，指定旋转轴）

指定角的起点或键入角度：（设定旋转的相对起点）

指定角的端点：（设定绕指定轴旋转对象）

专家提醒　☞

默认情况下，旋转夹点工具显示在选定对象的中心，可以通过使用快捷菜单更改旋转夹点工具的位置来调整旋转轴。

旋转实体的 3 种方法如下。

◆ 命令行：输入"3DROTATE"命令。

◆ 菜单栏：选择菜单栏中的"修改"→"三维操作"→"三维旋转"命令。

◆ 按钮法：切换到"常用"选项卡，单击"修改"面板中的"三维旋转"按钮⊕。

12.4.4　实体的阵列

三维阵列是指实体在三维空间中阵列。与二维阵列不同的是：除了具有 X、Y 方向的阵列数和距离外，在 Z 方向上也具有阵列数。

阵列实体的两种方法如下。

◆ 命令行：输入 "3DARRAY" 命令。

◆ 菜单栏：选择菜单栏中的 "修改" → "三维操作" → "三维阵列" 命令。

案例实战 161——阵列吊灯实体

	素材文件	光盘\素材\第 12 章\吊灯.dwg
	效果文件	光盘\效果\第 12 章\吊灯.dwg
	视频文件	光盘\视频\第 12 章\案例实战 161.mp4

步骤 01　按〈Ctrl＋O〉组合键，打开素材图形文件，如图 12-67 所示。

步骤 02　在命令行中输入 "3DARRAY"（三维阵列）命令，按〈Enter〉键确认；在命令行提示下，选择唯一的灯泡为阵列对象，按〈Enter〉键确认；输入阵列类型为 "P"（环形阵列）、阵列数目为 "8"、填充角度为 "360"，按〈Enter〉键确认。输入 "Y"（旋转阵列对象）并确认；输入阵列中心点坐标为（0,0,0），旋转轴上的另一点坐标为（0,0,1）并确认，即可阵列实体，效果如图 12-68 所示。

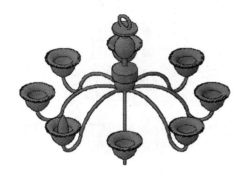

图 12-67　素材图形

图 12-68　阵列实体

执行 "三维阵列" 命令后，命令行提示如下。

选择对象：（选择需要阵列的图形对象，按〈Enter〉键确认）

输入阵列类型[矩形(R)/环形(P)]<矩形>：

命令行中各选项含义如下。

◆ 矩形（R）：在行（X 轴）、列（Y 轴）和层（Z 轴）矩形阵列中复制对象。

◆ 环形（P）：绕旋转轴复制对象。

专家提醒

使用 "三维阵列" 命令，不仅可以在三维空间中创建对象的环形阵列，还可以创建矩形阵列。在创建矩形阵列时，需要指定列数（X 方向）、行数（Y 方向）和层数（Z 方向）。当命令行提示输入间距值时，可以输入正值，也可以输入负值。

12.4.5 实体的剖切

使用 "剖切" 命令，可以剖切现有实体，并移去指定部分，从而创建新的实体。剖切实

新手案例学
AutoCAD 2016 中文版从入门到精通

体可以保留被剖切实体的一半或全部，并且保留原实体的图层和颜色特性。

剖切实体的 3 种方法如下。

◆ 命令行：输入"SLICE"命令。

◆ 菜单栏：选择菜单栏中的"修改"→"三维操作"→"剖切"命令。

◆ 按钮法：切换到"常用"选项卡，单击"实体编辑"面板中的"剖切"按钮。

案例实战 162——剖切泵盖实体

素材文件	光盘\素材\第 12 章\泵盖.dwg	
效果文件	光盘\效果\第 12 章\泵盖.dwg	
视频文件	光盘\视频\第 12 章\案例实战 162.mp4	

 步骤 01 按〈Ctrl+O〉组合键，打开素材图形文件，如图 12-69 所示。

步骤 02 在功能区选项板的"常用"选项卡中，单击"实体编辑"面板中的"剖切"按钮，如图 12-70 所示。

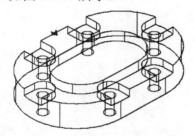

图 12-69 素材图形

图 12-70 单击"剖切"按钮

步骤 03 在命令行提示下，在绘图区中选择所有图形作为剖切对象，按〈Enter〉键确认，输入"ZX"选项并确认，捕捉绘图区中的 A 点作为剖切平面上的一点，如图 12-71 所示。

步骤 04 按〈Enter〉键确认，即可剖切三维实体，删除一边的剖切对象，即可观察效果，如图 12-72 所示。

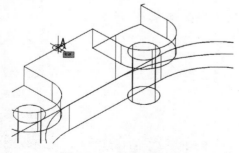

图 12-71 捕捉 A 点

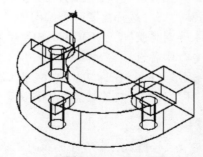

图 12-72 剖切实体

专家提醒

用作剖切平面的对象可以是曲面、圆、椭圆、圆弧、椭圆弧、二维样条曲线或二维多段线等。剖切实体的默认方法是，指定两个点定义垂直于当前 UCS 的剪切平面，最后选择要保留的部分。也可以通过指定 3 个点，使用曲面、其他对象、当前视图等来定义剪切平面。

256

12.4.6　实体的抽壳

抽壳实体对象是指将三维实体转换为中空壳体，其壁具有指定厚度。

抽壳实体的 3 种方法如下。

◆ 命令行：输入"SOLIDEDIT"命令。

◆ 菜单栏：选择菜单栏中的"修改"→"实体编辑"→"抽壳"命令。

◆ 按钮法：切换到"常用"选项卡，单击"实体编辑"面板中的"抽壳"按钮 。

案例实战 163——抽壳实体绘制餐盒

	素材文件	光盘\素材\第 12 章\餐盒.dwg
	效果文件	光盘\效果\第 12 章\餐盒.dwg
	视频文件	光盘\视频\第 12 章\案例实战 163.mp4

步骤 01　按〈Ctrl＋O〉组合键，打开素材图形文件，如图 12-73 所示。

步骤 02　在功能区选项板的"常用"选项卡中，单击"实体编辑"面板中的"抽壳"按钮 ，如图 12-74 所示。

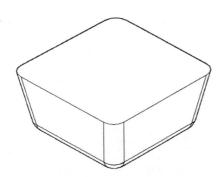

图 12-73　素材图形

图 12-74　单击"抽壳"按钮

步骤 03　在命令行提示下，先选择实体对象，再选择最上方的面作为删除面，按〈Enter〉键确认，如图 12-75 所示。

步骤 04　输入抽壳偏移距离为"22"，按〈Enter〉键确认，即可抽壳实体，效果如图 12-76 所示。

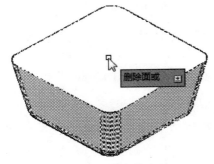

图 12-75　选择删除面

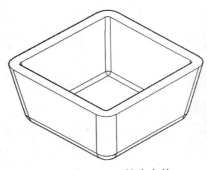

图 12-76　抽壳实体

使用"抽壳"命令，可以为所有面指定一个固定的薄层厚度。通过选择面可以将其进行抽壳处理，一个三维实体只能有一个壳，可以通过将现有面进行偏移处理来创建新的面。

12.5　实体的布尔运算

AutoCAD 中的布尔运算是利用布尔逻辑运算的原理，对实体和面域进行并集运算、差集运算和交集运算，以产生新的组合实体。

12.5.1　实体对象的并集运算

并集运算是指将多个实体组合成一个实体。执行操作的方法是：切换到"常用"选项卡，单击"实体编辑"面板中的"并集"按钮 ⓞ。

案例实战 164——并集运算支架模型实体

素材文件	光盘\素材\第 12 章\支架模型.dwg	
效果文件	光盘\效果\第 12 章\支架模型.dwg	
视频文件	光盘\视频\第 12 章\案例实战 164.mp4	

步骤 01　按〈Ctrl＋O〉组合键，打开素材图形文件，如图 12-77 所示。

步骤 02　在功能区选项板的"常用"选项卡中，单击"实体编辑"面板中的"并集"按钮 ⓞ，如图 12-78 所示。

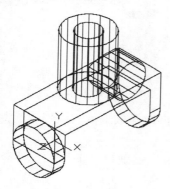

图 12-77　素材图形

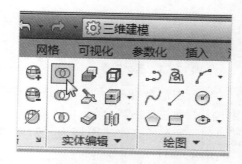

图 12-78　单击"并集"按钮

步骤 03　在命令行提示下，在绘图区选择所有的实体对象为并集对象，如图 12-79 所示。

步骤 04　按〈Enter〉键确认，即可并集运算实体，效果如图 12-80 所示。

并集运算就是通过组合多个实体生成一个新实体。如果组合的是一些不相交实体，显示效果看起来还是多个实体，但实际却是一个对象。

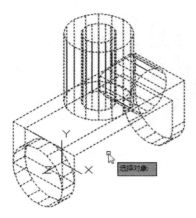

图 12-79　选择对象

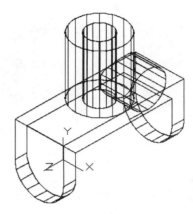

图 12-80　并集运算实体

12.5.2　实体的差集运算

差集运算是指从一些实体中减去另一些实体，从而得到一个新的实体对象。执行操作的方法是：切换到"常用"选项卡，单击"实体编辑"面板中的"差集"按钮 ◎。

案例实战 165——差集运算外舌止动垫圈实体

素材文件	光盘\素材\第 12 章\外舌止动垫圈.dwg
效果文件	光盘\效果\第 12 章\外舌止动垫圈.dwg
视频文件	光盘\视频\第 12 章\案例实战 165.mp4

步骤 01　按〈Ctrl＋O〉组合键，打开素材图形文件，如图 12-81 所示。

步骤 02　在功能区选项板的"常用"选项卡中，单击"实体编辑"面板中的"差集"按钮 ◎，如图 12-82 所示。

图 12-81　素材图形

图 12-82　单击"差集"按钮

步骤 03　在命令行提示下，在绘图区中选择底部模型作为差集运算的对象，按〈Enter〉键确认，如图 12-83 所示。

步骤 04　再选择上部的圆柱体作为要减去的对象，按〈Enter〉键确认，即可差集运算实体对象，如图 12-84 所示。

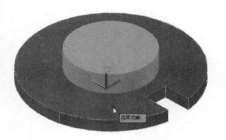

图 12-83　选择对象

图 12-84　差集运算实体

12.5.3　实体的交集运算

　　使用"交集"命令，可以从两个以上重叠实体的公共部分创建复合对象。执行操作的方法是：切换到"常用"选项卡，单击"实体编辑"面板中的"交集"按钮⊚。

案例实战 166——交集运算轴承实体

素材文件	光盘\素材\第 12 章\轴承.dwg
效果文件	光盘\效果\第 12 章\轴承.dwg
视频文件	光盘\视频\第 12 章\案例实战 166.mp4

　　步骤 `01`　　按〈Ctrl＋O〉组合键，打开素材图形文件，如图 12-85 所示。

　　步骤 `02`　　在功能区选项板的"常用"选项卡中，单击"实体编辑"面板中的"交集"按钮⊚，在命令行提示下，选择所有图形，按〈Enter〉键确认，即可交集运算实体，效果如图 12-86 所示。

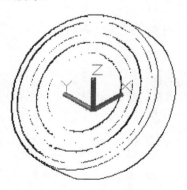

图 12-85　素材图形

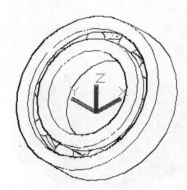

图 12-86　交集运算实体

第 13 章　渲染与后期处理图形

学前提示

　　在 AutoCAD 2016 中，图样的后期处理包括，对三维图形添加光源、材质，进行渲染，以及对已绘制好的图样进行输出打印等。本章将详细地介绍渲染与后期处理的操作方法。

本章教学目标

▶ 使用材质和贴图　　　　　▶ 设置图样打印参数
▶ 创建与设置光源　　　　　▶ 在布局空间中打印
▶ 编辑与渲染三维实体　　　▶ 图形图样的发布

学完本章后你会做什么

▶ 掌握设置材质贴图的操作，如赋予模型材质、设置漫射贴图等
▶ 掌握渲染三维模型的操作，如设置基本渲染环境、渲染模型等
▶ 掌握发布图形图样的操作，如电子发布、电子打印图样等

视频演示

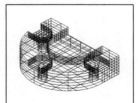

13.1 使用材质和贴图

为了给渲染提供更多的真实感效果，可以在模型的表面应用材质贴图，如石材和金属，也可以在渲染时将材质赋予到对象上。本节将分别介绍使用材质和贴图的方法。

13.1.1 模型材质概述

一个有足够吸引力的物体，不仅需要赋予模型材质，还需要对这些材质进行更微妙的设置，从而使设置材质后的三维实体达到惟妙惟肖的逼真效果。图 13-1 所示为将材质添加到文具盒图形效果。

使用 AutoCAD 2016 中的"材质浏览器"面板，可以导航和管理材质，可以组织、分类、搜索和选择要在图形中使用的材质，可以在"材质浏览器"面板中访问 Autodesk 库和用户定义的库，如图 13-2 所示。

图 13-1 将材质添加到文具盒图形效果

图 13-2 "材质浏览器"面板

在"材质浏览器"面板中，各主要选项的含义如下。

◆ "创建材质"按钮 ：单击该按钮，可以创建或复制材质。

◆ "搜索"文本框：在该文本框中输入相应名称，可以在多个库中搜索材质外观。可以显示随打开的图形保存的材质。

◆ "Autodesk 库"列表框：由 Autodesk 提供的包含 Autodesk 材质的标准系统库，可供所有应用程序使用。

◆ "管理"按钮 ：单击该按钮，允许用户创建、打开或编辑库和库类别。

◆ "显示材质编辑器"按钮 ：单击该按钮，显示"材质编辑器"面板。

专家提醒

为了给渲染提供更多的真实效果，可以在模型的表面应用材质，如地板和塑料，也可以在渲染时将材质贴到对象上。

13.1.2　赋予模型材质

在对材质进行其他操作前，用户可以在"材质浏览器"面板中，选择合适的材质对象，并将其赋予到模型对象上。

案例实战 167——赋予垫片模型材质

	素材文件	光盘\素材\第 13 章\垫片.dwg
	效果文件	光盘\效果\第 13 章\垫片.dwg
	视频文件	光盘\视频\第 13 章\案例实战 167.mp4

步骤 **01**　按〈Ctrl＋O〉组合键，打开素材图形文件，如图 13-3 所示。

步骤 **02**　在功能区选项板的"可视化"选项卡中，单击"材质"面板中的"材质浏览器"按钮 ，如图 13-4 所示。

图 13-3　素材图形　　　　　　　图 13-4　单击"材质浏览器"按钮

专家提醒

赋予模型材质的 3 种方法如下。

◆ 命令行：输入"MATERIALS"或"MATBROWSEROPEN"命令。

◆ 菜单栏：选择菜单栏中的"可视化"→"渲染"→"材质浏览器"命令。

◆ 按钮法：切换至"可视化"选项卡，单击"材质"面板中的"材质浏览器"按钮 。

步骤 **03**　弹出"材质浏览器"面板，在"Autodesk 库"列表框中，选择"金属"选项，并在其右侧的列表框中，选择"铜"选项，如图 13-5 所示。

步骤 **04**　在绘图区中选择所有图形对象，在"材质浏览器"面板中，选择"铜"选项，单击鼠标右键，弹出快捷菜单，选择"指定给当前选择"选项，如图 13-6 所示。

步骤 **05**　单击"关闭"按钮，如图 13-7 所示，即可为所选的图形对象赋予材质。

步骤 **06**　以真实视觉样式显示模型，效果如图 13-8 所示。

专家提醒

材质是由许多特性来定义的，可用特性取决于选定的材质类型。用户可以在"材质浏览器"或"材质编辑器"面板中创建新材质。

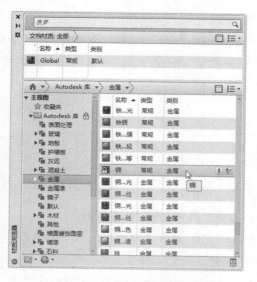

图 13-5　选择"铜"选项

图 13-6　选择"指定给当前选择"选项

图 13-7　单击"关闭"按钮

图 13-8　赋予材质效果

13.1.3　漫射贴图的设置

　　漫射贴图的颜色可替换或局部替换"材质"选项板中的漫射颜色分量，是最常用的一种贴图。映射漫射颜色与在对象表面上绘制图像类似。

案例实战 168——设置梳子漫射贴图

素材文件	光盘\素材\第 13 章\梳子.dwg	
效果文件	光盘\效果\第 13 章\梳子.dwg	
视频文件	光盘\视频\第 13 章\案例实战 168.mp4	

　　步骤 **01**　　按〈Ctrl＋O〉组合键，打开素材图形文件，如图 13-9 所示。
　　步骤 **02**　　在功能区选项板的"可视化"选项卡中，单击"材质"面板中的"材质浏览器"按钮◎，弹出"材质浏览器"面板，单击"创建材质"右侧的下拉按钮，在弹出的下拉列表中选择"新建常规材质"选项，如图 13-10 所示。

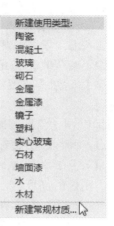

新建使用类型：
陶瓷
混凝土
玻璃
砌石
金属
金属漆
镜子
塑料
实心玻璃
石材
墙面漆
水
木材
新建常规材质…

图 13-9　素材图形　　　　　　　　　图 13-10　选择"新建常规材质"选项

步骤　03　　弹出"材质编辑器"面板，在"图像"右侧的空白处单击鼠标左键，弹出"材质编辑器打开文件"对话框，选择合适的文件，如图 13-11 所示。

步骤　04　　单击"打开"按钮，即可设置漫射贴图。选择绘图区中的所有图形，为其赋予合适的材质，并以真实视觉样式显示，效果如图 13-12 所示。

专家提醒 ☞

漫射贴图为材质提供了多种图案，用户可以选择将图像文件作为纹理贴图或程序贴图，以便为材质的漫射颜色指定图案或纹理。

图 13-11　选择合适的文件　　　　　　图 13-12　设置漫射贴图效果

13.1.4　纹理贴图的调整

用户在附着带纹理的材质后，可以调整对象或面上纹理贴图的方向。

调整纹理贴图的 3 种方法如下。

◆ 命令行：输入"MATERIALMAP"命令。

◆ 菜单栏：选择菜单栏中的"视图"→"渲染"→"贴图"→相应子菜单命令。

◆ 按钮法：切换至"渲染"选项卡，单击"材质"面板中的"材质贴图"按钮 ◁。

材质被映射后，用户可以调整材质以适应对象的形状，将合适的材质贴图类型应用于对象，使之更加适合对象。AutoCAD 提供的贴图类型有以下几种。

◆ 平面贴图：将图像映射到对象上，就像将其从幻灯片投影器投影到二维曲面上一样。
　图像不会失真，但是会被缩放以适应对象。该贴图最常用于面。

◆ 长方体贴图：将图像映射到类似长方体的实体上，该图像将在对象的每个面上重复
　使用。

◆ 球面贴图：将图像映射到球面对象上。纹理贴图的顶边在球体的"北极"压缩为一
　个点；同样，底边在"南极"也压缩为一个点。

◆ 柱面贴图：将图像映射到圆柱形对象上；水平边将一起弯曲，但顶边和底边不会弯
　曲。图像的高度将沿圆柱体的轴进行缩放。

图 13-13 所示为 4 种贴图类型。

图 13-13　贴图类型

13.2　创建与设置光源

光源功能在渲染三维实体对象时经常用到。光源由强度和颜色两个因素决定，其主要作
用是照亮模型，使三维实体在渲染过程中显示出光照效果，从而充分体现出立体感。

13.2.1　关于光源概述

光源是渲染的一个非常重要因素，添加光源可以改善模型外观，使图形更加真实和自然。
AutoCAD 可以提供点光源、平行光和聚光灯等光源。当场景中没有用户创建的光源时，
AutoCAD 将使用系统默认光源对场景进行着色或渲染。默认光源是来自视点后面的两个平
行光源，模型中所有的面均被照亮，以使其可见。用户可以控制其亮度和对比度，而无需创
建或放置光源。

13.2.2　光源的创建

添加光源可以为场景提供真实外观。光源可以增强场景的清晰度和三维性，在 AutoCAD
中，用户可以通过选择菜单栏中的"可视化"→"光源"命令，在弹出的子菜单中选择相应
的命令来创建光源，如图 13-14 所示；或在"光源"面板中单击相应按钮来创建光源对象，
如图 13-15 所示。

使用"光源"子菜单中的命令，可以分别创建点光源、聚光灯和平行光。创建光源的显
示效果如图 13-16 和 13-17 所示，分别为聚光灯和平行光。

创建光源的 3 种方法如下。

◆ 命令行：输入"POINTLIGHT"命令。

◆ 菜单栏：选择菜单栏中的"视图"→"渲染"→"光源"→"新建点光源"命令。

◆ 按钮法：切换至"渲染"选项卡，单击"光源"面板中的"点光源"按钮 💡。

图 13-14　"光源"菜单　　　　　　图 13-15　"光源"面板

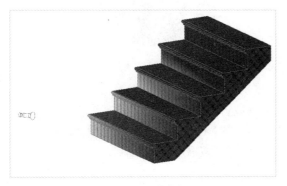

图 13-16　聚光灯　　　　　　　　图 13-17　平行光

案例实战 169——为楼梯创建光源

素材文件	光盘\素材\第 13 章\楼梯.dwg
效果文件	光盘\效果\第 13 章\楼梯.dwg
视频文件	光盘\视频\第 13 章\案例实战 169.mp4

步骤 01　按〈Ctrl＋O〉组合键，打开素材图形文件，如图 13-18 所示。

步骤 02　在功能区选项板的"可视化"选项卡中，单击"光源"面板中的"点光源"按钮，弹出"光源-视口光源模式"对话框，单击"关闭默认光源（建议）"按钮，如图 13-19 所示。

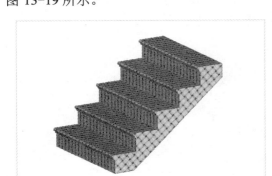

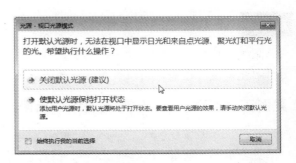

图 13-18　素材图形　　　　　　图 13-19　"光源-视口光源模式"对话框

步骤 03   在命令行提示下，在绘图区中，将光标移至合适的位置，如图 13-20 所示。

步骤 04   单击鼠标左键，并按〈Enter〉键确认，即可创建点光源，如图 13-21 所示。

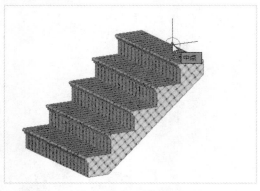

图 13-20   移动光标

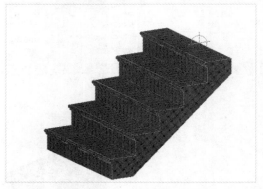

图 13-21   创建点光源

执行"点光源"命令后，命令行提示如下。

指定源位置 <0,0,0>：（输入坐标值或使用定点设备）

输入要更改的选项 [名称(N)/强度因子(I)/状态(S)/光度(P)/阴影(W)/衰减(A)/过滤颜色(C)/退出(X)] <退出>：（输入需要更改的内容，或直接按〈Enter〉键确认，结束命令）

命令行中各选项含义如下。

◆ 名称（N）：指定光源名。

◆ 强度因子（I）：用于设定光源的强度或亮度。

◆ 状态（S）：打开和关闭光源。

◆ 光度（P）：当 LIGHTINGUNITS 系统变量设定为"1"或"2"时，光度可用。光度是指测量可见光源的照度。

◆ 阴影（W）：使光源投射阴影。

◆ 衰减（A）：控制光线随距离的增加而减弱。

◆ 过滤颜色（C）：控制光源的颜色。

专家提醒 ☞

点光源是从光源处发射出的呈辐射状的光束，它可以在场景中添加充足光照效果，或者模拟真实世界的点光源照明效果。一般用作辅助光源。

13.2.3   阳光状态的启用

阳光是模拟太阳光源效果的光源，可以用于显示结构投影的阴影如何影响周围区域。使用"阳光特性"命令，可以设置并修改阳光的特性。

案例实战 170——为轴固定座图形启用阳光状态

素材文件	光盘\素材\第 13 章\轴固定座.dwg
效果文件	光盘\效果\第 13 章\轴固定座.dwg
视频文件	光盘\视频\第 13 章\案例实战 170.mp4

步骤 01　按〈Ctrl＋O〉组合键，打开素材图形文件，如图 13-22 所示。

步骤 02　在功能区选项板的"可视化"选项卡中，单击"阳光和位置"面板中的"阳光状态"按钮☼，弹出"光源-视口光源模式"对话框，单击"关闭默认光源（建议）"按钮，弹出"光源-太阳光"对话框，单击"保持曝光设置"，即可启用阳光状态，效果如图 13-23 所示。

图 13-22　素材图形

图 13-23　启用阳光状态

专家提醒 ☞

启用阳光状态的两种方法如下。

◆ 命令行：输入"SUNSTATUS"命令。

◆ 按钮法：切换至"渲染"选项卡，单击"光源"面板中的"阳光状态"按钮☼。

13.3　编辑与渲染三维实体

在 AutoCAD 2016 中创建三维实体后，用户可以将创建好的实体转换为曲面，同时也可以将曲面转换为实体并在编辑后对实体进行渲染。

13.3.1　转换为实体

使用"转换为实体"命令可以将没有厚度的多段线和圆转换为三维实体。转换为实体的操作方法如下。

案例实战 171——将灯笼转化为实体

素材文件	光盘\素材\第 13 章\灯笼.dwg
效果文件	光盘\效果\第 13 章\灯笼.dwg
视频文件	光盘\视频\第 13 章\案例实战 171.mp4

步骤 01　按〈Ctrl＋O〉组合键，打开素材图形文件，如图 13-24 所示。

步骤 02　在功能区选项板中，切换至"网格"选项卡，单击"转换网格"面板中的"转换为实体"按钮🔲，如图 13-25 所示。

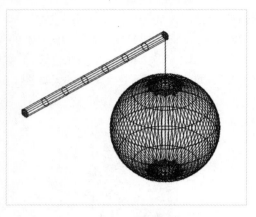

图 13-24　素材图形

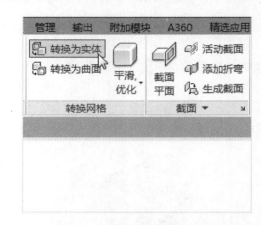

图 13-25　单击"转换为实体"按钮

步骤　03　根据命令行提示进行操作，在绘图区中，选择网格球体为转换对象，如图 13-26 所示。

步骤　04　按〈Enter〉键确认，即可以将网格球体转换成为实体对象，效果如图 13-27 所示。

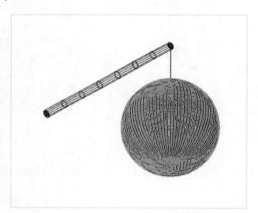

图 13-26　选择转换对象

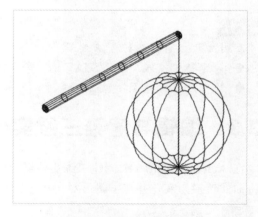

图 13-27　转换为实体

专家提醒

除了上述方法可以调用"转换为实体"命令外，还有以下 3 种常用方法：

◆ 命令行：在命令行中输入"CONVTOSOLID"（转换为实体）命令，按〈Enter〉键确认。

◆ 菜单栏：单击"修改"→"网格编辑"→"转换为平滑实体"命令。

◆ 按钮法：在功能区选项板的"常用"选项卡中，单击"实体编辑"面板中间的下拉按钮，在展开的面板中，单击"转换为实体"按钮。

13.3.2　转换为曲面

使用"转换为曲面"命令可以将相应的对象转换为曲面。转换为曲面的操作方法如下。

案例实战 172——将泵盖转化为曲面

素材文件	光盘\素材\第 13 章\泵盖.dwg
效果文件	光盘\效果\第 13 章\泵盖.dwg
视频文件	光盘\视频\第 13 章\案例实战 172.mp4

步骤 01 按〈Ctrl＋O〉组合键，打开素材图形文件，如图 13-28 所示，切换至三维建模工作界面。

步骤 02 在功能区选项板中，切换至"网格"选项卡，单击"转换网格"面板中的"转换为曲面"按钮 ，如图 13-29 所示。

专家提醒

除了上述方法可以调用"转换为曲面"命令外，还有以下 3 种常用方法：

◆ 命令行：在命令行中输入"CONVTOSURFACE"（转换为曲面）命令，按〈Enter〉键确认。

◆ 菜单栏：单击"修改"→"网格编辑"→"转换为平滑曲面"命令。

◆ 按钮：在功能区选项板的"常用"选项卡中，单击"实体编辑"面板中间的下拉按钮，在展开的面板中，单击"转换为曲面"按钮。

执行以上任意一种方法，均可调用"转换为曲面"命令。

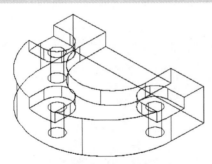

图 13-28　素材图形

图 13-29　单击"转换为曲面"按钮

步骤 03 根据命令行提示进行操作，在绘图区中，选择整个图形为转换对象，如图 13-30 所示。

步骤 04 按〈Enter〉键确认，即可转换为曲面对象，如图 13-31 所示。

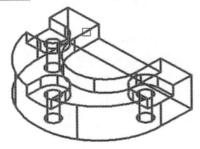

图 13-30　选择转换对象

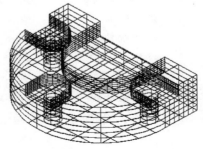

图 13-31　转换为曲面效果

13.3.3 渲染并保存模型

与线框模型、曲面模型相比,渲染出来的实体能够更好地表达出三维对象的形状和大小,并且更容易表达其设计思想。

在设置完渲染环境等因素后,用户即可根据已选择的渲染设置和渲染预设,使用"渲染"命令进行图形渲染。渲染完成后,可以对渲染效果进行保存,以方面以后使用。

渲染并保存模型的 3 种方法如下。

◆ 命令行:输入"RENDER"命令。

◆ 菜单栏:选择菜单栏中的"视图"→"渲染"→"渲染"命令

◆ 按钮法:切换至"渲染"选项卡,单击"渲染"面板中的"渲染"按钮 。

案例实战 173——渲染碗并保存模型

	素材文件	光盘\素材\第 13 章\碗.dwg
	效果文件	光盘\效果\第 13 章\碗.bmp
	视频文件	光盘\视频\第 13 章\案例实战 173.mp4

步骤 01　按〈Ctrl+O〉组合键,打开素材图形文件,如图 13-32 所示。

步骤 02　在功能区选项板的"可视化"选项卡中,单击"渲染"面板中的"渲染到尺寸"按钮 ,如图 13-33 所示。

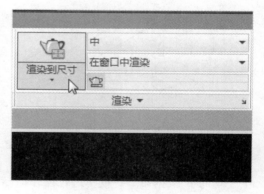

图 13-32　素材图形　　　　　　　　　图 13-33　单击"渲染到尺寸"按钮

步骤 03　弹出"渲染"窗口,开始渲染图形,如图 13-34 所示。稍等片刻,即可完成三维模型的渲染。

步骤 04　在"渲染"窗口中,单击"将渲染的图形保存到文件"按钮,弹出"渲染输出文件"对话框,设置文件名、路径和保存格式,单击"保存"按钮 ,如图 13-35 所示。

步骤 05　执行上述操作后,弹出"PNG 图像选项"对话框,如图 13-36 所示。

步骤 06　单击"确定"按钮,即可保存渲染图像,并查看图像效果,如图 13-37 所示。

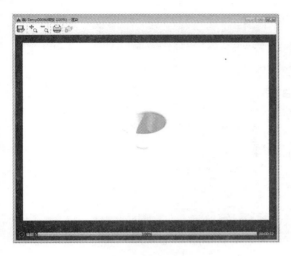

图 13-34　开始渲染图形

图 13-35　单击"保存"按钮

图 13-36　"PNG 图像选项"对话框

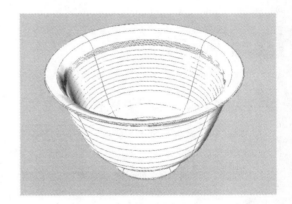

图 13-37　图像效果

13.4　设置图样打印参数

创建完图形之后，通常要打印到图样上，也可以生成一份电子图样，以便从互联网上进行访问。打印的图形可以包含图形的单一视图，或者更为复杂的视图排列。为了使用户更好地掌握图形输出的方法和技巧，本节将介绍打印图形的一些相关知识，如设置打印设备、设置图样尺寸、设置打印区域、设置打印比例和预览打印效果等。

13.4.1　打印设备的设置

为了获得更好的打印效果，在打印之前，应对打印设备进行设置。

设置打印设备的 3 种方法如下。

◆ 命令行：输入"PLOT"命令。

◆ 菜单栏：选择菜单栏中的"文件"→"打印"命令。

◆ 按钮法：切换至"输出"选项卡，单击"打印"面板中的"打印"按钮 🖨。

执行上述操作之一后，弹出"打印-模型"对话框。在"打印机/绘图仪"选项区中，可以设置打印设备，用户可以在"名称"列表框中选择需要的打印设备，如图 13-38 所示。

图 13-38 "打印-模型"对话框

13.4.2 图样尺寸的设置

在"打印-模型"对话框的"图样尺寸"选项区中，可以指定打印的图样尺寸大小。

案例实战 174——设置图样尺寸

素材文件	无
效果文件	无
视频文件	光盘\视频\第 13 章\案例实战 174.mp4

步骤 01 在功能区选项板的"输出"选项卡中，单击"打印"面板中的"页面设置管理器"按钮，如图 13-39 所示。

步骤 02 弹出"页面设置管理器"对话框，单击"修改"按钮，如图 13-40 所示。

图 13-39 单击"页面设置管理器"按钮

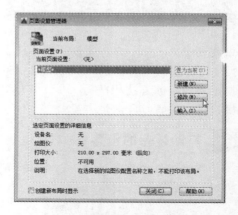

图 13-40 "页面设置管理器"对话框（一）

步骤 **03**　弹出"页面设置-模型"对话框，单击"名称"下拉按钮，在弹出的下拉列表中选择合适的打印设备。单击"图样尺寸"下拉按钮，在弹出的下拉列表中选择合适的选项，如图 13-41 所示。

步骤 **04**　单击"确定"按钮，返回到"页面设置管理器"对话框，单击"关闭"按钮，如图 13-42 所示，即可设置图样尺寸。

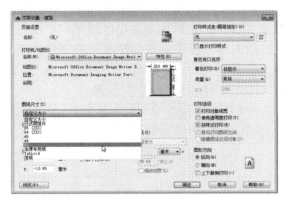

图 13-41　"页面设置-模型"对话框

图 13-42　"页面设置管理器"对话框（二）

专家提醒

页面设置是打印设备和其他用于并确定最终输出的图形外观和格式的设置集合，这些设置储存在图形文件中，可以修改并应用于其他布局。

设置图样尺寸的 4 种方法如下。

◆ 命令行：输入"PAGESETUP"命令。
◆ 菜单栏：选择菜单栏中的"文件"→"页面设置管理器"命令。
◆ 按钮法：切换至"输出"选项卡，单击"打印"面板中的"页面设置管理器"按钮。
◆ 程序菜单：选择"应用程序"→"打印"→"页面设置"命令。

13.4.3　打印区域的设置

由于 AutoCAD 的绘图界限没有限制，所以在打印图形时，必须设置图形的打印区域，这样可以更准确地打印需要的图形。在"打印-模型"对话框的"打印范围"列表框中包括了"窗口""图形界限"和"显示"3 个选项，各选项的含义如下。

◆ 窗口：打印指定窗口内的图形对象。
◆ 图形界限：只打印设定的图形界限内的所有对象。
◆ 显示：打印当前显示的图形对象。

13.4.4　打印比例的设置

在"打印-模型"对话框的"比例"下拉列表中，可以设置图形的打印比例。用户在绘制图形时一般按 1：1 的比例绘制，打印输出图形时则需要根据图样尺寸确定打印比例。

系统默认的选项是"布满图样"，即系统自动调整缩放比例，使所绘图形充满图样。用户还可以直接在"比例"列表框中选择标准缩放比例值。如果需要自己指定打印比例，可选择"自定义"选项，此时用户可以在"比例"下拉列表框下的两个文本框中设置打印比例。其中，第一个文本框表示图样尺寸单位，第二个文本框表示图形单位。例如，如果设置打印比例为"2:1"，即可在第一个文本框内输入"2"，在第二个文本框内输入"1"，表示图形中1个单位在打印输出后变为2个单位。

13.4.5 打印偏移的设置

在"打印-模型"对话框的"打印偏移"选项区中，可以确定打印区域相对于图样左下角点的偏移量。系统默认从图样左下角开始打印图样。打印原点位于图样左下角，坐标是(0,0)。该选项区中的3个选项含义如下。

◆ "居中打印"复选框：选中该复选框，将使图形位于图样中间位置。
◆ "X"文本框：设置图形沿 X 方向相对于图样左下角的偏移量。
◆ "Y"文本框：设置图形沿 Y 方向相对于图样左下角的偏移量。

13.4.6 打印图形的预览

完成打印设置后，还可以预览打印效果，如果不满意可以重新设置。
预览打印图形的4种方法如下。

◆ 命令行：输入"PREVIEW"命令。
◆ 菜单栏：选择菜单栏中的"文件"→"打印预览"命令。
◆ 按钮法：切换至"输出"选项卡，单击"打印"面板中的"预览"按钮。
◆ 程序菜单：选择"应用程序"→"打印"→"打印预览"命令。

使用以上任意一种方法，AutoCAD 都将按照当前的页面设置、绘图设备设置及绘图样式表等，在屏幕上显示出最终要输出的图形，如图 13-43 所示。

图 13-43 打印预览图形

13.5 在布局空间中打印

布局空间也是一种显示工具，用于设置在模型空间中绘制的图形的不同视图，创建图形最终打印输出时的布局。布局空间可以完全模拟图样页面，在图形输出之前，先在图样上布置图形。在布局空间中，每一个布局均表示一张输出图形使用的图样。

在布局中可以创建并放置视口对象，还可以添加标题栏或其他对象。可以在图样中创建多个布局以显示不同的视图，每个布局可以包含不同的打印比例和图样尺寸。

13.5.1　切换到布局空间

在 AutoCAD 2016 中，用户通过单击状态栏中的"布局 1"按钮▣和"快速查看布局"按钮▣，可以切换到布局空间。

13.5.2　使用"布局向导"创建布局

在 AutoCAD 2016 中，通过"布局向导"功能，用户可以很方便地设置和创建布局。利用"布局向导"，可以设置打印机、图样尺寸、视口和标题栏等，布局创建完成后，这些设置将同图形一起保存。

案例实战 175——使用"布局向导"创建布局

	素材文件	无
	效果文件	光盘\效果\第 13 章\使用"布局向导"创建布局.dwg
	视频文件	光盘\视频\第 13 章\案例实战 175.mp4

步骤 01　输入"LAYOUTWIZARD"（创建布局向导）命令，按〈Enter〉键确认，稍后将弹出"创建布局-开始"对话框，如图 13-44 所示。

步骤 02　设置新布局的名称为"建筑"，单击"下一步"按钮，弹出"创建布局-打印机"对话框，选择需要的打印机，如图 13-45 所示。

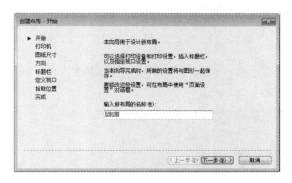

图 13-44　"创建布局-开始"对话框　　　　图 13-45　"创建布局-打印机"对话框

步骤 03　单击"下一步"按钮，弹出"创建布局-图形尺寸"对话框，在"图样尺寸"列表框中，选择"A4"选项，如图 13-46 所示。

步骤 04　单击"下一步"按钮，弹出"创建布局-方向"对话框，选中"纵向"单选按钮，如图 13-47 所示。

步骤 05　单击"下一步"按钮，弹出"创建布局-标题栏"对话框，保持默认选项；单击"下一步"按钮弹出"创建布局-定义视口"对话框，选中"阵列"单选按钮，设置"行数"和"列数"均为"1"，如图 13-48 所示。

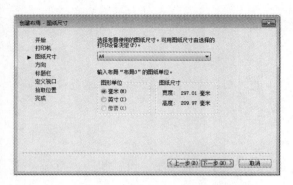

图 13-46 "创建布局-图形尺寸"对话框　　　图 13-47 "创建布局-方向"对话框

步骤 06 单击"下一步"按钮，弹出"创建布局-拾取位置"对话框，保持默认设置，如图 13-49 所示。

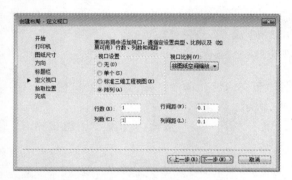
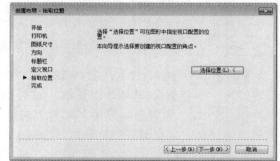

图 13-48 "创建布局-定义视口"对话框　　　图 13-49 "创建布局-拾取位置"对话框

步骤 07 单击"下一步"按钮，弹出"创建布局-完成"对话框，提示新布局已经创建完成，单击"完成"按钮，如图 13-50 所示。

图 13-50 单击"完成"按钮

步骤 08 关闭对话框并返回到操作界面中，即可查看到新建名为"建筑"的布局空间，如图 13-51 所示。

图 13-51　"建筑"布局空间

使用"布局向导"创建布局的两种方法如下。
◆ 命令行：输入"LAYOUTWIZARD"命令。
◆ 菜单栏：选择菜单栏中的"插入"→"布局"→"创建布局向导"命令。

13.5.3　相对图样空间比例缩放视图

如果布局图中使用了多个浮动视口，可以为这些视口中的视图建立相同的缩放比例。可以选择要修改其缩放比例的浮动视口，在"状态栏"的"视口比例"列表框中 ![1.781958] 选择某一比例，然后对其他的所有浮动视口执行同样的操作，就可以设置一个相同的比例值，如图 13-52 所示。

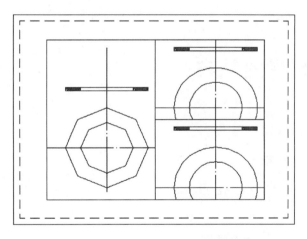

图 13-52　为浮动视口设置相同的比例

在 AutoCAD 中，通过对齐两个浮动视口中的视图，可以排列图形中的元素。采用角度、水平和垂直对齐方式，可以相对一个视口中指定的基点平移另一个视口中的视图。

13.5.4　创建浮动视口

与模型空间一样，用户可以在布局空间建立多个视口，以便显示模型的不同视图。在布局空间中建立视口时，可以确定视口的大小，并且可以将其定位于布局空间的任意位置，因此，布局空间的视口通常被称为浮动视口。

在 AutoCAD 2016 中，用户还可以对已创建的浮动视口进行删除、移动、拉伸和缩放等操作。

在创建布局时，浮动视口是一个非常重要的工具，用于显示模型空间和布局空间中的图形。因此，浮动视口相当于模型空间和布局空间的一个"二传手"。

在创建布局后，系统将自动创建一个浮动视口。如果该视口不符合要求，用户可以将其删除，然后重新建立新的浮动视口。如果在浮动视口内双击鼠标左键，则可以进入浮动模型空间，其边界将以粗线显示，如图 13-53 所示。

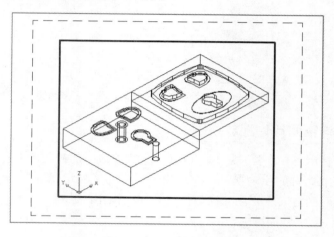

图 13-53　浮动模型空间

13.6　图形图样的发布

在 AutoCAD 2016 中，用户可以以电子格式输出图形文件、进行电子传递，还可以将设计好的作品发布到 Web 供用户浏览等。

13.6.1　电子图形的打印

使用 AutoCAD 2016 中的 ePlot 驱动程序，可以发布电子图形到互联网上，所创建的文件以 Web 图形格式保存。

案例实战 176——打印机械零件

素材文件	光盘\素材\第 13 章\机械零件.dwg
效果文件	光盘\效果\第 13 章\机械零件.dwf
视频文件	光盘\视频\第 13 章\案例实战 176.mp4

步骤 01　按〈Ctrl＋O〉组合键，打开素材图形文件，如图 13-54 所示。

步骤 02　在命令行中输入"PLOT"（打印）命令，按〈Enter〉键确认，弹出"打印-模型"对话框，在"名称"下拉列表框中选择"DWF6 eplot.pc3"选项，如图 13-55 所示。

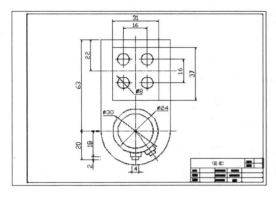

图 13-54　素材图形

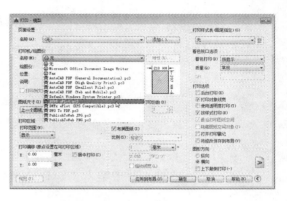

图 13-55　"打印-模型"对话框

专家提醒

为了能够在互联网上显示 AutoCAD 图形，Autodesk 采用了一种名为 DWF 的新文件格式。DWF 文件格式包括图层、超级链接、背景颜色、测量距离、线宽和比例等图形特性。用户可以在不损失原始图形文件数据特性的前提下，通过 DWF 文件格式共享其数据和文件。DWF 文件高度压缩，因此比设计文件更小，传递速度更快，用它可以交流丰富的设计数据，而且又节省大型 CAD 图形的相关开销。

步骤 03　单击"确定"按钮，弹出"浏览打印文件"对话框，设置文件名和保存路径，如图 13-56 所示。

步骤 04　单击"保存"按钮，弹出"打印作业进度"对话框，如图 13-57 所示，即可打印图形。

图 13-56　"浏览打印文件"对话框

图 13-57　"打印作业进度"对话框

13.6.2　传递电子图形

使用"电子传递"命令，可以打包一组文件以用于互联网传递。传递包中的图形文件会自动包含所有相关从属文件。

传递电子图形的两种方法如下。

◆　命令行：输入"ETRANSMIT"命令。

◆ 程序菜单：选择"应用程序"→"发送"→"电子传递"命令。

案例实战 177——传递电子基板剖视图

素材文件	光盘\素材\第 13 章\基板剖视图.dwg
效果文件	光盘\效果\第 13 章\基板剖视图.zip
视频文件	光盘\视频\第 13 章\案例实战 177.mp4

步骤 01　按〈Ctrl＋O〉组合键，打开素材图形文件，如图 13-58 所示。

步骤 02　在命令行中输入"ETRANSMIT"（电子传递）命令，按〈Enter〉键确认，弹出"创建传递"对话框，如图 13-59 所示。

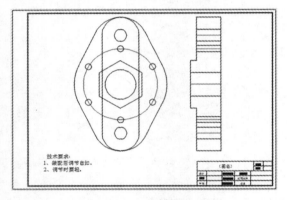

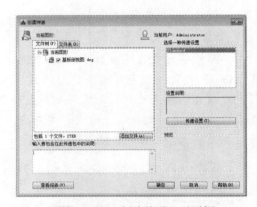

图 13-58　素材图形　　　　　　　　图 13-59　"创建传递"对话框

步骤 03　单击"确定"按钮，弹出"指定 Zip 文件"对话框，设置文件名和保存路径，如图 13-60 所示。

步骤 04　单击"保存"按钮，弹出"正在创建归档文件包"对话框，如图 13-61 所示，即可传递电子图形。

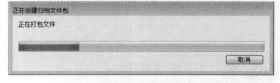

图 13-60　"指定 Zip 文件"对话框　　　　图 13-61　"正在创建归档文件包"对话框

13.6.3　三维 DWF 的发布

在 AutoCAD 2016 中，用户可以使用三维 DWF 发布来生成三维模型的 Web 图形格式

（.DWF）文件。

发布三维 DWF 的 3 种方法如下。

◆ 命令行：输入"3DDWF"命令。

◆ 按钮法：切换至"输出"选项卡，单击"输出为 DWF/DWG"面板中的"三维 DWF"按钮 。

◆ 程序菜单：选择"应用程序"→"输出"→"三维 DWF"命令。

案例实战 178——发布床平面图三维 DWF

素材文件	光盘\素材\第 13 章\床平面图.dwg
效果文件	光盘\效果\第 13 章\床平面图.dwfx
视频文件	光盘\视频\第 13 章\案例实战 178.mp4

步骤 01　按〈Ctrl＋O〉组合键，打开素材图形文件，如图 13-62 所示。

步骤 02　输入"3DDWF"（三维 DWF）命令，按〈Enter〉键确认，弹出"输出三维 DWF"对话框，设置文件名和保存路径，如图 13-63 所示。

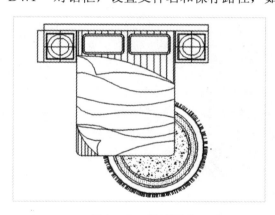

图 13-62　素材图形

图 13-63　"输出三维 DWF"对话框

步骤 03　单击"保存"按钮，即可发布三维 DWF 文件。

实 战 篇

第 14 章　机械零件设计

学前提示

本章主要介绍机械零件设计的绘制方法，让读者掌握绘制机械零件主视图和左视图的操作方法，使读者在综合运用前面章节所学知识的基础上，提高设计的质量和工作效率。

本章教学目标

▶ 绘制圆柱齿轮
▶ 绘制端盖
▶ 绘制 V 带轮

学完本章后你会做什么

▶ 掌握绘制圆柱齿轮的操作，如绘制圆柱齿轮主视图、左视图等
▶ 掌握绘制端盖的操作，如绘制端盖主视图、左视图等
▶ 掌握绘制 V 带轮操作，如绘制 V 带轮主视图、左视图等

视频演示

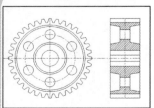
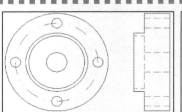
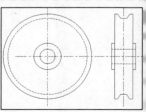

14.1　绘制圆柱齿轮

本实例介绍圆柱齿轮的绘制，效果如图 14-1 所示。

图 14-1　圆柱齿轮

14.1.1　绘制圆柱齿轮主视图

绘制圆柱齿轮主视图的具体操作步骤如下。

案例实战 179——绘制圆柱齿轮主视图

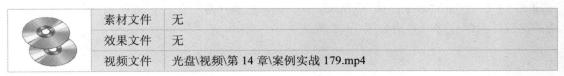

素材文件	无
效果文件	无
视频文件	光盘\视频\第 14 章\案例实战 179.mp4

步骤　01　新建一个 CAD 文件，执行"LA"（图层）命令，弹出"图层特性管理器"面板，如图 14-2 所示。

步骤　02　依次创建"辅助线"图层（红色、线型为 CENTER2）和"轮廓"图层（线宽为 0.15mm），并将"辅助线"图层设置为当前图层，如图 14-3 所示。

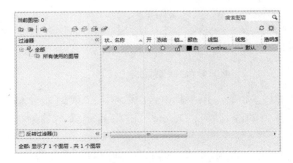

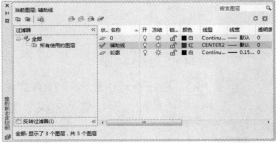

图 14-2　"图层特性管理器"面板　　　　　　图 14-3　创建图层

步骤　03　按〈F8〉键开启正交模式，在命令行中输入"L"（直线）命令，按〈Enter〉键确认，根据提示在绘图区中的合适位置单击鼠标左键，输入"400"，绘制水平直线；重复执行"直线"命令，捕捉水平直线的中点，向上引导光标，输入"200"，单击左键确认直线的第一点，向下引导鼠标，输入"400"，绘制一条垂直直线，如图 14-4 所示。

步骤 04　单击"绘图"面板中的"圆心、半径"按钮，拾取辅助线的交点，确认为圆心，输入"60"，绘制圆，如图 14-5 所示。

图 14-4　绘制直线（一）　　　　　图 14-5　绘制圆

步骤 05　将"轮廓"图层设置为当前图层，重复执行"圆"命令，拾取辅助线的交点，确认为圆心，依次输入"20""36""40""80""84""90"和"100"，绘制同心圆，如图 14-6 所示。

步骤 06　在命令行中输入 OFFSET（偏移）命令，按〈Enter〉键确认，根据命令行提示，选择竖直中心线，沿水平方向向左和向右连续偏移两次，偏移距离均为"3"，在命令行输入"L"（直线）命令，按〈Enter〉键确认，根据命令行的提示连接相应的偏移直线与圆的交点，绘制直线，效果如图 14-7 所示。

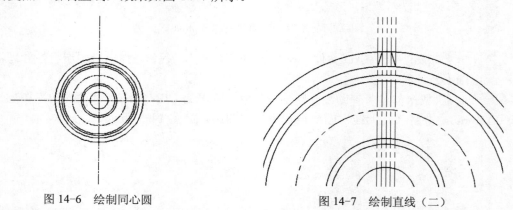

图 14-6　绘制同心圆　　　　　　图 14-7　绘制直线（二）

步骤 07　在命令行中输入"TRIM"（修剪）命令，按〈Enter〉键确认；根据命令行提示，选择需要修剪的线段，修剪完成后选择多余的线，按〈Delete〉键将其删除，效果如图 14-8 所示。

步骤 08　在命令行中输入"ARRAY"（阵列）命令，按〈Enter〉键确认；根据命令行提示选择上一步刚修剪完成的轮齿作为阵列对象，按〈Enter〉键确认，输入"PO"（极轴）选项，在绘图区的圆心处单击鼠标左键，弹出"阵列创建"选项板，在"项目数"文本框输入"36"，在"填充"文本框输入"360"，如图 14-9 所示。

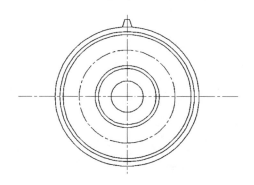

图 14-8　修剪图形（一）

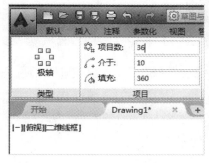

图 14-9　设置参数

步骤 09　操作完成后按〈Esc〉键退出，完成图形的阵列，效果如图 14-10 所示。

步骤 10　在命令行中输入"TRIM"（修剪）命令，按〈Enter〉键确认；根据命令行提示对多余的线段进行修剪，效果如图 14-11 所示。

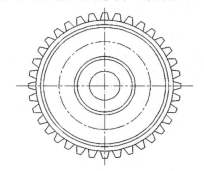

图 14-10　图形阵列效果（一）

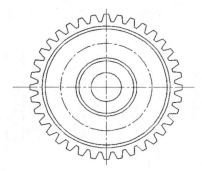

图 14-11　修剪图形（二）

步骤 11　在命令行中输入"C"（圆）命令，按〈Enter〉键确认；根据命令行提示，捕捉点画线圆与竖直直线交点为圆心，绘制半径为"12"的圆；再执行"ARRAY"（阵列）命令，选择刚绘制的圆为阵列对象，效果如图 14-12 所示。

步骤 12　按〈Enter〉键确认，输入"PO"（极轴）选项，在绘图区的圆心处单击鼠标左键，弹出"阵列创建"选项板，在"项目数"文本框输入"6"，在"填充"文本框输入"360"，操作完成后按〈Esc〉键退出，完成图形的阵列，效果如图 14-13 所示。

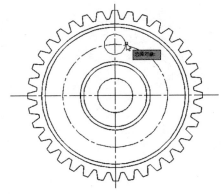

图 14-12　选择阵列对象

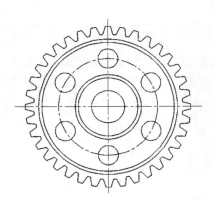

图 14-13　图形阵列效果（二）

14.1.2 绘制圆柱齿轮左视图

绘制圆柱齿轮左视图的具体操作步骤如下。

案例实战 180——绘制圆柱齿轮左视图

	素材文件	案例实战 179 效果文件
	效果文件	光盘\效果\第 14 章\圆柱齿轮.dwg
	视频文件	光盘\视频\第 14 章\案例实战 180.mp4

步骤 **01** 在命令中输入"OFFSET"（偏移）命令，按〈Enter〉键确认；根据命令行提示，选择竖直中心线向右偏移，偏移距离为"144""24""12""12""24"，并将偏移后的左边两条直线和右边两条直线更改为"轮廓线"图层，效果如图 14-14 所示。

步骤 **02** 在命令行中输入"XLINE"（构造线）命令，按〈Enter〉键确认；根据命令行提示，在绘图区相应的位置绘制构造线，如图 14-15 所示。

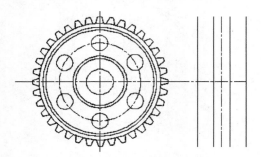
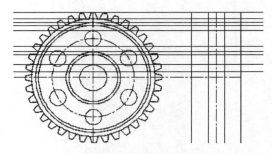

图 14-14　偏移直线　　　　　　　　　　图 14-15　绘制构造线

步骤 **03** 在命令行中输入"L"（直线）命令，按〈Enter〉键确认；根据命令行提示，连接相应的直线与构造线的交点，绘制直线，效果如图 14-16 所示。

步骤 **04** 在命令行中输入"TRIM"（修剪）命令，按〈Enter〉键确认；根据命令行提示，对多余的线段进行修剪；修剪完成后选择多余的中心线，按〈Delete〉键将其删除，效果如图 14-17 所示。

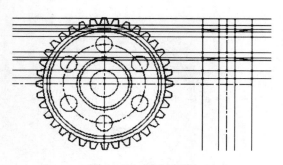
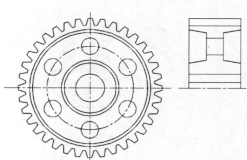

图 14-16　绘制直线　　　　　　　　　　图 14-17　修剪图形

步骤 **05** 在命令行中输入"MIRROR"（镜像）命令，按〈Enter〉键确认；根据命令行提示，选择修剪后的图形为镜像对象，按〈Enter〉键确认，在水平辅助线的左右端点上依次单击鼠标，按〈Enter〉键确认，即可镜像图形。操作后将图层更改为"辅助线"图层，在命令行中输入"L"（直线）命令，在镜像图形的上下水平直线的中点上绘制直线，效果如图 14-18 所示。

步骤　06　　在命令行中输入"HATCH"（填充）命令，按〈Enter〉键确认；弹出"图案填充创建"选项卡，单击"图案填充图案"下拉列表框，选择"ANSI31"选项；单击"边界"面板中的拾取点按钮 ，在绘图区中选择要填充的区域，进行图案填充，完成圆柱齿轮的绘制。效果如图 14-19 所示。

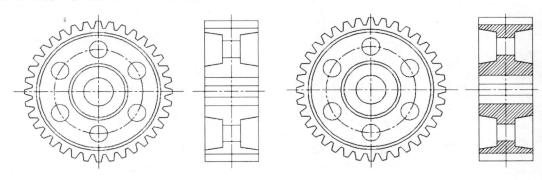

图 14-18　镜像图形　　　　　　　　　　图 14-19　图案填充

14.2　绘制端盖

本实例介绍端盖的绘制，效果如图 14-20 所示。

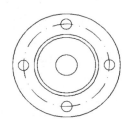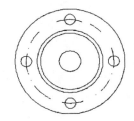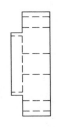

图 14-20　端盖

14.2.1　绘制端盖主视图

绘制端盖主视图的具体操作步骤如下。

案例实战 181——绘制端盖主视图

	素材文件	无
	效果文件	无
	视频文件	光盘\视频\第 14 章\案例实战 181.mp4

步骤 **01** 选择"新建"→"图形"命令，新建一个文件，执行"LA"（图层）命令，弹出"图层特性管理器"面板，如图 14-21 所示。

步骤 **02** 依次创建"辅助线"图层（红色、线型为 DIVIDE）、"轮廓"图层（线宽为 0.15mm）、"虚线"图层（洋红、线型为 HIDDEN），并将"轮廓"图层设置为当前图层，如图 14-22 所示。

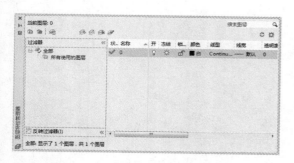

图 14-21 "图层特性管理器"面板   图 14-22 创建图层

步骤 **03** 执行"C"（圆）命令，在命令行的提示下，在绘图区中的任意位置指定圆心，依次输入"10""30""40"和"50"绘制同心圆，并将半径为"40"的圆转换至"辅助线"图层，如图 14-23 所示。

步骤 **04** 重复执行"圆"命令，拾取半径为"40"圆的上象限点为圆心，输入"5"，绘制圆，如图 14-24 所示。

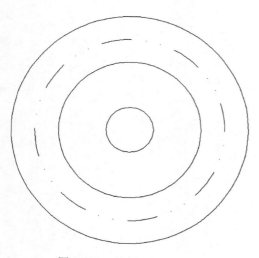

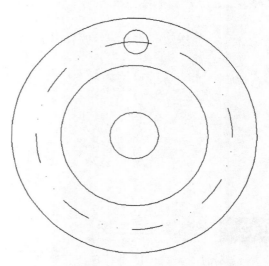

图 14-23 绘制圆（一）   图 14-24 绘制圆（二）

步骤 **05** 在功能区选项板的"默认"选项卡中，单击"修改"面板中的"环形阵列"按钮，如图 14-25 所示。选择上步绘制的圆，拾取同心圆的圆心为阵列中心点。

步骤 **06** 在"阵列创建"选项卡中，设置项目总数为"4"，填充角度为"360"，按〈Enter〉键确认，进行阵列处理，效果如图 14-26 所示。

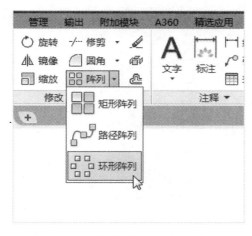

图 14-25　单击"环形阵列"按钮

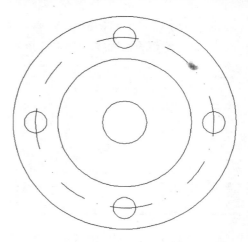

图 14-26　阵列处理

14.2.2　绘制端盖左视图

绘制端盖左视图的具体操作步骤如下。

案例实战 182——绘制端盖左视图

素材文件	案例实战 181 效果文件
效果文件	光盘\效果\第 14 章\端盖.dwg
视频文件	光盘\视频\第 14 章\案例实战 182.mp4

步骤　01　在功能区选项板的"默认"选项卡中单击"构造线"按钮，在半径为"50"的圆右侧适当位置绘制一条垂直构造线；执行"O"（偏移）命令，在命令行的提示下，依次输入"10"和"25"，拾取上步绘制的构造线，向右偏移，如图 14-27 所示。

步骤　02　重复"O"（偏移）命令，在命令行的提示下，输入"3"，拾取半径为"30"的圆，向圆心偏移，效果如图 14-28 所示。

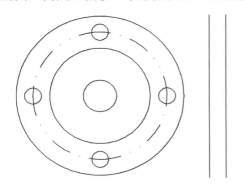

图 14-27　偏移处理（一）

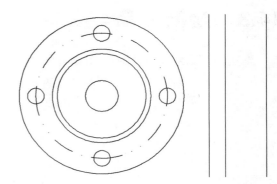

图 14-28　偏移处理（二）

步骤　03　执行"XLINE"（构造线）命令，拾取各圆的上、下象限点，绘制水平构造线，如图 14-29 所示。

步骤 **04** 执行"TRIM"（修剪）命令，修剪绘图区中需要修剪的线段，运用"删除"命令、删除不需要的辅助线段，并将修剪的线段转换至"虚线"图层，效果如图 14-30 所示。

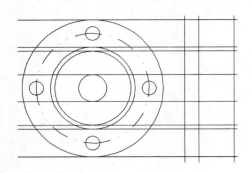 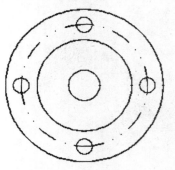

图 14-29 绘制构造线　　　　　　　　　图 14-30 修剪处理

步骤 **05** 执行"L"（直线）命令，捕捉最上方与最下方两个半径为"5"的圆上、下象限点，如图 14-31 所示。

步骤 **06** 向右引导光标，拾取与垂直直线的两个交点，绘制直线，并将绘制的直线转换至"虚线"图层，如图 14-32 所示。

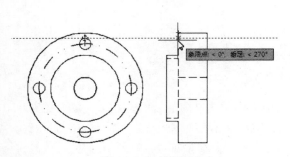 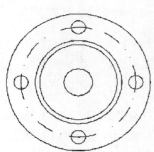

图 14-31 捕捉对象　　　　　　　　　　图 14-32 绘制直线

14.3 绘制 V 带轮

本实例介绍绘制 V 带轮，效果如图 14-33 所示。

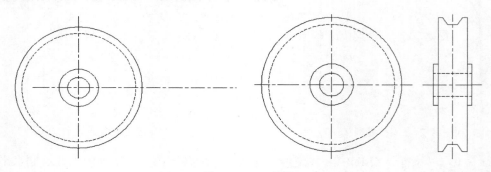

图 14-33 V 带轮

14.3.1　绘制 V 带轮主视图

绘制 V 带轮主视图的具体操作步骤如下。

案例实战 183——绘制 V 带轮主视图

	素材文件	无
	效果文件	无
	视频文件	光盘\视频\第 14 章\案例实战 183.mp4

步骤 01　新建一个 CAD 文件，执行"LA"（图层）命令，弹出"图层特性管理器"面板，依次创建"辅助线"图层（红色、CENTER）、"轮廓"图层和"虚线"图层（HIDDEN）；在"辅助线"图层上右击，在弹出的快捷菜单中选择"置为当前"命令，将其设置为当前图层，如图 14-34 所示。

步骤 02　执行"L"（直线）命令，在命令行提示下，在绘图区中的任意位置指定起点，输入"500"，绘制一条水平直线；在水平直线的上方拾取一点，指定为垂直直线的起点，输入"340"，绘制一条垂直直线，如图 14-35 所示。

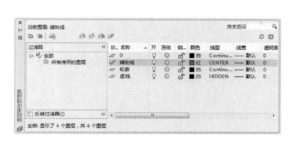

图 14-34　创建图层

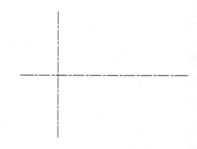

图 14-35　绘制两条直线

步骤 03　将"轮廓"图层置为当前，执行"C"（圆）命令，在命令行提示下，以两条直线的交点为圆心，依次输入"25""45"和"145"绘制同心圆，如图 14-36 所示。

步骤 04　将"虚线"图层置为当前，执行"C"（圆）命令。在命令行提示下，以两条直线的交点为圆心，输入"130"，绘制圆对象，效果如图 14-37 所示。

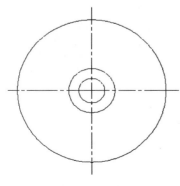

图 14-36　绘制同心圆

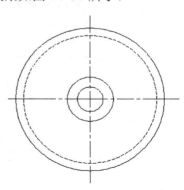

图 14-37　绘制圆

新手案例学
AutoCAD 2016 中文版从入门到精通

14.3.2　绘制 V 带轮左视图

绘制 V 带轮左视图的具体操作步骤如下。

案例实战 184——绘制 V 带轮左视图

素材文件	案例实战 183 效果文件
效果文件	光盘\效果\第 14 章\V 带轮.dwg
视频文件	光盘\视频\第 14 章\案例实战 184.mp4

步骤 **01**　执行"O"（偏移）命令，在命令行提示下，设置偏移距离为"250"，将垂直中心线向右偏移，如图 14-38 所示。

步骤 **02**　重复执行"O"（偏移）命令，在命令行提示下，设置偏移距离为"10""20"和"30"，拾取偏移后的直线，分别向左、右偏移。将偏移后的直线转换至"轮廓"图层，如图 14-39 所示。

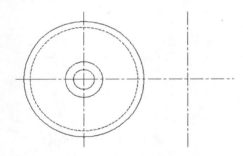　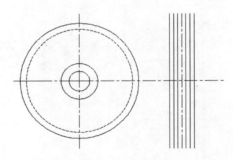

图 14-38　偏移直线（一）　　　　　　　图 14-39　偏移直线（二）

步骤 **03**　将"轮廓"图层置为当前，执行"XL"（构造线）命令，在命令行提示下，分别拾取半径为"130"和"145"圆的上象限点，绘制两条构造线，如图 14-40 所示。

步骤 **04**　执行 L（直线）命令，在命令行提示下，分别连接相应的端点，绘制两条倾斜的直线，如图 14-41 所示。

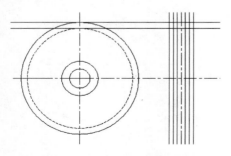　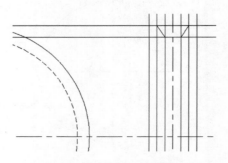

图 14-40　绘制两条构造线　　　　　　　图 14-41　绘制两条倾斜直线

步骤 05 执行"TR"（修剪）命令，在命令行提示下，修剪绘图区中多余的线段，并删除不需要的辅助线段，如图 14-42 所示。

步骤 06 执行"MI"（镜像）命令，在命令行提示下，拾取修剪后的图形对象为镜像对象，以水平直线为镜像轴线，进行镜像处理，效果如图 14-43 所示。

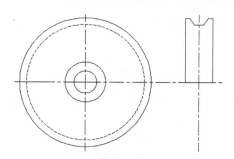

图 14-42　修剪直线

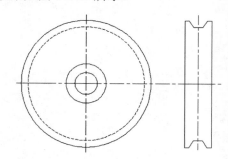

图 14-43　镜像图形

步骤 07 执行"O"（偏移）命令，在命令行提示下，设置偏移距离为"10"，依次拾取最外侧的两条垂直直线，分别向左、右偏移，效果如图 14-44 所示。

步骤 08 重复执行"O"（偏移）命令，在命令行提示下，依次设置偏移距离为"25"和"45"，拾取水平直线，分别向上、下进行偏移处理，效果如图 14-45 所示。

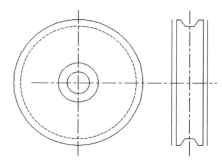

图 14-44　偏移直线（三）

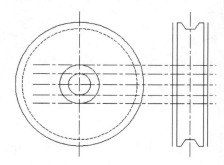

图 14-45　偏移直线（四）

步骤 09 依次拾取偏移"45"和"25"的直线，分别转换至"轮廓"图层和"虚线"图层，效果如图 14-46 所示。

步骤 10 执行"TR"（修剪）命令，在命令行提示下，修剪绘图区中多余的线段，并删除不需要的线段，效果如图 14-47 所示。

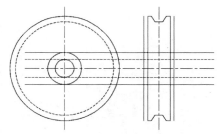

图 14-46　转换偏移直线图层

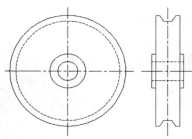

图 14-47　修剪图形

第 15 章　机械模型设计

学前提示

　　本章主要介绍机械类三维零件的绘制方法与操作技巧，让读者掌握进行机械产品设计所需要的各种绘图和编辑命令，使读者在学习前面章节的基础上，将能力和水平得到进一步提升。

本章教学目标

▶ 绘制连接盘
▶ 绘制阀管
▶ 绘制轴固定座

学完本章后你会做什么

▶ 掌握绘制和渲染连接盘的操作
▶ 掌握绘制和渲染阀管的操作
▶ 掌握绘制和渲染轴固定座的操作

视频演示

15.1　连接盘

本实例介绍连接盘的绘制，效果如图 15-1 所示。

图 15-1　连接盘

15.1.1　创建连接盘主体

创建连接盘主体的具体操作步骤如下。

案例实战 185——创建连接盘主体

素材文件	无	
效果文件	无	
视频文件	光盘\视频\第 15 章\案例实战 185.mp4	

步骤 01　新建一个 CAD 文件，设置视图为"西南等轴测"，执行"CYLINDER"（圆柱体）命令，按〈Enter〉键确认，根据命令行的提示，以坐标点（0,0,0）为圆心，输入"100"并确认，输入"30"并确认，绘制圆柱体，如图 15-2 所示。

步骤 02　重复执行"CYLINDER"（圆柱体）命令，按〈Enter〉键确认，根据命令行的提示，以坐标点（0,0,0）为圆心，分别绘制半径为"30"、高为"40"和半径为"20"、高为"40"的圆柱体，如图 15-3 所示。

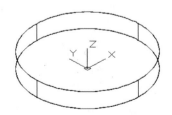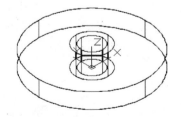

图 15-2　绘制圆柱体（一）　　　　　　图 15-3　绘制圆柱体（二）

步骤 03　执行"UNION"（并集）命令，按〈Enter〉键确认，根据命令行提示，选择半径为"100"和"30"的圆，按〈Enter〉键确认，并集图形，效果如图 15-4 所示。

步骤 04　执行"SUBTRACT"（差集）命令，按〈Enter〉键确认，根据命令行提示，选择并集实体并确认，选择半径为"20"的圆柱体并确认，差集图形如图 15-5 所示。

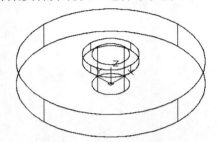

图 15-4　并集图形

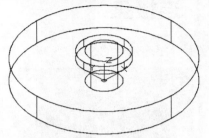

图 15-5　差集图形

步骤 05　将视图设置为"仰视"，执行"CIRCLE"（圆）命令，按〈Enter〉键确认，输入"0,0"确认，输入"60"并确认，即可绘制辅助圆，如图 15-6 所示。

步骤 06　执行"CYLINDER"（圆柱体）命令，按〈Enter〉键确认；根据命令行提示捕捉所绘制的辅助圆的左象限点为圆柱体底面中心点，输入"16"并确认，输入"-30"并确认，绘制圆柱体，如图 15-7 所示。

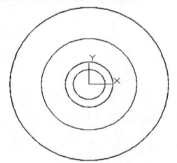

图 15-6　绘制辅助圆

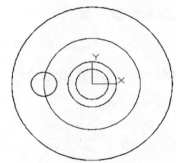

图 15-7　绘制圆柱体（三）

步骤 07　在命令行中输入"ARRAY"（阵列）命令，根据命令行提示，选择半径为"16"的圆，按〈Enter〉键确认，输入"PO"（极轴）选项并确认，捕捉中间的圆心点为阵列中心点，设置项目数为"4"、填充角度为"360"并确认，效果如图 15-8 所示。

步骤 08　按〈F8〉键，启用正交功能，执行"BOX"（长方体）命令，按〈Enter〉键确认，根据命令行提示，捕捉上方半径为"16"的圆柱体的左象限点为角点，输入"L"（长度）选项并按〈Enter〉键确认，向右引导光标，输入"32"并确认，输入"60"并确认，输入"-30"并确认，绘制长方体，如图 15-9 所示。

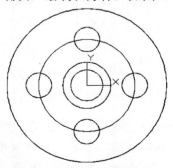

图 15-8　环形阵列图形

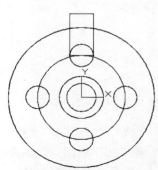

图 15-9　绘制长方体

步骤 09　执行"SUBTRACT"（差集）命令，按〈Enter〉键确认，根据命令行提示，选择实体并确认，依次选择半径为"16"的圆柱体和长方体并确认，差集图形，如图 15-10 所示。

步骤 10　将视图设置为"俯视"，执行"L"（直线）命令，按〈Enter〉键确认，根据命令行提示，输入"0,0"并确认，输入"@80<-135"并确认，绘制直线，如图 15-11 所示。

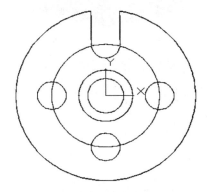

图 15-10　差集图形

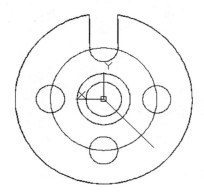

图 15-11　绘制直线

步骤 11　执行"CYLINDER"（圆柱体）命令，按〈Enter〉键确认，根据命令行提示，捕捉所绘制的直线与辅助圆的交点为圆心，分别绘制半径为"20"、高为"-36"的圆柱体和半径为"12"、高为"-36"的圆柱体，如图 15-12 所示。

步骤 12　执行"ERASE"（删除）命令，按〈Enter〉键确认，根据命令行提示，选择辅助圆和直线为删除对象，如图 15-13 所示。

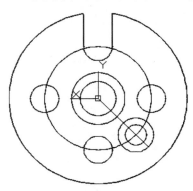

图 15-12　绘制圆柱体（四）

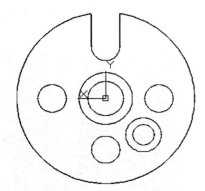

图 15-13　删除图形

步骤 13　执行"UNION"（并集）命令，按〈Enter〉键确认，根据命令行提示，依次选择实体和半径为"20"的圆柱体，按〈Enter〉键确认，并集图形。执行"SUBTRACT"（差集）命令，按〈Enter〉键确认，根据命令行提示，选择半径为"12"的圆柱体并确认，即可差集图形。将视图转化为"西南等轴测"，效果如图 15-14 所示。

步骤 14　单击"可视化"面板中"视觉样式"选项右侧的下拉按钮，在弹出的列表框中选择"概念"选项，即可将视图转换成概念视觉样式，效果如图 15-15 所示。

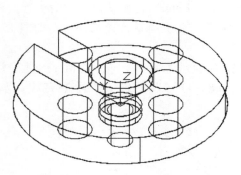

图 15-14　布尔运算后的图形

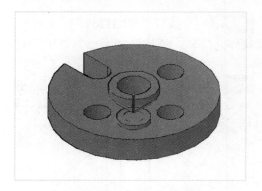

图 15-15　概念视觉样式

15.1.2　渲染连接盘

渲染连接盘的具体操作步骤如下。

案例实战 186——渲染连接盘

素材文件	案例实战 185 效果文件
效果文件	光盘\效果\第 15 章\连接盘.dwg
视频文件	光盘\视频\第 15 章\案例实战 186.mp4

步骤 01　调入地面材质；单击"可视化"面板中"视觉样式"选项右侧的下拉按钮，在弹出的列表框中选择"真实"选项，即可将视图转换成真实视觉样式，如图 15-16 所示。

步骤 02　执行"MATERIALS"（材质）命令，按〈Enter〉键确认，弹出"材质浏览器"面板，单击"创建材质"右侧的下拉按钮，在弹出的下拉菜单中选择"新建常规材质"命令，如图 15-17 所示。

图 15-16　以真实视觉样式显示图形

新建使用类型：
陶瓷
混凝土
玻璃
砌石
金属
金属漆
镜子
塑料
实心玻璃
石材
墙面漆
水
木材
新建常规材质

图 15-17　选择"新建常规材质"命令

步骤 03　在"材质浏览器"面板上将显示新建的材质球，并弹出"材质编辑器"面板，在"图像"右侧的空白处单击，弹出"材质编辑器打开文件"对话框，选择合适的贴图文件，如图 15-18 所示。

步骤 04　单击"打开"按钮，返回到"材质编辑器"面板，在"常规"选项组中设置"图像褪色"为"83"，"光泽度"为"80"，"高光"为"金属"，"直接"和"倾斜"的反射率均为"90"，如图 15-19 所示。

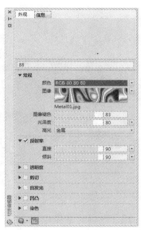

图 15-18　选择合适的贴图文件　　　　图 15-19　材质编辑器设置参数

步骤 05　在"材质编辑器"面板中单击"图像"右侧的下拉按钮，在弹出的下拉菜单中选择"平铺"命令，在弹出的"纹理编辑器"面板中，设置"瓷砖计数"均为"0"，在"变换"选项区中，设置"样例尺寸"的"宽度"和"高度"均为"1"。在绘图区中选择实体，然后在新建的材质球上，单击鼠标右键，在弹出的快捷菜单中选择"指定给当前选择"命令，执行操作后，效果如图 15-20 所示。

步骤 06　执行"VIEW"（视图）命令，弹出"视图管理器"对话框，单击"新建"按钮；在弹出的"新建视图/快照特性"对话框中，设置"视图名称"为"88"，在"背景"下拉列表框中选择"阳光与天光"选项，如图 15-21 所示。在弹出的"调整阳光与天光背景"对话框中单击"确定"按钮。返回"新建视图/快照特性"对话框，先单击"置为当前"按钮，再单击"确定"按钮，即可启用阳光与天光背景。

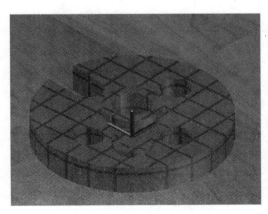

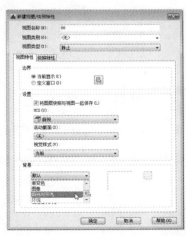

图 15-20　赋予材质　　　　　图 15-21　选择"阳光与天光"选项

步骤 07 执行"RENDER"（渲染）命令，按〈Enter〉键确认，即可渲染图形，效果如图 15-22 所示。

步骤 08 切换至"东南等轴测"视图，采用相同的方法渲染图形，效果如图 15-23 所示。

图 15-22　渲染图形效果（一）

图 15-23　渲染图形效果（二）

15.2　阀管

本实例介绍阀管的绘制，效果如图 15-24 所示。

图 15-24　阀管

15.2.1　创建阀管主体

创建阀管主体的具体操作步骤如下。

案例实战 187——创建阀管主体

素材文件	无	
效果文件	无	
视频文件	光盘\视频\第 15 章\案例实战 187.mp4	

步骤 01　新建一个 CAD 文件，设置视图为"西南等轴测"，执行"C"（圆）命令，按〈Enter〉键确认，根据命令行的提示，以坐标点（0,0）为圆心，绘制半径为"15"的圆，如图 15-25 所示。

步骤 02　重复执行"C"（圆）命令，按〈Enter〉键确认，根据命令行的提示，以坐标点（0,0）为圆心，绘制半径为"21"的圆，再以坐标点（0,26）为圆心绘制半径为"5"和"8"的圆，如图 15-26 所示。

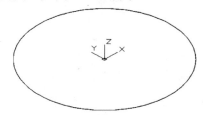

图 15-25　绘制圆（一）

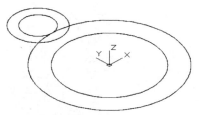

图 15-26　绘制圆（二）

步骤 03　在命令行中输入"ARRAYPOLAR"（环形阵列）命令，按〈Enter〉键确认，根据命令行提示，选择半径为"5"和"8"的圆，按〈Enter〉键确认，输入中心点坐标（0,0,0）、项目总数为"3"、填充角度为"360"，进行环形阵列操作，效果如图 15-27 所示。

步骤 04　在命令行中输入"UCS"（坐标系）命令，按〈Enter〉键确认；根据命令行的提示，输入"X"（X轴）选项，指定旋转角度为"90"，创建坐标系，如图 15-28 所示。

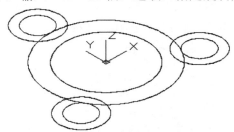

图 15-27　环形阵列（一）

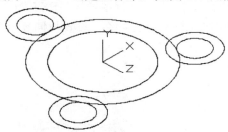

图 15-28　创建坐标系

步骤 05　重复执行"UCS"（坐标系）命令，按〈Enter〉键确认；根据命令行的提示，输入坐标点（0,25），移动坐标系，如图 15-29 所示。

步骤 06　在命令行中输入"C"（圆）命令，按〈Enter〉键确认；根据命令行提示以坐标点（0,0）为圆心，依次绘制半径为"8"和"15"的圆，如图 15-30 所示。

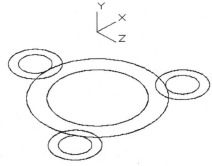

图 15-29　移动坐标系

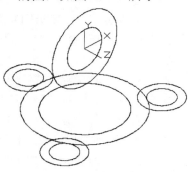

图 15-30　绘制圆（三）

步骤 **07** 重复执行"C"（圆）命令，按〈Enter〉键确认；根据命令行提示以坐标点
（0,11）为圆心，绘制半径为"1.5"的圆，如图 15-31 所示。

步骤 **08** 在命令行中输入"ARRAYPOLAR"（环形阵列）命令，按〈Enter〉键确认；
根据命令行提示，选择上一步绘制的小圆，按〈Enter〉键确认，输入中心点坐标为（0,0,0）、
项目总和为"3"、填充角度为"360"，进行环形阵列操作，如图 15-32 所示。

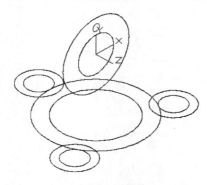

图 15-31 绘制圆（四）

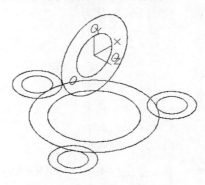

图 15-32 环形阵列（二）

步骤 **09** 在命令行中输入"EXPLODE"（分解）命令，按〈Enter〉键确认，根据命令
行提示，选择阵列后的小圆为分解对象，如图 15-33 所示。

步骤 **10** 在命令行中输入"EXT"（拉伸）命令，按〈Enter〉键确认，根据命令行提
示，依次选择新创建的对象，设置拉伸高度为"38"，进行拉伸操作，效果如图 15-34 所示。

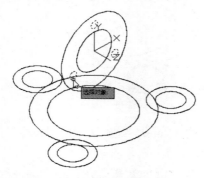

图 15-33 选择分解对象

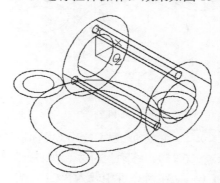

图 15-34 拉伸图形（一）

步骤 **11** 重复执行"EXTRUDE"（拉伸）命令，按〈Enter〉键确认，根据命令行提
示，依次选择半径为"15"和"21"的圆，设置拉伸高度为"50"，进行拉伸操作，效果如
图 15-35 所示。

步骤 **12** 在命令行中输入"EXPLODE"（分解）命令，按〈Enter〉键确认，根据命令
行提示，选择阵列后的半径为"5"和"8"的圆为分解对象，如图 15-36 所示。

步骤 **13** 在命令行中输入"EXT"（拉伸）命令，按〈Enter〉键确认，根据命令行提
示，选择上一步分解的所有圆，设置拉伸高度为"8"，进行拉伸操作，效果如图 15-37 所示。

步骤 **14** 在命令行中输入"COPY"（复制）命令，按〈Enter〉键确认，根据命令行
提示，选择上步生成的拉伸实体，在绘图区任意指定一点为基点，输入第二点的坐标为

（@0,42），进行复制操作，效果如图 15-38 所示。

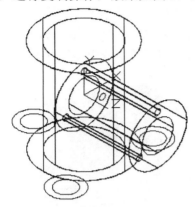

图 15-35　拉伸图形（二）

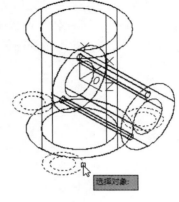

图 15-36　选择分解对象

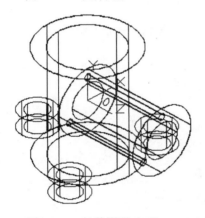

图 15-37　拉伸图形（三）

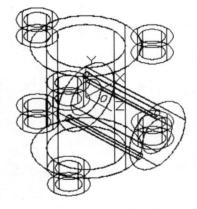

图 15-38　复制图形

步骤 15　在命令行中输入"UNION"（并集）命令，按〈Enter〉键确认，根据命令行提示，依次选择所有外侧圆柱体，进行并集运算，如图 15-39 所示。

步骤 16　重复执行"UNION"（并集）命令，按〈Enter〉键确认，根据命令行提示，依次选择所有内侧圆柱体，进行并集运算，如图 15-40 所示。

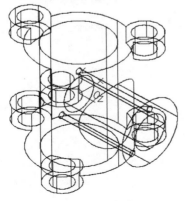

图 15-39　并集运算图形一

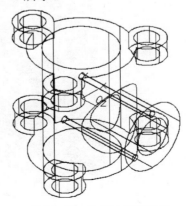

图 15-40　并集运算图形二

步骤 **17** 在命令行中输入"SUBTRACT"（差集）命令，按〈Enter〉键确认，根据命令行提示，选择外侧圆柱体的并集和内侧圆柱体的并集，进行差集运算，如图 15-41 所示。

步骤 **18** 单击"可视化"面板中"视觉样式"选项右侧的下拉按钮，在弹出的列表框中选择"概念"选项，即可将视图转换成概念视觉样式，效果如图 15-42 所示。

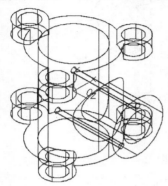

图 15-41 差集运算图形

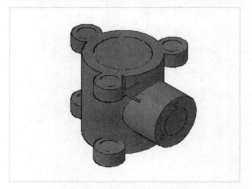

图 15-42 概念视觉样式

15.2.2 渲染阀管

渲染阀管的具体操作步骤如下。

案例实战 188——渲染阀管

素材文件	案例实战 187 效果文件
效果文件	光盘\效果\第 15 章\阀管.dwg
视频文件	光盘\视频\第 15 章\案例实战 188.mp4

步骤 **01** 调入地面材质；单击"可视化"面板中"视觉样式"选项右侧的下拉按钮，在弹出的列表框中选择"真实"选项，即可将视图转换成真实视觉样式，效果如图 15-43 所示。

步骤 **02** 执行"MATERIALS"（材质）命令，按〈Enter〉键确认，弹出"材质浏览器"面板，单击"创建材质"右侧的下拉按钮，在弹出的下拉菜单中选择"新建常规材质"命令，如图 15-44 所示。

图 15-43 以真实视觉样式显示图形

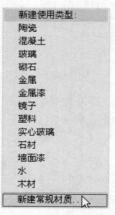

图 15-44 选择"新建常规材质"命令

步骤 03　在"材质浏览器"面板上将显示新建的材质球，并弹出"材质编辑器"面板，在"图像"右侧的空白处单击，弹出"材质编辑器打开文件"对话框，选择合适的贴图文件，如图 15-45 所示。

步骤 04　单击"打开"按钮，返回到"材质编辑器"面板，在"常规"选项组中设置"图像褪色"为"83"，"光泽度"为"80"，"高光"为"金属"，"直接"和"倾斜"的反射率均为"90"，如图 15-46 所示。

图 15-45　选择合适的贴图文件

图 15-46　材质编辑器设置参数

步骤 05　在"材质编辑器"面板中单击"图像"右侧的下拉按钮，在弹出的下拉菜单中选择"平铺"命令，在弹出的"纹理编辑器"面板中，设置"瓷砖计数"均为"0"，在"变换"选项区中，设置"样例尺寸"的"宽度"和"高度"均为"0.25"。在绘图区中选择阀管实体，然后在新建的材质球上，单击鼠标右键，在弹出的快捷菜单中选择 "指定给当前选择"命令，执行操作后，效果如图 15-47 所示。

步骤 06　执行"VIEW"（视图）命令，弹出"视图管理器"对话框，单击"新建"按钮；在弹出的"新建视图/快照特性"对话框中，设置"视图名称"为"渲染"，在"背景"下拉列表框中选择"阳光与天光"选项，如图 15-48 所示。在弹出的"调整阳光与天光背景"对话框中单击"确定"按钮。返回"新建视图/快照特性"对话框，先单击"置为当前"按钮，再单击"确定"按钮，即可启用阳光与天光背景。

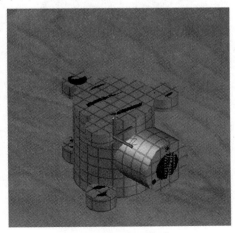

图 15-47　赋予材质

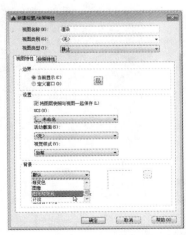

图 15-48　选择"阳光与天光"选项

步骤 07 执行"RENDER"（渲染）命令，按〈Enter〉键确认，即可渲染图形，效果如图 15-49 所示。

步骤 08 切换至"东南等轴测"视图，采用相同的方法渲染图形，效果如图 15-50 所示。

图 15-49 渲染图形效果（一）　　　　　图 15-50 渲染图形效果（二）

专家提醒

阳光与天光是 AutoCAD 中自然照明的主要来源。但是，阳光的光线是平行的且为淡黄色，而大气投射的光线来自所有方向且颜色为明显的蓝色。系统变量 LIGHTINGU NITS 设定为光度控制时，系统将提供更多阳光特性。

15.3　轴固定座

本实例介绍轴固定座的绘制，效果如图 15-51 所示。

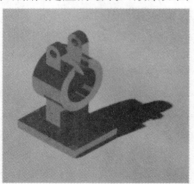

图 15-51　轴固定座

15.3.1　绘制轴固定座

绘制轴固定座的具体操作步骤如下。

案例实战 189——绘制轴固定座

	素材文件	无
	效果文件	无
	视频文件	光盘\视频\第 15 章\案例实战 189.mp4

步骤 01 新建一个 CAD 文件，执行"BOX"（长方体）命令，设置视图为"东北等轴测"，运用"长方体"命令，以（-1.5,0,0）、（3,4,0.5）为角点，绘制长方体，如图 15-52 所示。

步骤 02 重复执行"BOX"（长方体）命令，以（-1,1.5,0）、（1,2.5,6）为角点，绘制长方体，如图 15-53 所示。

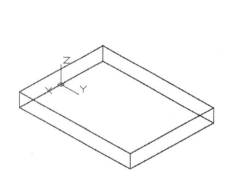

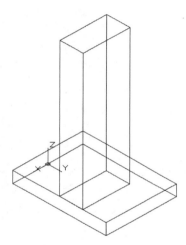

图 15-52 绘制长方体（一）   图 15-53 绘制长方体（二）

专家提醒

除了在"西南等轴测"视图和"东南等轴测"视图中绘制模型对象外，用户还可以切换至"东北等轴测"视图，或切换至"西北等轴测"视图进行模型的绘制，即可得到不同的模型绘制效果。

步骤 03 执行"FILLET"（圆角）命令，设置圆角半径为"0.5"，对长方体的棱边进行圆角处理，如图 15-54 所示。

步骤 04 执行"UCS"（坐标系）命令，将坐标系绕 Y 轴旋转 90°；执行"CYLINDER"（圆柱体）命令，以（-5.5,2,-1）为中心点，绘制半径为"0.25"、高为"2"的圆柱体，效果如图 15-55 所示。

步骤 05 执行"SU"（差集）命令，选择圆角长方体，拾取圆柱体，进行差集运算，并运用"UCS"命令，将坐标系绕 X 轴旋转 90°，如图 15-56 所示。

步骤 06 执行"CYLINDER"（圆柱体）命令，以（-3.5,0,-3）为中心，绘制半径为"1.5"、高为"2"的圆柱体，效果如图 15-57 所示。

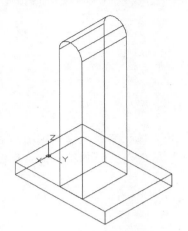

图 15-54 圆角处理

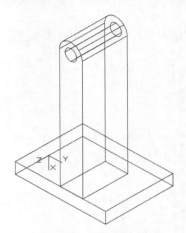

图 15-55 绘制圆柱体（一）

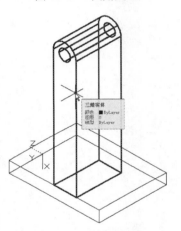

图 15-56 差集运算实体

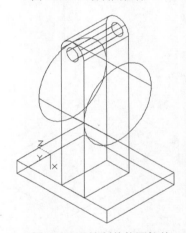

图 15-57 绘制其他圆柱体

步骤 07 执行"UNI"（并集）命令，拾取所有对象，进行并集运算，如图 15-58 所示。

步骤 08 执行"CYLINDER"（圆柱体）命令，以（-3.5,0,-3）为中心，绘制半径为 "1"、高为"2"的圆柱体，如图 15-59 所示。

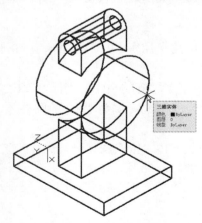

图 15-58 并集运算

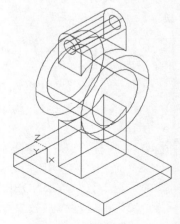

图 15-59 绘制圆柱体（二）

步骤 09　执行"SU"（差集）命令，选择实体，拾取上步绘制的圆柱体，进行差集运算，以概念视觉样式显示图形，效果如图 15-60 所示。

步骤 10　执行"BOX"（长方体）命令，以（-3.5,-0.5,-3）、（-6,0.5,-1）为角点，绘制长方体，如图 15-61 所示。

图 15-60　差集运算

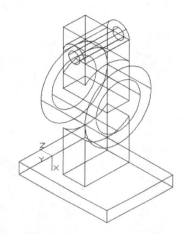

图 15-61　绘制长方体

步骤 11　执行"SU"（差集）命令，选择实体，拾取上步绘制的长方体，进行差集运算，如图 15-62 所示。

步骤 12　单击"可视化"面板中"视觉样式"选项右侧的下拉按钮，在弹出的列表框中选择"概念"选项，即可将视图转换成概念视觉样式，效果如图 15-63 所示。

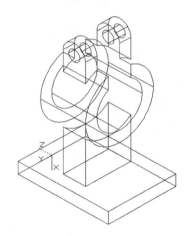

图 15-62　差集运算

图 15-63　概念视觉样式

15.3.2　渲染轴固定座

渲染轴固定座的具体操作步骤如下。

案例实战 190——渲染轴固定座

素材文件	案例实战 189 效果文件
效果文件	光盘\效果\第 15 章\轴固定座.dwg
视频文件	光盘\视频\第 15 章\案例实战 190.mp4

步骤 **01**　调入地面材质：单击"可视化"面板中"视觉样式"选项右侧的下拉按钮，在弹出的列表框中选择"真实"选项，即可将视图转换成真实视觉样式，如图 15-64 所示。

步骤 **02**　执行"MATERIALS"（材质）命令，按〈Enter〉键确认，弹出"材质浏览器"面板，单击"创建材质"右侧的下拉按钮，在弹出的下拉菜单中选择"新建常规材质"命令，如图 15-65 所示。

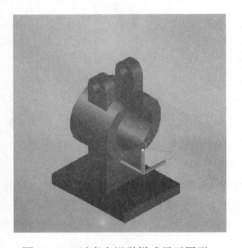

图 15-64　以真实视觉样式显示图形　　　　图 15-65　选择"新建常规材质"命令

专家提醒 ☞

用户在执行材质命令时，可以对新建材质进行命名，这样在对实体对象进行给予材质操作时，可以更加快捷地找到所要材质，方便进行下一步的操作。

步骤 **03**　在"材质浏览器"面板上将显示新建的材质球，并弹出"材质编辑器"面板，在"图像"右侧的空白处单击，弹出"材质编辑器打开文件"对话框，选择合适的贴图文件，如图 15-66 所示。

步骤 **04**　单击"打开"按钮，返回到"材质编辑器"面板，在"常规"选项组中设置"图像褪色"为"83"，"光泽度"为"80"，"高光"为"金属"，"直接"和"倾斜"的反射率均为"90"，如图 15-67 所示。

步骤 **05**　在"材质编辑器"面板中单击"图像"右侧的下拉按钮，在弹出的下拉菜单中选择"平铺"命令，在弹出的"纹理编辑器"面板中，设置"瓷砖计数"均为"0"，在"变换"选项区中，设置"样例尺寸"的"宽度"和"高度"均为"0.25"，如图 15-68 所示。

步骤 **06**　在绘图区中选择轴固定座实体，然后在新建的材质球上，单击鼠标右键，在弹出的快捷菜单中选择"指定给当前选择"命令，执行操作后，效果如图 15-69 所示。

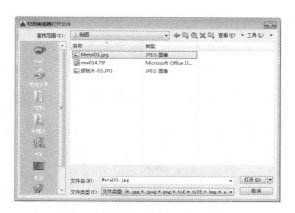

图 15-66　选择合适的贴图文件

图 15-67　材质编辑器设置参数

图 15-68　纹理编辑器设置参数

图 15-69　赋予材质

步骤 07　执行"VIEW"（视图）命令，弹出"视图管理器"对话框，单击"新建"按钮，在弹出的"新建视图/快照特性"对话框，设置"视图名称"为"渲染"，在"背景"下拉列表框中选择"阳光与天光"选项，如图 15-70 所示。

步骤 08　在弹出的"调整阳光与天光背景"对话框中单击"确定"按钮，返回"新建视图/快照特性"对话框，单击"确定"按钮，返回"视图管理器"对话框先单击"置为当前"按钮，再单击"确定"按钮，即可启用阳光与天光背景，如图 15-71 所示。

步骤 09　执行"RENDER"（渲染）命令，按〈Enter〉键确认，即可渲染图形，效果如图 15-72 所示。

步骤 10　切换至"东南等轴测"视图，采用相同的方法渲染图形，效果如图 15-73

所示。

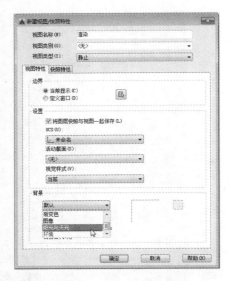

图 15-70　选"阳光与天光"选项

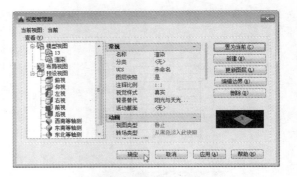

图 15-71　"视图管理器"对话框

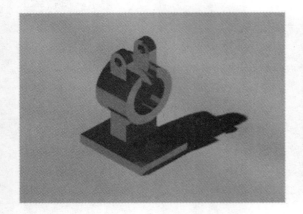

图 15-72　渲染图形效果一

图 15-73　渲染图形效果二

第 16 章　室内电气设计

学前提示

　　在进行室内装修时，室内电气设计是不可缺少的一部分。在设计电路时，需要考虑室内照明亮度。本章将详细介绍插座和电气线路的布置，以及各种灯具及插座的布置，使得整个房屋的电气线路走向整齐、排列有序。

本章教学目标

- ▶ 绘制插座布置图
- ▶ 绘制复式楼灯具布置图
- ▶ 绘制水疗池给水图

学完本章后你会做什么

- ▶ 掌握绘制插座、布置插座图形的操作
- ▶ 掌握创建灯具、布置灯具图形的操作
- ▶ 掌握创建水疗池管路、创建水疗池设施的操作

视频演示

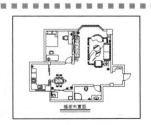

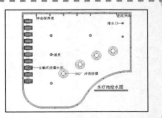

新手案例学
AutoCAD 2016 中文版从入门到精通

16.1　插座布置图

本实例介绍插座布置图的绘制，效果如图 16-1 所示。

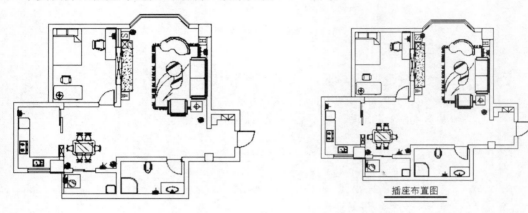

图 16-1　插座布置图

16.1.1　绘制插座

绘制插座的具体操作步骤如下。

案例实战 191——绘制插座

	素材文件	光盘\素材\第 16 章\平面布置图.dwg
	效果文件	无
	视频文件	光盘\视频\第 16 章\案例实战 191.mp4

步骤 **01**　单击快速访问工具栏中的"打开"按钮，打开素材图形"平面布置图.dwg"，如图 16-2 所示。

步骤 **02**　执行"LA"（图层）命令，弹出"图层特性管理器"面板，在面板中，新建一个"插座"图层，并将其置为当前图层，如图 16-3 所示。

图 16-2　打开素材图形

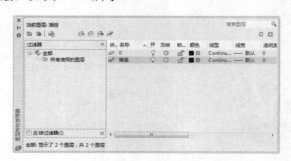

图 16-3　创建图层

步骤 **03**　关闭"图层特性管理器"面板，执行"L"（直线）命令，在命令行提示下，任意捕捉一点，向右引导光标，输入直线长度为"320"，并按〈Enter〉键确认，绘制水平直线，如图 16-4 所示。

步骤　04　重复执行"L"（直线）命令，在命令行提示下，输入"FROM"（捕捉自）命令，按〈Enter〉键确认，捕捉新绘制直线的左端点，输入"@160,-160"并确认，向上引导光标，输入"320"并确认，绘制垂直直线，如图 16-5 所示。

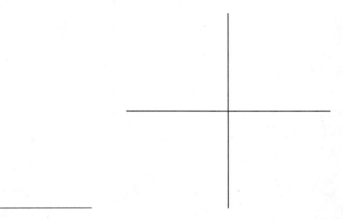

图 16-4　绘制水平直线　　　　　　　　　　图 16-5　绘制垂直直线

步骤　05　执行"C"（圆）命令，在命令行提示下，捕捉垂直直线的下端点为圆心点，输入圆的半径为"160"，按〈Enter〉键确认，绘制圆，如图 16-6 所示。

步骤　06　执行"L"（直线）命令，在命令行提示下，在绘图区中圆的左侧象限点上，单击鼠标左键，向右引导光标，在圆对象右侧的象限点上，单击鼠标左键，即可绘制直线，效果如图 16-7 所示。

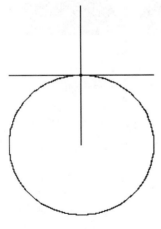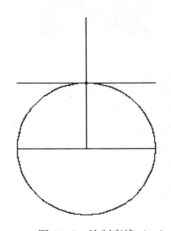

图 16-6　绘制圆　　　　　　　　　　　图 16-7　绘制直线（一）

步骤　07　执行"TR"（修剪）命令，在命令行提示下，修剪图形中需要修剪的线段，如图 16-8 所示。

步骤　08　执行"H"（图案填充）命令，弹出"图案填充创建"选项卡，单击"图案填充图案"下拉按钮，在弹出的下拉列表框中选择"SOLID"选项，如图 16-9 所示。

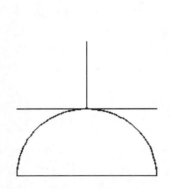

图 16-8 修剪直线

图 16-9 选择"SOLID"选项

步骤 09 在命令行提示下，在绘图区中的半圆内单击鼠标左键，按〈Enter〉键确认，创建图案填充，如图 16-10 所示。

步骤 10 执行"CO"（复制）命令，在命令行提示下，选择新绘制的插座对象，捕捉中点为基点，向右引导光标，在合适的位置处单击鼠标左键，复制图形，如图 16-11 所示。

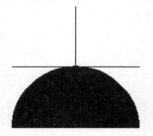

图 16-10 创建图案填充

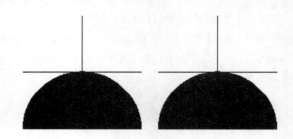

图 16-11 复制图形（一）

步骤 11 执行"E"（删除）命令，在命令行提示下，选择右侧插座的上方水平直线，将其删除，如图 16-12 所示。

步骤 12 执行"L"（直线）命令，在命令行提示下，输入"FROM"（捕捉自）命令，按〈Enter〉键确认，捕捉垂直直线的上方端点，依次输入"@192,−59"和"@−119,−119"并确认，绘制直线，如图 16-13 所示。

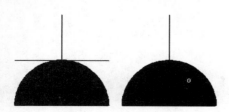

图 16-12 删除直线

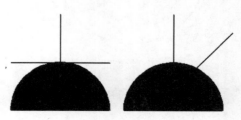

图 16-13 绘制直线（二）

步骤 13　执行"REC"（矩形）命令，在命令行提示下，捕捉合适的端点为矩形第一角点，输入第二角点坐标（@440,-440），按〈Enter〉键确认，绘制矩形，如图 16-14 所示。

步骤 14　执行"MT"（多行文字）命令，在命令行提示下，依次捕捉矩形对象内合适的角点和对角点，打开文本框和"文字编辑器"选项卡，输入文字，设置"文字高度"为"350"，在绘图区中的空白处单击鼠标左键，创建文字，并调整其位置，效果如图 16-15 所示。

图 16-14　绘制矩形

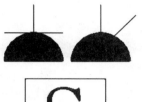

图 16-15　创建多行文字

步骤 15　执行"CO"（复制）命令，在命令行提示下，选择合适的插座对象，捕捉左上方端点为基点，将其向右复制两次，效果如图 16-16 所示。

步骤 16　在中间矩形内的文字上，双击鼠标左键，打开文本编辑框和"文字编辑器"选项卡，如图 16-17 所示。

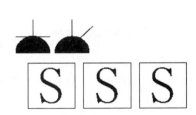

图 16-16　复制图形（二）

图 16-17　"文字编辑器"选项卡

步骤 17　在文本框中输入"W"，操作完成后在绘图区空白处单击鼠标左键，即可修改文字，效果如图 16-18 所示。

步骤 18　采用相同的方法，修改右侧矩形内的文字，效果如图 16-19 所示。

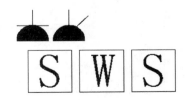

图 16-18　修改文字（一）

图 16-19　修改文字（二）

16.1.2 布置插座图形

布置插座图形的具体操作步骤如下。

案例实战 192——布置插座图形

	素材文件	案例实战 191 效果文件
	效果文件	无
	视频文件	光盘\视频\第 16 章\案例实战 192.mp4

步骤 01 执行"M"(移动)命令,在命令行提示下,选择相应的插座对象,捕捉上方端点,将其移至左上方端点处,如图 16-20 所示。

步骤 02 执行"COPY"(复制)命令,在命令行提示下,选择移动后的图形,捕捉上方端点,输入"@1300,-1000""@3902,-200""@7540,-200"和"@7800,-2160",每输入一次都按〈Enter〉键确认,复制图形;执行"E"(删除)命令,在命令行提示下,将左上方的插座图形删除,效果如图 16-21 所示。

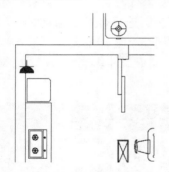

图 16-20 移动插座图形(一)

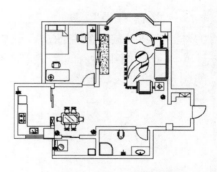

图 16-21 复制并删除图形

步骤 03 执行"RO"(旋转)命令,在命令行提示下,选择左上方复制后的插座图形,按〈Enter〉键确认,捕捉图形的圆心点,输入旋转角度为"-90"并确认,旋转插座并调整旋转后插座图形的位置,效果如图 16-22 所示。

步骤 04 重复执行"RO"(旋转)命令,在命令行提示下,对其他的插座图形进行旋转处理,并调整旋转后插座图形的位置,如图 16-23 所示。

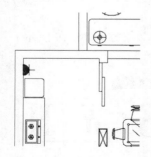

图 16-22 旋转插座图形

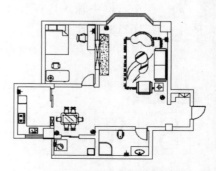

图 16-23 旋转并调整插座图形的位置

步骤 05 执行"M"（移动）命令，在命令行提示下，选择插座图形，捕捉上方端点，将其移至左下方端点处，如图 16-24 所示。

步骤 06 重复执行"M"（移动）命令，在命令行提示下，选择步骤 05 移动的插座图形，捕捉最右方端点，如图 16-25 所示。

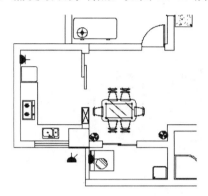

图 16-24 移动插座图形（二）

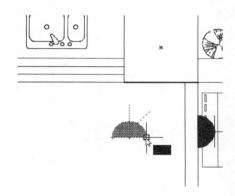

图 16-25 捕捉端点

步骤 07 执行操作后，将选中的图形移动至合适的位置，效果如图 16-26 所示。

步骤 08 重复执行"M"（移动）命令，在命令行提示下，对绘图区中的其他插座进行移动处理，效果如图 16-27 所示。

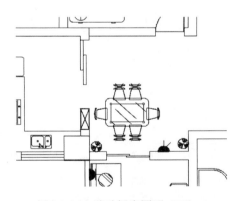

图 16-26 移动插座图形（三）

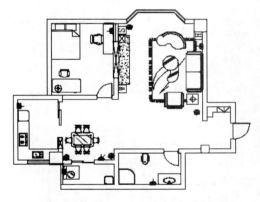

图 16-27 移动插座图形（四）

16.1.3 完善插座布置图

完善插座布置图的具体操作步骤如下。

案例实战 193——完善插座布置图

素材文件	案例实战 192 效果文件
效果文件	光盘\效果\第 16 章\插座布置图.dwg
视频文件	光盘\视频\第 16 章\案例实战 193.mp4

步骤 01 将"0"图层置为当前，执行"MT"（多行文字）命令，在命令行提示下，捕捉合适角点和对角点，打开文本编辑框和"文字编辑器"选项卡，输入文字，如图 16-28 所示。

步骤 02 选择输入的文字，设置"文字高度"为"400"，在绘图区中的空白位置处单击鼠标左键，创建文字，并调整其至合适的位置，如图 16-29 所示。

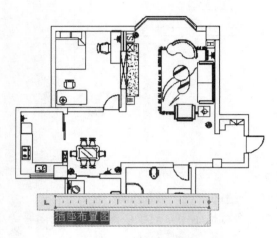

图 16-28 输入文字

图 16-29 创建文字

步骤 03 执行"PL"（多段线）命令，在命令行提示下，捕捉新创建文字下方合适的端点，设置宽度为"50"，并捕捉右侧合适的端点，绘制多段线，效果如图 16-30 所示。

步骤 04 执行"L"（直线）命令，在命令行提示下，在多段线的下方，绘制一条水平直线对象，效果如图 16-31 所示。

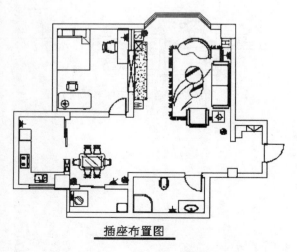

图 16-30 绘制多段线

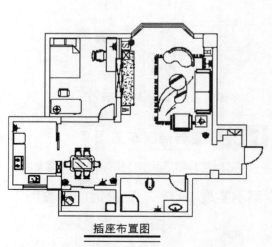

图 16-31 绘制水平直线

16.2　复式楼灯具布置图

本实例介绍复式楼灯具布置图的绘制，如图 16-32 所示。

复式楼灯具布置图

图 16-32　复式楼灯具布置图

16.2.1　创建灯具

创建灯具的具体操作步骤如下。

案例实战 194——创建灯具

素材文件	光盘\素材\第 16 章\复式楼平面图.dwg
效果文件	无
视频文件	光盘\视频\第 16 章\案例实战 194.mp4

步骤 **01**　单击快速访问工具栏中的"打开"按钮，打开素材图形"复式楼平面图.dwg"，如图 16-33 所示。

步骤 **02**　执行"LA"（图层）命令，弹出"图层特性管理器"面板，新建一个"灯具"图层（蓝色），并将其置为当前图层，如图 16-34 所示。

图 16-33　素材图形　　　　　　　　　　　图 16-34　创建图层

步骤 **03**　关闭面板。执行"L"（直线）命令，在命令行提示下，任意捕捉一点，向右引导光标，输入"934"，并按〈Enter〉键确认，创建直线，如图 16-35 所示。

步骤 **04**　重复执行"L"（直线）命令，在命令行提示下，输入"FROM"（捕捉自）

命令，按〈Enter〉键确认，捕捉新创建直线左端点，依次输入"@467，–451"和"@0，902"
并确认，创建直线，效果如图 16-36 所示。

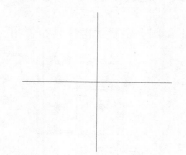

图 16-35　创建直线（一）　　　　　　　　　　　图 16-36　创建直线（二）

步骤 **05**　执行"C"（圆）命令，在命令行提示下，捕捉直线的交点为圆心，输入"280"，
按〈Enter〉键确认，创建圆，如图 16-37 所示。

步骤 **06**　重复执行"C"（圆）命令，在命令行提示下，捕捉直线的交点，输入"264"，
按〈Enter〉键确认，创建圆，如图 16-38 所示。

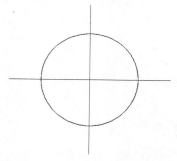

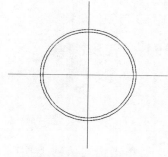

图 16-37　创建圆（一）　　　　　　　　　　　图 16-38　创建圆（二）

步骤 **07**　执行"C"（圆）命令，在命令行提示下，捕捉直线的交点为圆心，依次输入
"72"和"24"，按〈Enter〉键确认，创建两个圆对象，效果如图 16-39 所示。

步骤 **08**　重复执行"C"（圆）命令，在命令行提示下，输入"FROM"（捕捉自）命
令，按〈Enter〉键确认，捕捉圆心点，依次输入"@–115，110"和 40 并确认，创建圆，效
果如图 16-40 所示。

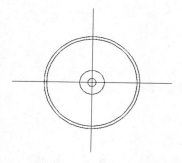

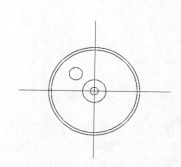

图 16-39　创建两个圆　　　　　　　　　　　图 16-40　创建圆（三）

步骤 **09** 执行"L"（直线）命令，在命令行提示下，输入"FROM"（捕捉自）命令，按〈Enter〉键确认，捕捉圆心点，依次输入"@-164，61"和"@98，101"并确认，创建直线，如图 16-41 所示。

步骤 **10** 重复执行"L"（直线）命令，在命令行提示下，输入"FROM"命令，按〈Enter〉键确认，捕捉圆心点，依次输入"@-65，61"和"@-98，97"并确认，创建直线，如图 16-42 所示。

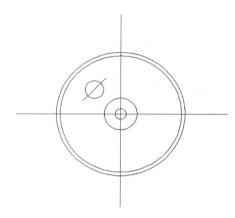

图 16-41 创建直线（三）

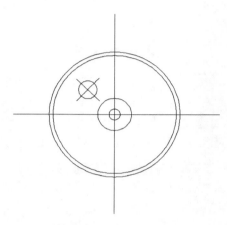

图 16-42 创建直线（四）

步骤 **11** 在功能区选项板的"默认"选项卡中，单击"修改"面板中的"阵列"按钮 阵列 右侧的下拉三角形，单击"环形阵列"按钮，如图 16-43 所示。

步骤 **12** 在命令行提示下，拾取新创建的图形，并拾取大圆圆心，输入阵列项目数为"4"，填充角度为"360"即可阵列图形，如图 16-44 所示。

图 16-43 选择"环形阵列"按钮

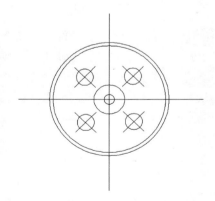

图 16-44 阵列图形

步骤 **13** 执行"TR"（修剪）命令，在命令行提示下，修剪绘图区中多余的直线，效果如图 16-45 所示。

步骤 **14** 执行"COPY"（复制）命令，在命令行提示下，选择右上方阵列图形，将其向右进行两次复制处理，效果如图 16-46 所示。

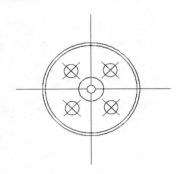

图 16-45　修剪图形效果

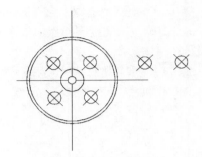

图 16-46　复制图形效果

步骤 15　执行"H"（填充）命令，弹出"图案填充创建"选项卡，单击"图案填充图案"右侧下拉按钮，弹出下拉列表框，选择"SOLID"选项，如图 16-47 所示。

步骤 16　在"边界"面板中，单击"拾取点"按钮，拾取右侧复制图形合适的区域为填充区域，按〈Enter〉键确认，创建图案填充对象，效果如图 16-48 所示。

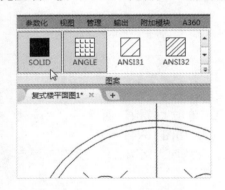

图 16-47　选择"SOLID"选项

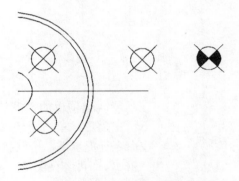

图 16-48　创建图案填充对象

步骤 17　执行"L"（直线）命令，在命令行提示下，任意捕捉一点，向右引导光标，输入"728"，按〈Enter〉键确认，创建直线，效果如图 16-49 所示。

步骤 18　重复执行"L"（直线）命令，在命令行提示下，输入"FROM"命令，按〈Enter〉键确认，捕捉直线左端点，输入"@364，-364"和"@0，728"并确认，创建直线，如图 16-50 所示。

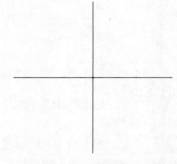

图 16-49　创建直线（五）

图 16-50　创建直线（六）

步骤 19 执行"C"（圆）命令，在命令行提示下，捕捉新创建直线交点，输入"210"，按〈Enter〉键确认，创建圆，如图 16-51 所示。

步骤 20 重复执行"C"（圆）命令，在命令行提示下，捕捉新创建圆圆心，输入"200"，按〈Enter〉键确认，创建圆，如图 16-52 所示。

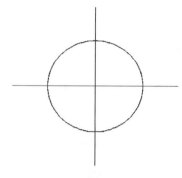

图 16-51 创建圆（四）

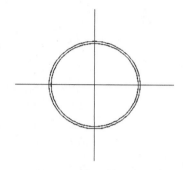

图 16-52 创建圆（五）

16.2.2 布置灯具图形

布置灯具图形的具体操作步骤如下。

案例实战 195——布置灯具图形

素材文件	案例实战 194 效果文件
效果文件	无
视频文件	光盘\视频\第 16 章\案例实战 195.mp4

步骤 01 执行"MOVE"（移动）命令，在命令行提示下，选择图 16-46 所示左侧的第一个图形对象，捕捉中心点，将其移至墙体的右上角点处，效果如图 16-53 所示。

步骤 02 执行"COPY"（复制）命令，在命令行提示下，选择移动图形，确定基点，将图形移动到合适的位置，即可复制图形，删除移动图形，如图 16-54 所示。

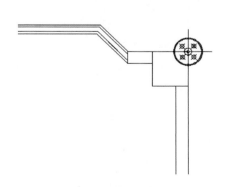

图 16-53 移动图形（一）

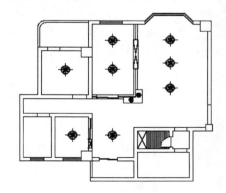

图 16-54 复制图形（一）

步骤 03 执行"MOVE"（移动）命令，在命令行提示下，选择图 16-52 所示图形对象，捕捉中心点，将其移至墙体的右上角点处，效果如图 16-55 所示。

步骤 04 执行"COPY"（复制）命令，在命令行提示下，选择移动图形，确定基点，图形移动到合适的位置，即可复制图形，并删除移动图形，如图 16-56 所示。

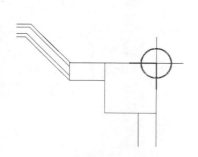

图 16-55 移动图形（二）

图 16-56 复制图形（二）

步骤 05 执行"MOVE"（移动）命令，在命令行提示下，选择图 16-48 所示右侧图形对象，捕捉中心点，将其移至墙体的右上角点处，效果如图 16-57 所示。

步骤 06 执行"COPY"（复制）命令，在命令行提示下，选择移动图形，捕捉中心点，将图形移动到合适的位置，即可复制图形，删除移动图形，如图 16-58 所示。

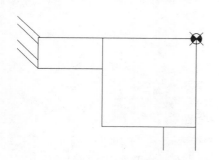

图 16-57 移动图形（三）

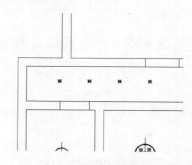

图 16-58 复制图形（三）

步骤 07 执行"MOVE"（移动）命令，在命令行提示下，选择图 16-46 右侧图形对象，捕捉中心点，将其移至墙体的右上角点处，效果如图 16-59 所示。

步骤 08 执行"COPY"（复制）命令，在命令行提示下，选择移动图形，确定圆心点为移动基点，将图形移动到合适的位置，即可复制图形，效果如图 16-60 所示。

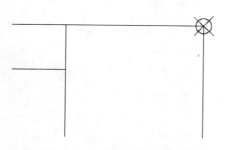

图 16-59 移动图形（四）

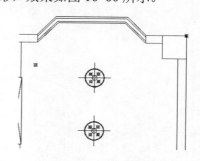

图 16-60 复制图形（四）

步骤 **09** 重复执行"COPY"（复制）命令，在命令行提示下，选择移动图形，确定圆心点为移动基点，效果如图 16-61 所示。

步骤 **10** 对圆心点进行复制处理，并删除移动的图形，效果如图 16-62 所示。

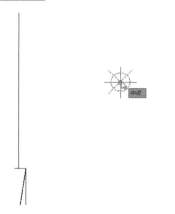

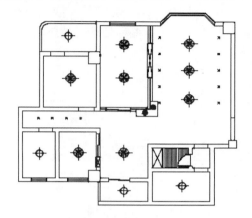

图 16-61　选择移动基点　　　　　　　　图 16-62　复制图形（五）

16.2.3　完善灯具布置图

完善灯具图形的具体操作步骤如下。

案例实战 196——完善灯具布置图

	素材文件	案例实战 195 效果文件
	效果文件	光盘\效果\第 16 章\复式楼灯具布置图.dwg
	视频文件	光盘\视频\第 16 章\案例实战 196.mp4

步骤 **01** 将"0"图层置为当前。执行"MT"（多行文字）命令，在命令行提示下，捕捉合适角点和对角点，打开文本框和"文字编辑器"选项卡，输入文字，如图 16-63 所示。

步骤 **02** 选择输入的文字，设置"文字高度"为"400"，在绘图区中的空白位置处，单击鼠标左键，创建文字，并调整其至合适的位置，效果如图 16-64 所示。

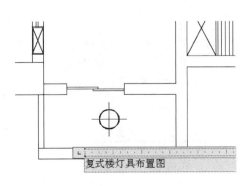

图 16-63　输入文字　　　　　　　　　图 16-64　创建文字

步骤 **03** 执行"L"(直线)命令,在命令行提示下,捕捉文字下方合适的端点,向右引导光标,输入"5100",并按〈Enter〉键确认,创建直线,如图 16-65 所示。

步骤 **04** 执行"OFFSET"(偏移)命令,在命令行提示下,设置偏移距离为"250",将新创建的直线向下进行偏移处理,效果如图 16-66 所示。

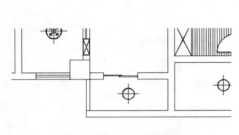

复式楼灯具布置图

图 16-65 创建直线

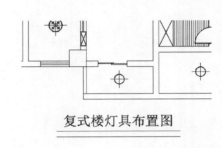

复式楼灯具布置图

图 16-66 偏移直线效果

步骤 **05** 执行"PL"(多段线)命令,在命令行提示下,捕捉上方直线的左端点,输入"W",按〈Enter〉键确认,输入"80",如图 16-67 所示。

步骤 **06** 连续按两次〈Enter〉键确认,在上方直线的右端点上,单击鼠标左键,并确认,创建多段线,如图 16-68 所示。

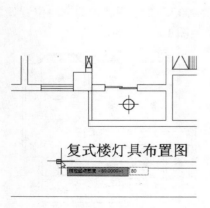

复式楼灯具布置图

图 16-67 输入参数

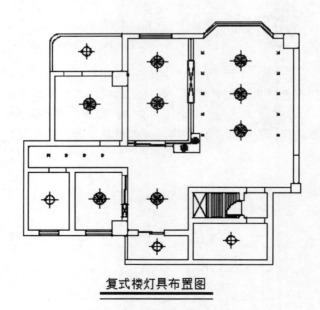

复式楼灯具布置图

图 16-68 创建多段线

16.3　水疗池给水图

本实例介绍水疗池给水图的绘制，效果如图 16-69 所示。

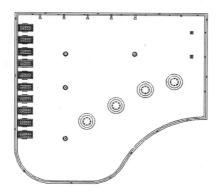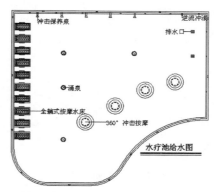

图 16-69　水疗池给水图

16.3.1　创建水疗池管路

创建水疗池管路的具体操作步骤如下。

案例实战 197——创建水疗池管路

素材文件	光盘\素材\第 16 章\水疗池设施.dwg	
效果文件	无	
视频文件	光盘\视频\第 16 章\案例实战 197.mp4	

步骤 01 新建一个 CAD 文件，执行"LA"（图层）命令，弹出"图层特性管理器"面板，新建"墙体"图层、"基本设施"图层（蓝色），如图 16-70 所示。

步骤 02 在"墙体"图层上，单击鼠标右键，在弹出的快捷菜单中，选择"置为当前"命令，即可将"墙体"图层置为当前图层，如图 16-71 所示。

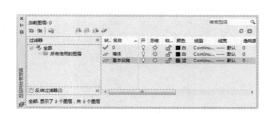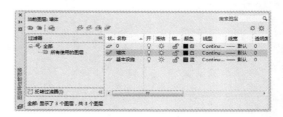

图 16-70　创建图层　　　　　　　　　　图 16-71　将"墙体"置为当前图层

步骤 03 执行"PL"（多段线）命令，在命令行提示下，依次输入"0，0""@28167，0""@0，-16126""A""R""13600""@14034<-150""@5436<-150""L""@-5905，0""A""@7637<135""L""@0，20461"，创建多段线，如图 16-72 所示。

步骤 04 执行"OFFSET"（偏移）命令，在命令行提示下，设置偏移距离均为"200"，将新创建的多段线对象向内进行两次偏移处理，效果如图 16-73 所示。

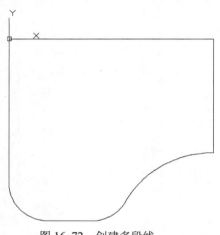

图 16-72　创建多段线

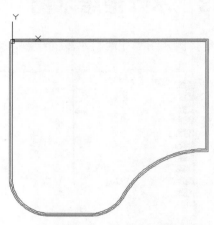

图 16-73　偏移图形效果

 创建水疗池设施

创建水疗池设施的具体操作步骤如下。

案例实战 198——创建水疗池设施

素材文件	光盘\素材\第 16 章\水疗池设施.dwg
效果文件	无
视频文件	光盘\视频\第 16 章\案例实战 198.mp4

步骤 **01**　将"基本设施"图层置为当前。执行"C"（圆）命令，在命令行提示下，输入"FROM"（捕捉自）命令，捕捉最内侧多段线的左上角点，依次输入"@7049，-5876"和"46"，按〈Enter〉键确认，创建圆，如图 16-74 所示。

步骤 **02**　重复执行"C"（圆）命令，在命令行提示下，捕捉绘图区中新创建圆的圆心点为圆心，依次输入"240"和"336"，并按〈Enter〉键确认，即可创建两个圆对象，效果如图 16-75 所示。

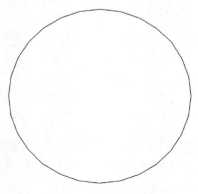

图 16-74　创建圆（一）

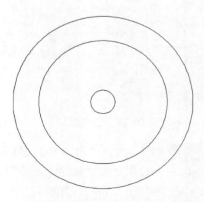

图 16-75　创建两个圆（一）

步骤 **03**　执行"COPY"（复制）命令，在命令行提示下，选择新创建的所有圆，捕捉圆心点，依次输入"@10109，0""@0，-5131"和"@0，-12871"，复制图形，如图 16-76 所示。

步骤 **04**　执行"C"（圆）命令，在命令行提示下，输入"FROM"命令，捕捉内侧多段线右下角点，依次输入"@-4372，5257"和"600"，按〈Enter〉键确认，如图 16-77 所示。

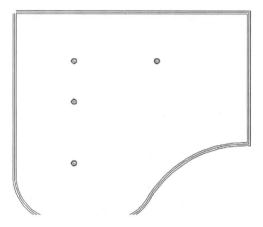

图 16-76　复制图形（一）

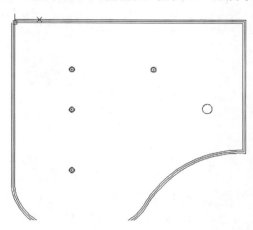

图 16-77　创建圆（二）

步骤 **05**　重复执行"C"（圆）命令，在命令行提示下，捕捉新创建圆的圆心点，依次输入"900"和"1200"，即可创建两个圆对象，效果如图 16-78 所示。

步骤 **06**　重复执行"C"（圆）命令，在命令行提示下，输入"FROM"命令，捕捉新创建圆的圆心，依次输入"@0，507"和"40"，按〈Enter〉键确认，创建圆，效果如图 16-79 所示。

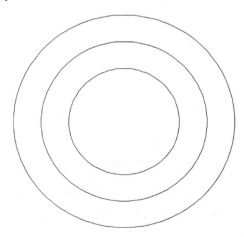

图 16-78　创建两个圆（二）

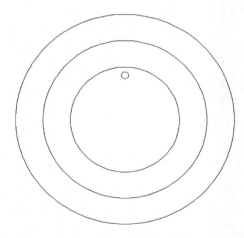

图 16-79　创建圆（三）

步骤 **07**　在功能区选项板的"默认"选项卡中，单击"修改"面板中的"阵列"按钮 右侧的下拉三角形，单击"环形阵列"按钮 ，如图 16-80 所示。

步骤 **08**　选择新创建的圆为阵列对象，以中间的圆心点为阵列中心点，在"阵列"选项卡中输入阵列的项目数为"8"，填充角度为"360"，阵列图形，效果如图 16-81 所示。

图 16-80　选择"环形阵列"按钮

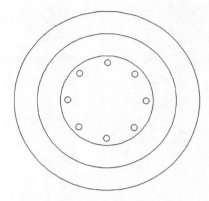

图 16-81　阵列图形

步骤 09　执行"COPY"（复制）命令，在命令行提示下，选择合适圆，捕捉圆心点，输入"@-4264，-1218""@-8528，-3636"和"@-12792，-6054"，复制图形，如图 16-82 所示。

步骤 10　执行"RECTANG"（矩形）命令，在命令行提示下，输入"FROM"（捕捉自）命令，捕捉内侧多段线右上角点，依次输入"@-3341，0"和"@-200，-100"，创建矩形，如图 16-83 所示。

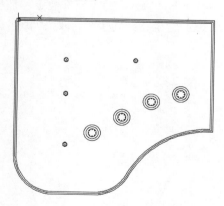

图 16-82　复制图形（二）

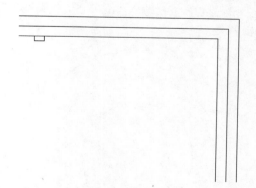

图 16-83　创建矩形（一）

步骤 11　重复执行"REC"（矩形）命令，在命令行提示下，输入"FROM"（捕捉自）命令，捕捉新创建矩形右上角点，依次输入"@-50，0"和"@-100，200"，创建矩形，如图 16-84 所示。

步骤 12　执行"PL"（多段线）命令，在命令行提示下，输入"FROM"（捕捉自）命令，捕捉内侧多段线左上角点，依次输入"@3192，-300""@193，0""@255<-70""@-367，0""@255<70""@0，500""@193，0"和"@0，-500"，创建多段线，效果如图 16-85 所示。

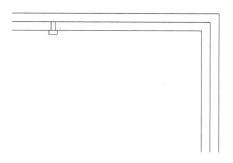

图 16-84　创建矩形（二）

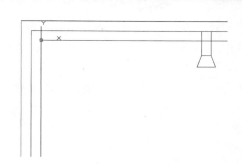

图 16-85　创建多段线

步骤 13　执行"COPY"（复制）命令，在命令行提示下，选择新创建多段线，捕捉左上角点，输入"@3479，0""@6959，0""@10438，0"和"@13916，0"，复制图形，效果如图 16-86 所示。"

步骤 14　执行"REC"（矩形）命令，在命令行提示下，输入"FROM"命令，捕捉内侧多段线的右上角点，依次输入"@-1649，-2330"和"@-449，-449"，创建矩形，并对新创建的矩形进行分解处理，如图 16-87 所示。

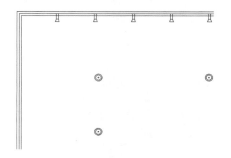

图 16-86　复制图形（三）

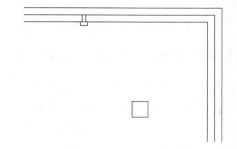

图 16-87　创建并分解矩形

步骤 15　执行"OFFSET"（偏移）命令，在命令行提示下，依次设置偏移距离为"149"和"150"，将矩形上方直线向下进行偏移处理；将矩形左侧直线向右进行偏移，如图 18-88 所示。

步骤 16　执行"COPY"（复制）命令，在命令行提示下，选择新创建的图形为复制对象，捕捉并选择图形的左上角点为基点，向下引导光标，输入"3644"，复制图形，如图 16-89 所示。

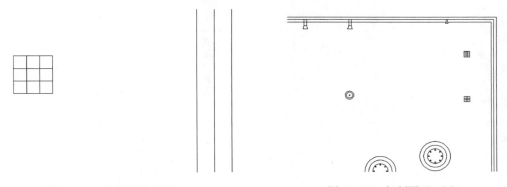

图 16-88　偏移直线效果　　　　　　　　图 16-89　复制图形（四）

步骤 17 执行"INSERT"（插入）命令，弹出"插入"对话框，单击"浏览"按钮，弹出"选择图形文件"对话框，选择合适的图形文件，效果如图 16-90 所示。

步骤 18 单击"打开"按钮，返回到"插入"对话框，单击"确定"按钮，在绘图区中任意指定一点，插入图块，并将其移动到合适的位置，如图 16-91 所示。

图 16-90 选择合适的图形文件

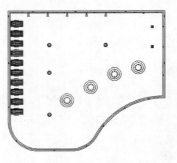

图 16-91 插入图块

16.3.3 完善室内电路图

完善室内电路图的具体操作步骤如下。

案例实战 199——完善室内电路图

素材文件	案例实战 198 效果文件
效果文件	光盘\效果\第 16 章\水疗池给水图.dwg
视频文件	光盘\视频\第 16 章\案例实战 199.mp4

步骤 01 执行"MLEADER"（多重引线）命令，在命令行提示下，捕捉合适端点，打开文本编辑框和"文字编辑器"选项卡，输入文字，如图 16-92 所示。

步骤 02 设置"文字高度"为"650"，在空白处，单击鼠标左键，创建多重引线，效果如图 16-93 所示。

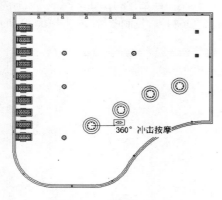

图 16-92 输入文字

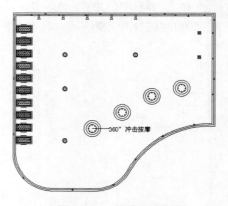

图 16-93 创建多重引线

步骤 03 重复执行"MLEADER"（多重引线）命令，在命令行提示下，在绘图区中的合适位置创建多重引线，效果如图 16-94 所示。

步骤 04　将"墙体"图层置为当前。执行"MT"（多行文字）命令，在命令行提示下，设置"文字高度"为"800"，在下方合适位置，创建相应的文字，并调整位置，如图 16-95 所示。

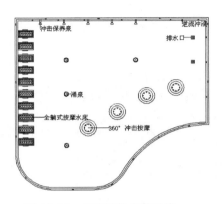

图 16-94　创建其他多重引线

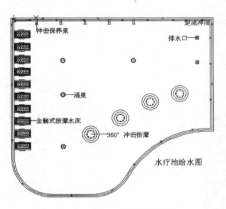

图 16-95　创建文字

步骤 05　执行"L"（直线）命令，在文字的下方，创建长度为"8625"的直线；执行"OFFSET"命令，将直线向下偏移"300"，如图 16-96 所示。

步骤 06　执行"PL"（多段线）命令，在命令行提示下，创建宽度为"150"的多段线，如图 16-97 所示。

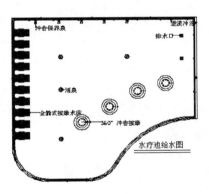

图 16-96　创建并偏移直线

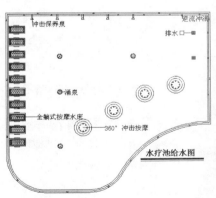

图 16-97　创建多段线

第 17 章　室内装潢设计

学前提示

　　随着城市化进程的加快和人们生活水平的提高，建筑行业已经成为国民经济的支柱产业之一。本章主要向读者介绍室内装潢图样的绘制方法与设计技巧。

本章教学目标

▶ 绘制双人床平面图
▶ 绘制户型平面图
▶ 绘制酒吧平面图

学完本章后你会做什么

▶ 掌握绘制基本造型、双人床、床头柜的操作
▶ 掌握绘制户型图轴线、墙体、门窗的操作
▶ 掌握绘制墙体的操作

视频演示

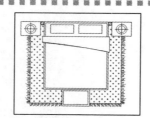

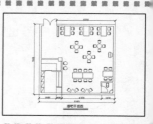

17.1　双人床

本实例介绍双人床的绘制，最终效果如图 17-1 所示。

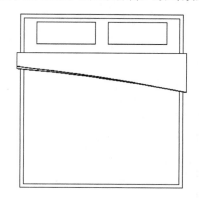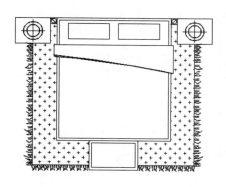

图 17-1　双人床

 绘制床

绘制床的具体操作步骤如下。

案例实战 200——绘制床

素材文件	无	
效果文件	无	
视频文件	光盘\视频\第 17 章\案例实战 200.mp4	

步骤 01　新建一个 CAD 文件，执行"REC"（矩形）命令，在命令行提示下，任意指定一点为角点，在绘图区中，绘制一个宽度和高度分别为"1700"和"2000"的矩形，如图 17-2 所示。

步骤 02　执行"O"（偏移）命令，在命令行提示下，输入"40"，按〈Enter〉键确认，将新绘制的矩形向内偏移，如图 17-3 所示。

图 17-2　绘制矩形（一）　　　　　　　　　　图 17-3　偏移矩形

步骤 `03` 执行"REC"（矩形）命令，在命令行提示下，输入"FROM"（捕捉自）命令，如图 17-4 所示。

步骤 `04` 按〈Enter〉键确认，捕捉左上方端点，输入"@140，-50"和"@650，-250"并确认，绘制矩形，效果如图 17-5 所示。

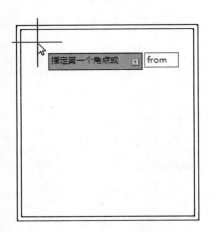

图 17-4 输入命令（一）

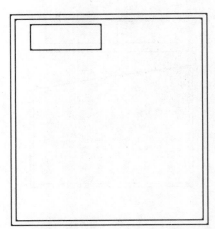

图 17-5 绘制矩形（二）

步骤 `05` 执行"MI"（镜像）命令，在命令行提示下，选择新绘制的矩形为对象，如图 17-6 所示。

步骤 `06` 以最上方和最下方水平直线的中点为镜像线上的点，在命令行提示下输入"N"，即可进行镜像处理，效果如图 17-7 所示。

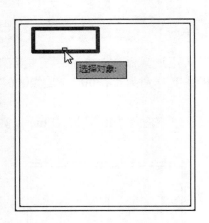

图 17-6 选择对象（一）

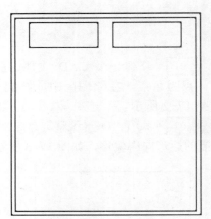

图 17-7 图形镜像效果

步骤 `07` 执行"REC"（矩形）命令，在命令行提示下，输入"FROM"（捕捉自）命令，如图 17-8 所示。

步骤 `08` 按〈Enter〉键确认，捕捉左上方端点，输入"@-40，-440"和"@1780，-450"并确认，绘制矩形，效果如图 17-9 所示。

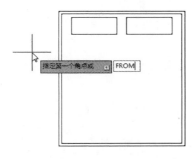

图 17-8　输入命令（二）

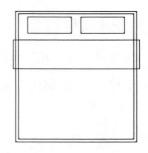

图 17-9　绘制矩形（三）

步骤　09　执行"X"（分解）命令，在命令行提示下，以新绘制的矩形为分解对象，按〈Enter〉键确认，如图 17-10 所示。

步骤　10　执行"O"（偏移）命令，在命令行提示下，设置偏移距离为"160"和"25"，将分解后的矩形的最上方水平直线向下偏移，效果如图 17-11 所示。

图 17-10　选择对象（二）

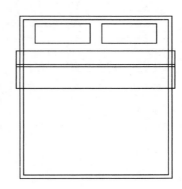

图 17-11　偏移图形

步骤　11　执行"A"（圆弧）命令，在命令行提示下，依次捕捉合适的端点，绘制两个圆弧对象，如图 17-12 所示。

步骤　12　执行"TR"（修剪）命令，在命令行提示下，修剪多余线段；执行"E"（删除）命令，在命令行的提示下，删除多余的线段，效果如图 17-13 所示。

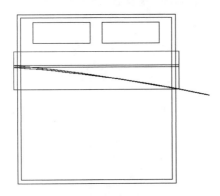

图 17-12　绘制两个圆弧

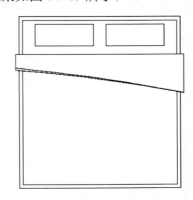

图 17-13　修剪与删除多余线段

17.1.2 绘制床头柜

绘制床头柜的具体操作步骤如下。

案例实战 201——绘制床头柜

	素材文件	案例实战 200 效果文件
	效果文件	无
	视频文件	光盘\视频\第 17 章\案例实战 201.mp4

步骤 01 执行"REC"（矩形）命令，在命令行提示下，捕捉左上方端点为矩形的第一个角点，再输入第二个角点坐标（@-100,-100），按〈Enter〉键确认，即可绘制矩形，如图 17-14 所示。

步骤 02 执行"L"（直线）命令，在命令行提示下，捕捉矩形的左上方端点和右下方端点，绘制直线，如图 17-15 所示。

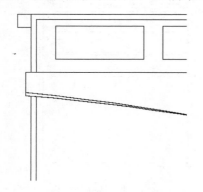

图 17-14 绘制矩形（一）

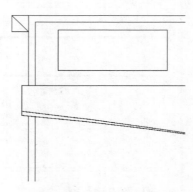

图 17-15 绘制直线（一）

步骤 03 执行"C"（圆）命令，在命令行提示下，捕捉新绘制的斜线的中点，并以其为圆心，绘制一个半径为"40"的圆，如图 17-16 所示。

步骤 04 执行"REC"（矩形）命令，在命令行提示下，捕捉左上方端点为矩形的第一角点，再输入第二个角点坐标（@-550,-420），按〈Enter〉键确认，绘制矩形，如图 17-17 所示。

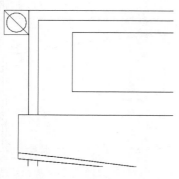

图 17-16 绘制圆（一）

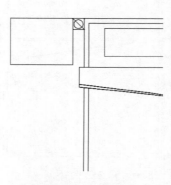

图 17-17 绘制矩形（二）

步骤 05　执行"L"（直线）命令，在命令行提示下，输入"FROM"（捕捉自）命令，按〈Enter〉键确认，捕捉新绘制矩形的右上方端点，输入"@-275,-34"和"@0,-353"，绘制直线，如图 17-18 所示。

步骤 06　重复执行"L"（直线）命令，在命令行提示下，输入"FROM"（捕捉自）命令，按〈Enter〉键确认，捕捉新绘制矩形的右上方端点，输入"@-89,-213"和"@-370,0"，绘制直线，如图 17-19 所示。

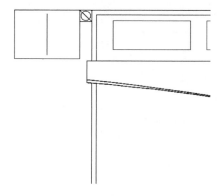

图 17-18　绘制直线（二）

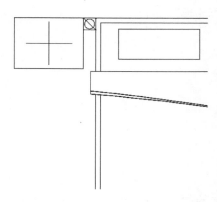

图 17-19　绘制直线（三）

步骤 07　执行"C"（圆）命令，在命令行提示下，捕捉新绘制的两条直线的交点为圆心点，绘制两个半径分别为"148"和"99"的圆，如图 17-20 所示。

步骤 08　执行"MI"（镜像）命令，在命令行提示下，选择合适的图形对象，以最上方和下方水平直线的中点为镜像线上的点，进行镜像处理，效果如图 17-21 所示。

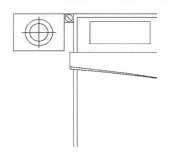

图 17-20　绘制圆（二）

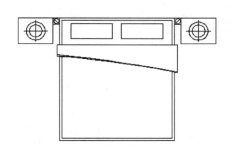

图 17-21　图形镜像效果

17.1.3　绘制地毯

绘制地毯的具体操作步骤如下。

案例实战 202——绘制地毯

素材文件	光盘\素材\第 17 章\毛边.dwg
效果文件	光盘\效果\第 17 章\双人床.dwg
视频文件	光盘\视频\第 17 章\案例实战 202.mp4

步骤 **01** 执行"REC"（矩形）命令，在命令行提示下，捕捉左侧矩形的上方水平直线中点为矩形角点，输入"@2400,-2400"，按〈Enter〉键确认，绘制矩形，如图 17-22 所示。

步骤 **02** 执行"TR"（修剪）命令，在命令行提示下，修剪多余的图形对象，效果如图 17-23 所示。

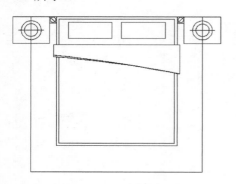

图 17-22 绘制矩形（一）

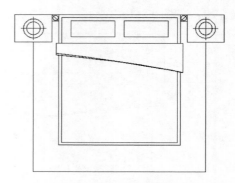

图 17-23 修剪多余图形

步骤 **03** 执行"REC"（矩形）命令，在命令行提示下，输入"FROM"（捕捉自）命令，按〈Enter〉键确认，捕捉左上方端点，输入"@1165,-2000"和"@770，-480"并确认，绘制矩形，效果如图 17-24 所示。

步骤 **04** 执行"O"（偏移）命令，在命令行提示下，将新绘制的矩形向内偏移"40"，效果如图 17-25 所示。

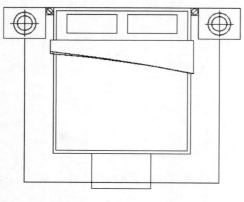

图 17-24 绘制矩形（二）

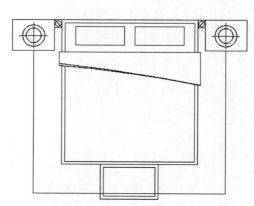

图 17-25 偏移效果图形

步骤 **05** 执行"TR"（修剪）命令，在命令行提示下，修剪多余的图形对象，效果如图 17-26 所示。

步骤 **06** 执行"H"（图案填充）命令，打开"图案填充创建"选项卡，单击"图案"面板中"图案填充图案"右侧的下拉按钮，在弹出的下拉列表中，选择"CROSS"选项，如图 17-27 所示。

步骤 **07** 在"特性"面板中，设置"填充图案比例"为"12"，在绘图区中的合适位置依次单击鼠标左键，按〈Enter〉键确认，即可填充图案对象，效果如图 17-28 所示。

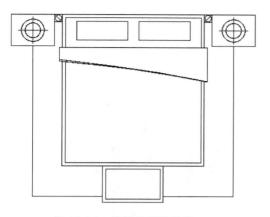

图 17-26 修剪并删除直线

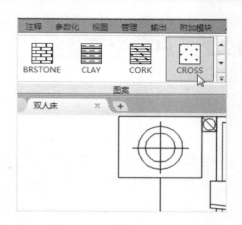

图 17-27 选择"CROSS"选项

步骤 08 执行"I"（插入）命令，弹出"插入"对话框，单击"浏览"按钮，如图 17-29 所示。

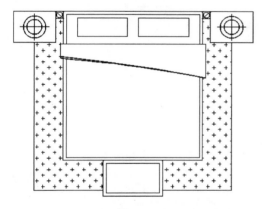

图 17-28 填充图案效果

图 17-29 "插入"对话框

步骤 09 弹出"选择图形文件"对话框，选择合适的图形文件，如图 17-30 所示。

步骤 10 单击"打开"按钮，返回"插入"对话框，单击"确定"按钮，在绘图区的合适位置指定插入点，插入图块，缩放图块并调整其位置，如图 17-31 所示。

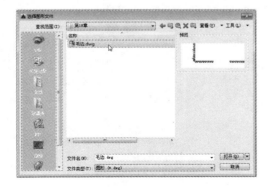

图 17-30 选择合适的图形文件

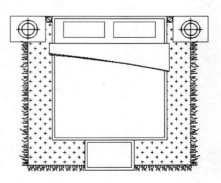

图 17-31 插入图块效果

17.2 户型平面图

本实例介绍户型平面图的绘制，最终效果如图 17-32 所示。

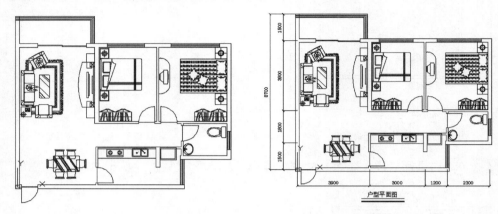

图 17-32 户型平面图

17.2.1 绘制户型图轴线

绘制户型轴线的具体操作步骤如下。

案例实战 203——绘制户型轴线图

素材文件	无	
效果文件	无	
视频文件	光盘\视频\第 17 章\案例实战 203.mp4	

步骤 01 新建一个 CAD 文件，执行"LA"（图层）命令，弹出相应的图层面板，新建"墙体"图层、"家具"图层、"标注"图层、"轴线"图层（红、CENTER），如图 17-33 所示。

步骤 02 在"轴线"图层上，单击鼠标右键，在弹出的快捷菜单中，选择"置为当前"命令，即可将"轴线"图层置为当前图层，如图 17-34 所示。

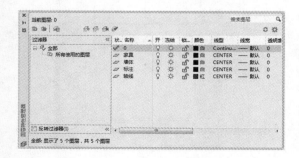

图 17-33 创建图层

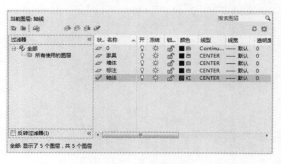

图 17-34 置为当前图层

步骤 03　执行"L"（直线）命令，在命令行提示下，输入（0，0），按〈Enter〉键确认，向右引导光标，输入"10400"并确认，创建直线，效果如图 17-35 所示。

步骤 04　重复执行"L"（直线）命令，在命令行提示下，捕捉新创建直线左端点，向上引导光标，输入 8700，按〈Enter〉键确认，创建直线，效果如图 17-36 所示。

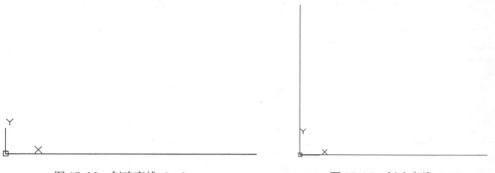

图 17-35　创建直线（一）　　　　　　　图 17-36　创建直线（二）

步骤 05　执行"OFFSET"（偏移）命令，在命令行提示下，依次设置偏移距离为"3900""3000""1200"和"2300"，将左侧直线向右进行偏移处理，效果如图 17-37 所示。

步骤 06　重复执行"OFFSET"（偏移）命令，在命令行提示下，依次设置偏移距离为"1500""500""1300""3900""600"和"900"，将下方直线向上进行偏移处理，效果如图 17-38 所示。

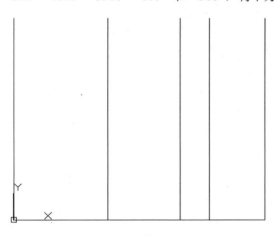
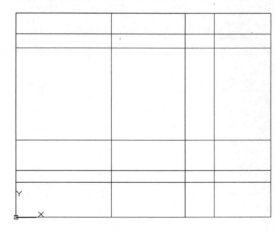

图 17-37　偏移直线效果（一）　　　　　　图 17-38　偏移直线效果（二）

17.2.2　创建户型图墙体

绘制户型图墙体的具体操作步骤如下。

案例实战 204——绘制户型图墙体

	素材文件	案例实战 203 效果文件
	效果文件	无
	视频文件	光盘\视频\第 17 章\案例实战 204.mp4

步骤 01 将"墙体"图层置为当前图层，执行"ML"（多线）命令，在命令行提示下，设置"比例"为"200"，"对正"为"无"，依次捕捉轴线上合适的端点，创建多线，如图 17-39 所示。

步骤 02 重复执行"ML"（多线）命令，在命令行提示下，设置"比例"为"200"，"对正"为"无"，依次捕捉合适端点，创建多线，如图 17-40 所示。

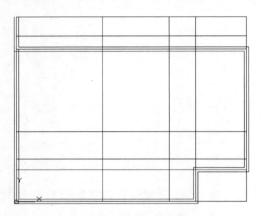

图 17-39 创建多线（一）

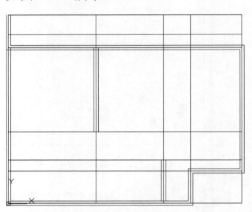

图 17-40 创建多线（二）

步骤 03 执行"ML"（多线）命令，在命令行提示下，设置"比例"为"100"，"对正"为"无"，依次捕捉合适端点，创建多线，如图 17-41 所示。

步骤 04 执行"EXPLODE"（分解）命令，在命令行提示下，分解所有多线对象；执行"L"（直线）命令，在命令行提示下，捕捉最上方的左右端点，创建直线，如图 17-42 所示。

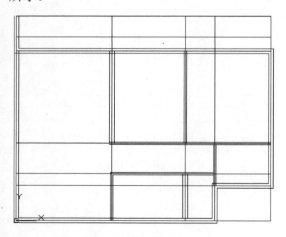

图 17-41 创建多线（三）

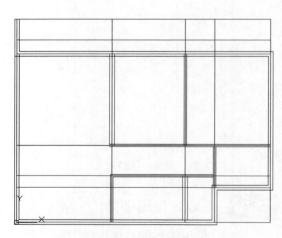

图 17-42 创建直线（四）

步骤 05 执行"TR"（修剪）命令，在命令行提示下，修剪多余的线段，如图 17-43 所示。

步骤 06 执行"E"（删除）命令，在命令行提示下，删除多余的线段，并隐藏"轴线"图层，效果如图 17-44 所示。

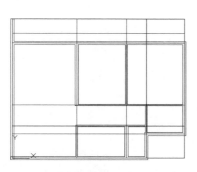

图 17-43　修剪直线

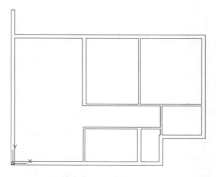

图 17-44　删除多余线段

17.2.3　绘制户型图门窗

绘制户型图门窗的具体操作步骤如下。

案例实战 205——绘制户型图门窗

素材文件	案例实战 204 效果文件
效果文件	无
视频文件	光盘\视频\第 17 章\案例实战 205.mp4

步骤 01　显示"轴线"图层。执行"OFFSET"（偏移）命令，在命令行的提示下，设置偏移距离依次为"200""800""900""450""500"和"300"，将最下方的轴线向上进行偏移处理，效果如图 17-45 所示。

步骤 02　重复执行"OFFSET"（偏移）命令，在命令行提示下，设置偏移距离依次为"200""800""2400""1000""1550""300""500""300""500""300"和"1750"，将最左侧的轴线向右进行偏移处理，效果如图 17-46 所示。

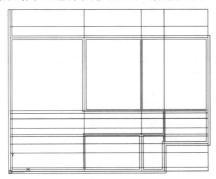

图 17-45　偏移直线效果（一）

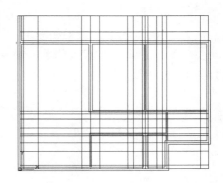

图 17-46　偏移直线效果（二）

步骤 03　选择所有偏移后的直线，单击"图层"面板中的"图层"右侧的下拉按钮，在弹出的列表中，选择"墙体"图层，如图 17-47 所示；替换图层，隐藏"轴线"图层。

步骤 04　执行"TR"（修剪）命令，在命令行提示下，修剪多余的直线；执行"ERASE"命令，在命令行提示下，删除多余的直线对象，效果如图 17-48 所示。

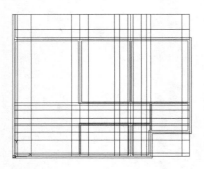

图 17-47　转换图层效果

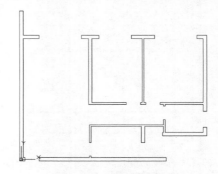

图 17-48　删除多余的直线

步骤 05　执行 "L"（直线）命令，在命令行提示下，捕捉左下方合适的中点，向右引导光标，输入 "800"，按〈Enter〉键确认，创建直线，效果如图 17-49 所示。

步骤 06　重复执行 "L"（直线）命令，在命令行提示下，捕捉新创建直线的左端点，向下引导光标，输入 "800"，按〈Enter〉键确认，创建直线，效果如图 17-50 所示。

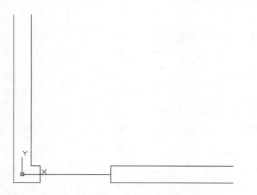

图 17-49　创建直线（一）

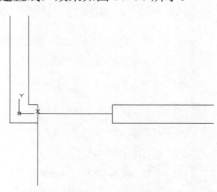

图 17-50　创建直线（二）

步骤 07　执行 "C"（圆）命令，在命令行提示下，捕捉新建的两条直线的交点为圆心，创建半径为 "800" 的圆，效果如图 17-51 所示。

步骤 08　执行 "TR"（修剪）命令，在命令行提示下，修剪绘图区中多余的圆对象，效果如图 17-52 所示。

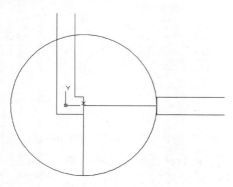

图 17-51　创建圆

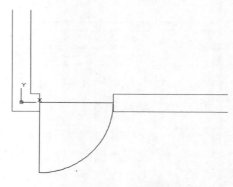

图 17-52　修剪图形

步骤 09 重复执行"L"（直线）命令、"CIRCLE"命令和"TRIM"命令，创建其他的门，效果如图 17-53 所示。

步骤 10 执行"L"（直线）命令，在命令行提示下，依次捕捉右下方合适的端点，创建直线，效果如图 17-54 所示。

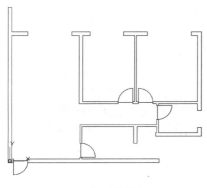

图 17-53　创建其他的门

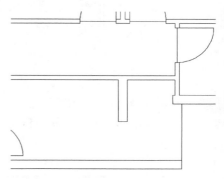

图 17-54　创建直线（三）

步骤 11 执行"OFFSET"（偏移）命令，在命令行提示下，设置偏移距离为"50"，将新创建的直线向左偏移"4"次并进行修剪，效果如图 17-55 所示。

步骤 12 重复执行"L"（直线）命令和"OFFSET"（偏移）命令，创建其他窗户对象，效果如图 17-56 所示。

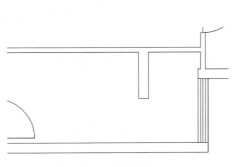

图 17-55　偏移图形

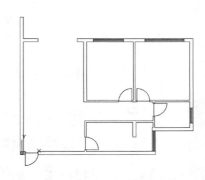

图 17-56　创建其他的窗户

步骤 13 执行"PL"（多段线）命令，在命令行提示下，捕捉左上方端点，引导光标，依次输入"3900"和"1400"，创建多段线，如图 17-57 所示。

步骤 14 执行"OFFSET"（偏移）命令，在命令行提示下，设置偏移距离为"50"，将新创建的多段线向内偏移 4 次，效果如图 17-58 所示。

步骤 15 执行"REC"（矩形）命令，在命令行的提示下，输入"FROM"命令，捕捉左上方端点，输入"@1100，-1480"和"@1200，-4"），按〈Enter〉键确认，创建矩形，效果如图 17-59 所示。

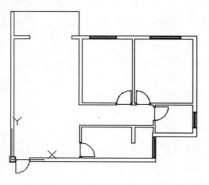

图 17-57　创建多段线

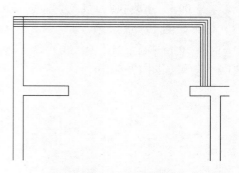

图 17-58　偏移多段线效果

> 步骤 **16**　重复执行"REC"（矩形）命令，在命令行提示下，捕捉新创建矩形的右下方端点，输入"@1200，-40"，按〈Enter〉键确认，创建矩形，效果如图 17-60 所示。

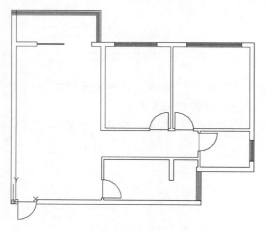

图 17-59　创建矩形（一）

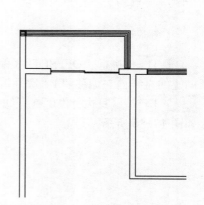

图 17-60　创建矩形（二）

17.2.4　完善户型平面图

完善户型平面图的具体操作步骤如下。

案例实战 206——完善户型平面图

素材文件	光盘\素材\第 17 章\沙发.dwg、床.dwg
效果文件	光盘\效果\第 17 章\户型平面图.dwg
视频文件	光盘\视频\第 17 章\案例实战 206.mp4

> 步骤 **01**　将"家具"图层置为当前。执行"INSERT"（插入）命令，弹出"插入"对话框，单击"浏览"按钮，弹出"选择图形文件"对话框，选择合适的图形文件，如图 17-61 所示。

> 步骤 **02**　单击"打开"按钮，返回到"插入"对话框，单击"确定"按钮，在绘图区中任意指定一点，插入图块，并将其移动至合适的位置，如图 17-62 所示。

图 17-61　选择合适的图形文件

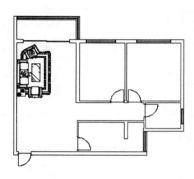

图 17-62　插入图块

步骤 03　重复执行"INSERT"（插入）命令，在绘图区中，插入其他的图块对象，效果如图 17-63 所示。

步骤 04　将"标注"图层置为当前图层，并显示"轴线"图层，执行"DIMSTYLE"（标注样式）命令，弹出"标注样式管理器"对话框，选择"ISO-25"选项，单击"修改"按钮，如图 17-64 所示。

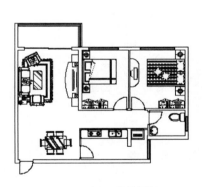

图 17-63　插入其他图块

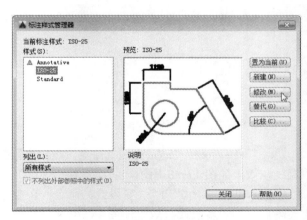

图 17-64　单击"修改"按钮

步骤 05　弹出相应的对话框，切换至"主单位"选项卡，设置"精度"为"0"；切换至"文字"选项卡将"文字高度"设为"200"；切换至"线"选项卡，设置"起点偏移量"为"100"；切换至"箭头和符号"选项卡，设置"第一个"为"建筑标记"，"箭头大小"为"100"，如图 17-65 所示。单击"确定"按钮，即可设置标注样式。

步骤 06　返回到"标注样式管理器"对话框，单击"置为当前"按钮后，单击"关闭"按钮；执行"DLI"（线性标注）命令，在命令行提示下，捕捉最左侧轴线的上下端点，创建线性尺寸标注，效果如图 17-66 所示。

步骤 07　重复执行"DLI"（线性标注）命令，在命令行提示下，标注其他的尺寸标注，执行"LAYOFF"（关闭）命令，在命令行提示下，关闭"轴线"图层，效果如图 17-67 所示。

图 17-65　设置参数

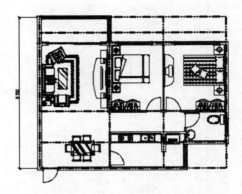

图 17-66　创建线性尺寸标注

步骤 08　执行"MT"（多行文字）命令，在命令行提示下，设置"文字高度"为"230"，在绘图区中下方的合适位置处，创建相应的文字，并调整其位置，效果如图 17-68 所示。

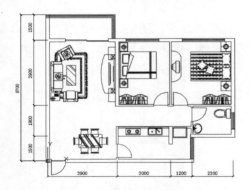

图 17-67　创建其他尺寸标注

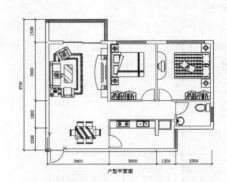

图 17-68　创建文字

步骤 09　执行"L"（直线）命令，在命令行提示下，在文字下方，创建长度为"2300"的直线，效果如图 17-69 所示。

步骤 10　执行"PL"（多段线）命令，在命令行提示下，指定宽为"50"，依次捕捉合适的端点，创建多段线，效果如图 17-70 所示。

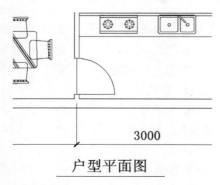

图 17-69　创建直线

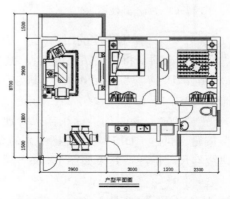

图 17-70　创建多段线

17.3　酒吧平面图

本实例介绍酒吧平面图的绘制，效果如图 17-71 所示。

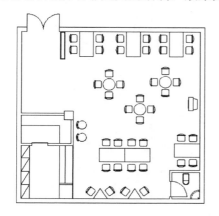 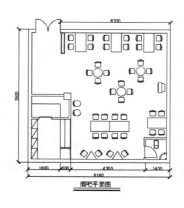

图 17-71　酒吧平面图

17.3.1　创建墙体结构

创建墙体结构的具体操作步骤如下。

案例实战 207——创建墙体结构

素材文件	无
效果文件	无
视频文件	光盘\视频\第 17 章\案例实战 207.mp4

步骤　01　新建一个 CAD 文件，执行"LA"（图层）命令，弹出"图层特性管理器"面板，依次新建"墙体"图层、"标注"图层，如图 17-72 所示。

步骤　02　在"墙体"图层上，单击鼠标右键，在弹出的快捷菜单中，选择"置为当前"命令，即可将"墙体"图层置为当前图层，如图 17-73 所示。

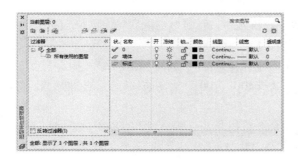 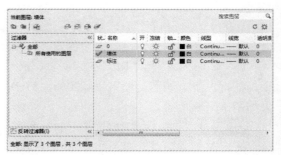

图 17-72　创建图层　　　　　　　　　图 17-73　置为当前图层

步骤　03　执行"L"（直线）命令，在命令行提示下，输入（0，0），按〈Enter〉键确认，开启正交模式，向右引导光标，输入"8160"并确认，创建直线，效果如图 17-74 所示。

步骤 04 重复执行"L"（直线）命令，在命令行提示下，捕捉新创建直线左端点，向上引导光标，输入"7920"，按〈Enter〉键确认，创建直线，效果如图 17-75 所示。

图 17-74 创建直线（一）　　　　　　　　图 17-75 创建直线（二）

步骤 05 执行"OFFSET"（偏移）命令，在命令行提示下，依次设置偏移距离为"200""1200""100""1100""100""1260""100""3660"和"200"，将最下方直线向上进行偏移处理，效果如图 17-76 所示。

步骤 06 重复执行"OFFSET"（偏移）命令，在命令行的提示下，依次设置偏移的距离为"200""350""50""1760""100""4200""100""1200"和"200"，将左侧直线向右进行偏移处理，效果如图 17-77 所示。

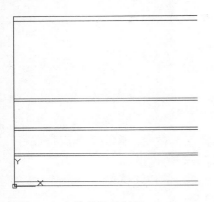

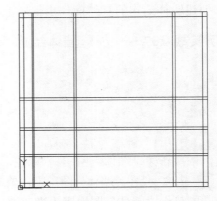

图 17-76 偏移直线效果（一）　　　　　　图 17-77 偏移直线效果（二）

步骤 07 执行"TR"（修剪）命令，在命令行提示下，修剪多余的直线；执行"ERASE"命令，在命令提示下，删除多余的直线，效果如图 17-78 所示。

步骤 08 执行"REC"（矩形）命令，在命令行提示下，输入"FROM"（捕捉自）命令，捕捉左下方端点，输入"@2060，3760"和"@400，400"，创建矩形，并进行修剪，效果如图 17-79 所示。

步骤 09 执行"REC"（矩形）命令，在命令行提示下，输入"FROM"（捕捉自）命令，捕捉左上方端点，输入"@1780，-200"和"@200，-1220"，创建矩形，效果如图 17-80 所示。

步骤 10 执行"OFFSET"（偏移）命令，在命令行提示下，设置偏移距离为"20"，将新创建的矩形向内进行偏移处理，效果如图 17-81 所示。

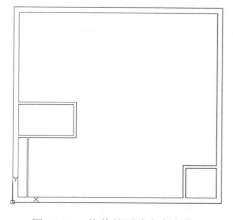

图 17-78　修剪并删除多余直线

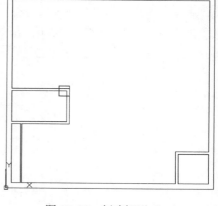

图 17-79　创建矩形（一）

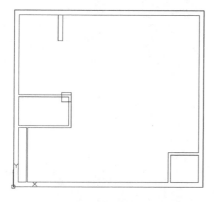

图 17-80　创建矩形（二）

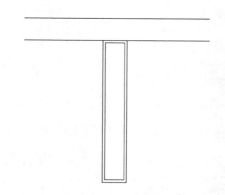

图 17-81　偏移图形

步骤 11　执行"OFFSET"（偏移）命令，在命令行提示下，依次设置偏移距离为"1760""250""330"和"20"，将左侧直线向右进行偏移，效果如图 17-82 所示。

步骤 12　重复执行"OFFSET"（偏移）命令，在命令行提示下，依次设置偏移距离为"825""75""530""605"和"1475"，将下方直线向上进行偏移，效果如图 17-83 所示。

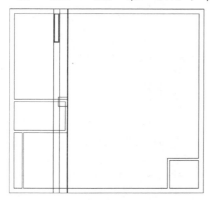

图 17-82　偏移直线效果（三）

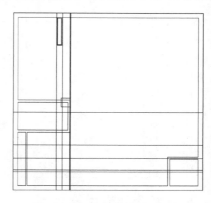

图 17-83　偏移直线效果（四）

步骤 13 执行"TR"（修剪）命令，在命令行提示下，修剪多余的直线；执行"ERASE"命令，在命令提示下，删除多余直线，如图 17-84 所示。

步骤 14 执行"L"（直线）命令，在命令行提示下，依次捕捉相应的角点和对角点，创建倾斜的直线，效果如图 17-85 所示。

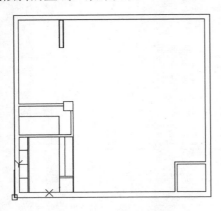
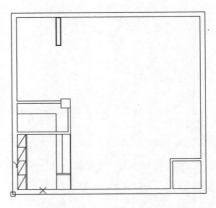

图 17-84　修剪并删除多余直线　　　　　　　　图 17-85　创建倾斜直线

17.3.2　创建门对象

创建门对象的具体操作步骤如下。

案例实战 208——创建门对象

	素材文件	案例实战 207 效果文件
	效果文件	无
	视频文件	光盘\视频\第 17 章\案例实战 208.mp4

步骤 01 执行"OFFSET"（偏移）命令，在命令行提示下，依次设置偏移距离为"430""220""700"和"480"，将左侧直线向右进行偏移，如图 17-86 所示。

步骤 02 重复执行"OFFSET"（偏移）命令，在命令行提示下，依次设置偏移距离为"300"和"700"，将下方直线向上进行偏移，如图 17-87 所示。

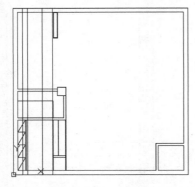
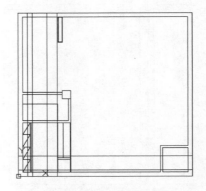

图 17-86　偏移直线效果（一）　　　　　　　　图 17-87　偏移直线效果（二）

步骤 03　执行"TR"（修剪）命令，在命令行提示下，修剪多余的直线；执行"ERASE"命令，在命令提示下，删除多余直线，如图 17-88 所示。

步骤 04　执行"L"（直线）命令，在命令行提示下，依次捕捉左上方修剪图形左右端点，创建两条长度为"697"的直线，如图 17-89 所示。

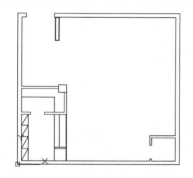
图 17-88　修剪并删除多余直线

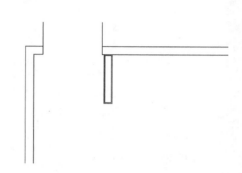
图 17-89　创建两条直线

步骤 05　执行"C"（圆）命令，在命令行提示下，依次捕捉两条直线的下端点，以其为圆心创建两个半径为"697"的圆对象，如图 17-90 所示。

步骤 06　执行"TR"（直线）命令，在命令行提示下，修剪绘图区中的多余的圆对象，效果如图 17-91 所示。

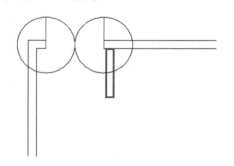
图 17-90　创建两个圆

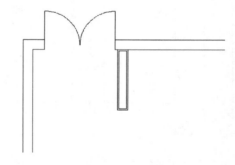
图 17-91　修剪圆对象

步骤 07　执行"L"（直线）命令，在命令行提示下，捕捉右下方修剪图形的上下中点对象，创建直线，如图 17-92 所示。

步骤 08　执行"L"（直线）命令，在命令行提示下，捕捉新创建直线下端点，向右引导光标，输入"700"，创建直线，效果如图 17-93 所示。

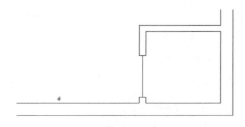
图 17-92　创建直线（一）

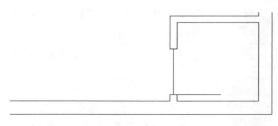
图 17-93　创建直线（二）

步骤 09 执行"C"（圆）命令，在命令行提示下，依次捕捉两条直线的交点为圆心，创建半径为"700"的圆对象，如图 17-94 所示。

步骤 10 执行"TR"（修剪）命令，在命令行提示下，修剪绘图区中多余的圆对象，效果如图 17-95 所示。

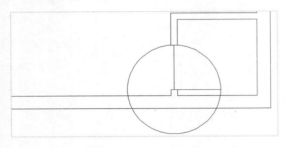

图 17-94 创建圆对象

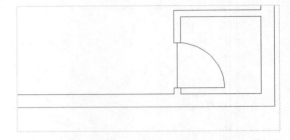

图 17-95 修剪圆图形

步骤 11 执行"REC"（矩形）命令，输入"FROM"（捕捉自）命令，捕捉左下方端点，如图 17-96 所示。

步骤 12 输入"@651，2709"和"@700，13"，创建矩形，效果如图 17-97 所示。

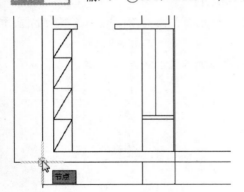

图 17-96 捕捉端点

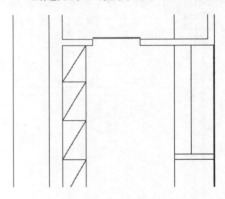

图 17-97 创建矩形

17.3.3 调用图块素材

调用图块素材的具体操作步骤如下。

案例实战 209——调用图块素材

素材文件	光盘\素材\第 17 章\酒吧图块.dwg	
效果文件	无	
视频文件	光盘\视频\第 17 章\案例实战 209.mp4	

步骤 01 执行"INSERT"（插入）命令，弹出"插入"对话框，单击"浏览"按钮，弹出"选择图形文件"对话框，选择合适的图形文件，如图 17-98 所示。

步骤 02 单击"打开"按钮，返回到"插入"对话框，单击"确定"按钮，在绘图区中任意指定一点，插入图块，并将其移动至合适的位置，如图 17-99 所示。

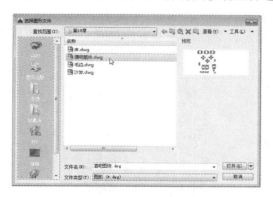

图 17-98　选择合适的图形文件

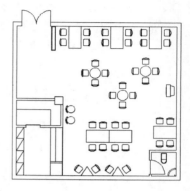

图 17-99　插入图块

17.3.4　完善酒吧平面图

完善酒吧平面图的具体操作步骤如下。

案例实战 210——完善酒吧平面图

素材文件	案例实战 209 效果文件
效果文件	光盘\效果\第 17 章\酒吧平面图.dwg
视频文件	光盘\视频\第 17 章\案例实战 210.mp4

步骤　01　将"标注"图层置为当前。执行"0DIMSTYLE"（标注样式）命令，弹出"标注样式管理器"对话框，选择"ISO-25"选项，单击"修改"按钮，如图 17-100 所示。

步骤　02　弹出相应的对话框，切换至"主单位"选项卡，设置"精度"为"0"；切换至"文字"选项卡，将"文字高度"设为"200"；切换至"符号和箭头"选项卡，将"第一个"设为"建筑标记"，"箭头大小"为"200"，如图 17-101 所示。单击"确定"按钮，即可设置标注的样式。

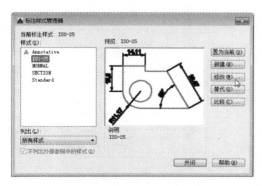

图 17-100　单击"修改"按钮

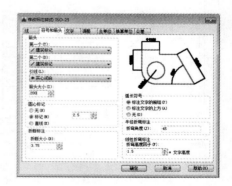

图 17-101　设置参数

步骤　03　返回到"标注样式管理器"面板，单击"置为当前"按钮后，单击"确定"

按钮，执行"DIMLINEAR"（线性标注）命令，在命令行提示下，捕捉最下方直线的左右端点，创建线性尺寸标注，效果如图 17-102 所示。

步骤 04 重复执行"DIMLINEAR"（线性标注）命令，在命令行提示下，标注其他的尺寸标注，效果如图 17-103 所示。

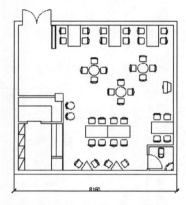

图 17-102 创建线性尺寸标注

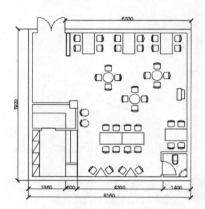

图 17-103 标注其他的尺寸标注

步骤 05 执行"MT"（多行文字）命令，在命令行提示下，设置"文字高度"为"250"，在绘图区中下方合适的位置处，创建"酒吧平面图"文字，并调整其位置，效果如图 17-104 所示。

步骤 06 执行"L"（直线）命令，在命令行提示下，在文字下方，创建长度为"2660"的直线；执行"PLINE"（多段线）命令，在命令行提示下，指定宽为"50"，依次捕捉合适的端点，创建多段线，效果如图 17-105 所示。

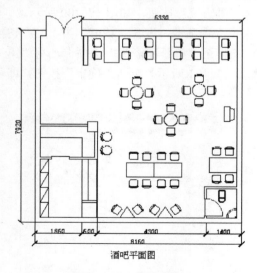

图 17-104 创建文字

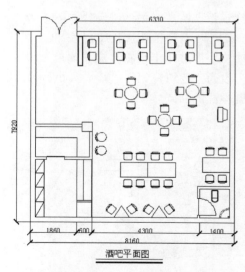

图 17-105 创建多段线

第 18 章 室外规划设计

学前提示

　　室外规划设计是人类文明的一部分，与人们的生活息息相关，包括环境设计、建筑形式、空间分区和色彩等。本章综合运用前面章节所学的知识，向读者介绍室外规划图的绘制方法与设计技巧。

本章教学目标

▶ 绘制室外建筑图
▶ 绘制道路平面图
▶ 绘制园林规划图

学完本章后你会做什么

▶ 掌握绘制室外建筑图的操作，如绘制墙体轮廓线、屋顶等
▶ 掌握绘制道路平面图的操作，如绘制街道、建筑群等
▶ 掌握绘制园林规划图的操作，如绘制园林轮廓、基本建筑等

视频演示

18.1 室外建筑图

本实例介绍室外建筑图的绘制，效果如图 18-1 所示。

图 18-1 室外建筑图

18.1.1 绘制墙体轮廓线

绘制墙体轮廓线的具体操作步骤如下。

案例实战 211——绘制墙体轮廓线

素材文件	无
效果文件	无
视频文件	光盘\视频\第 18 章\案例实战 211.mp4

步骤 01 新建一个 CAD 文件，执行"LA"（图层）命令，弹出"图层特性管理器"面板，新建"墙体"图层、"标注"图层（蓝色），在"墙体"图层上右击，在弹出的快捷菜单中，选择"置为当前"命令，即可将"墙体"图层置为当前图层，如图 18-2 所示，然后关闭面板。

步骤 02 执行"PL"（多段线）命令，在命令行提示下，输入（0,0），按〈Enter〉键确认，输入"W"（宽度）选项并确认，输入多段线宽度值为"10"并确认，再次输入"10"并确认，向右引导光标，输入"3950"并确认，向下引导光标，输入"14"并确认，向右引导光标，输入"190"并确认，绘制多段线，如图 18-3 所示。

图 18-2 新建图层

图 18-3 绘制多段线

步骤 03 执行"L"（直线）命令，在命令行提示下，依次输入"180,30" "@3880,0"，按〈Enter〉键确认，绘制直线；重复执行"L"（直线）命令，在命令 行提示下，依次输入"180,0""@0,4044"，按〈Enter〉键确认，绘制竖直直线，效 果如图 18-4 所示。

步骤 04 执行"O"（偏移）命令，在命令行提示下，将左侧的直线向右偏移，设置 偏移后相邻直线间的距离分别为"10""50""35""757""35""415""35""545""35""485" "35""415""35""758""35""102"和"10"，效果如图 18-5 所示。

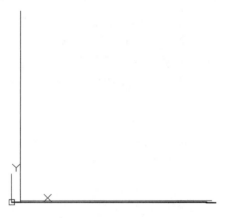

图 18-4 绘制直线

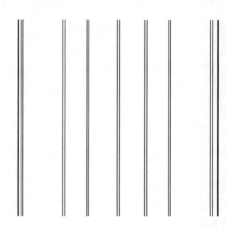

图 18-5 偏移直线（一）

步骤 05 重复执行"O"（偏移）命令，在命令行提示下，将新绘制的水平直线向上 偏移，设置偏移后相邻直线间的距离分别为"270""30""60""10""18""10""60"和"10" 如图 18-6 所示。

步骤 06 执行"TR"（修剪）命令，在命令行提示下，修剪多余的直线；执行"E" （删除）命令，在命令行提示下，删除多余的直线，效果如图 18-7 所示。

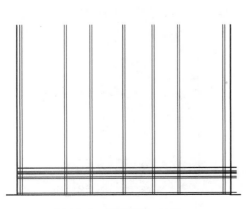

图 18-6 偏移直线（二）

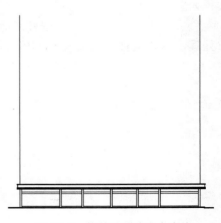

图 18-7 修剪并删除多余直线

新手案例学
AutoCAD 2016 中文版从入门到精通

18.1.2 绘制屋顶

绘制屋顶的具体操作步骤如下。

案例实战 212——绘制屋顶

	素材文件	案例实战 211 效果文件
	效果文件	无
	视频文件	光盘\视频\第 18 章\案例实战 212.mp4

步骤 01 执行 "PL"（多段线）命令，在命令行提示下，捕捉左上方端点，依次输入 "@-60, 0" "@0, 182" "@289, 0"，按〈Enter〉键确认，绘制多段线，如图 18-8 所示。

步骤 02 重复执行 "PL"（多段线）命令，在命令行提示下，捕捉左上方合适端点，依次输入 "@470, 329" "@470, -329"，并按〈Enter〉键确认，绘制多段线，效果如图 18-9 所示。

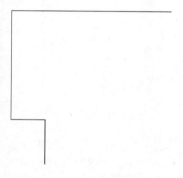

图 18-8 绘制多段线（一）

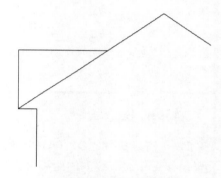

图 18-9 绘制多段线（二）

步骤 03 重复执行 "PL"（多段线）命令，在命令行提示下，捕捉左上方端点，依次输入 "@170, 0" "@300, 210" "@300, -210" "@170, 0"，并按〈Enter〉键确认，绘制多段线，如图 18-10 所示。

步骤 04 执行 "O"（偏移）命令，在命令行提示下，将新绘制的多段线向下进行偏移处理，设置偏移距离依次为 "7" 和 "36"，如图 18-11 所示。

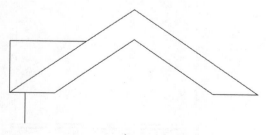

图 18-10 绘制多段线（三）

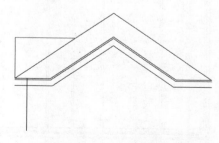

图 18-11 偏移多段线

步骤 05 执行 "L"（直线）命令，在命令行提示下，依次捕捉合适的端点，绘制直线，执行 "TRIM"（修剪）命令，在命令行提示下，修剪多余的直线，如图 18-12 所示。

步骤 06　执行 "PL"（多段线）命令，在命令行提示下，输入 "FROM"（捕捉自）命令，按〈Enter〉键确认，捕捉上方端点，依次输入 "@242,-170""@150,0""@226,-159""@0,-6""@-6,0""@0,-29" 并确认，绘制多段线，如图 18-13 所示。

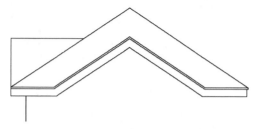

图 18-12　绘制并修剪多余直线　　　　　图 18-13　绘制多段线（四）

步骤 07　重复执行 "PL"（多段线）命令，在命令行提示下，输入 FROM 命令，按〈Enter〉键确认，捕捉上方顶点，依次输入 "@1080,87""@318,224""@318,-224" 并确认，绘制多段线，如图 18-14 所示。

步骤 08　直线 "L"（直线）命令，在命令行提示下，捕捉新绘制多段线左侧的下端点，向下引导光标，输入 "6"，按〈Enter〉键确认；绘制直线，并连接多段线下方的左右端点，如图 18-15 所示。

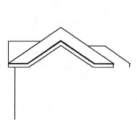

图 18-14　绘制多段线（五）　　　　　　图 18-15　绘制直线（一）

步骤 09　执行 "MI"（镜像）命令，在命令行提示下，选择左上方合适的图形对象，选择右侧三角形的中线为镜像轴，对其进行镜像处理，如图 18-16 所示。

步骤 10　执行 "O"（偏移）命令，在命令行提示下，将中间三角形图形中的水平直线向下偏移，设置偏移后相邻直线间的距离分别为 "6""24""134""252""7" 和 "29"，如图 18-17 所示。

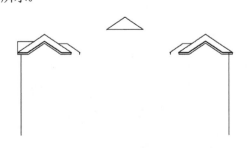

图 18-16　镜像图形　　　　　　　　　　图 18-17　偏移直线（一）

步骤 11　重复执行"O"（偏移）命令，在命令行提示下，将中间三角形左侧长度为 6 的直线向右偏移，偏移后相邻直线间的距离分别为"3""57""518""57"和"3"，如图 18-18 所示。

步骤 12　执行"EX"（延伸）命令，在命令行提示下，延伸直线；执行 TRIM（修剪）命令，在命令行提示下，修剪多余的直线，如图 18-19 所示。

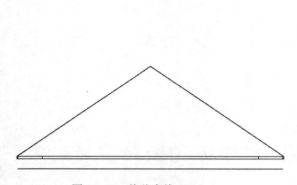

图 18-18　偏移直线（二）

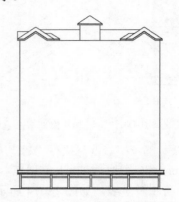

图 18-19　延伸并修剪直线

步骤 13　执行"PL"（多段线）命令，在命令行提示下，输入"FROM"（捕捉自）命令，按〈Enter〉键确认，捕捉右上方端点，输入"@191, -134""@393, 0""@0, -182""@-6, 0""@0, -29"并确认，绘制多段线，如图 18-20 所示。

步骤 14　执行"L"（直线）命令，在命令行提示下，依次捕捉合适的端点，绘制直线对象，如图 18-21 所示。

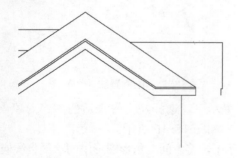

图 18-20　绘制多段线（六）

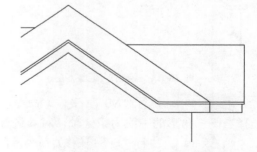

图 18-21　绘制直线（二）

18.1.3　绘制窗户

绘制窗户的具体操作步骤如下。

案例实战 213——绘制窗户

素材文件	案例实战 212 效果文件
效果文件	无
视频文件	光盘\视频\第 18 章\案例实战 213.mp4

步骤 **01**　执行"L"（直线）命令，在命令行提示下，输入"FROM"命令，按〈Enter〉键确认，捕捉左上方端点，依次输入（-150, -367）、（@300, 0）并确认，绘制直线，如图 18-22 所示。

步骤 **02**　执行"A"（圆弧）命令，在命令行提示下，输入"C"（圆心）选项，按〈Enter〉键确认，捕捉新绘制直线的中心点为圆心点，捕捉直线的右端点为起点，捕捉直线的左端点为终点，绘制圆弧，效果如图 18-23 所示。

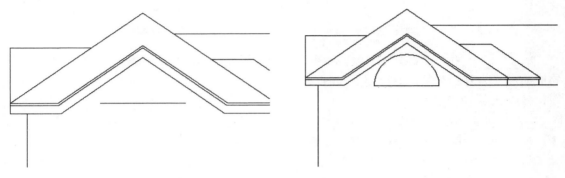

图 18-22　绘制直线（一）　　　　　　　　　图 18-23　绘制圆弧（一）

步骤 **03**　执行"L"（直线）命令，在命令行提示下，在绘图区中，依次捕捉圆心点和象限点，并按〈Enter〉键确认，绘制直线，效果如图 18-24 所示。

步骤 **04**　执行"XL"（构造线）命令，在命令行提示下，输入"A"（角度）选项，按〈Enter〉键确认，输入角度值为"45"并确认，在绘图区中的圆心点上单击，绘制倾斜45°角的构造线，如图 18-25 所示。

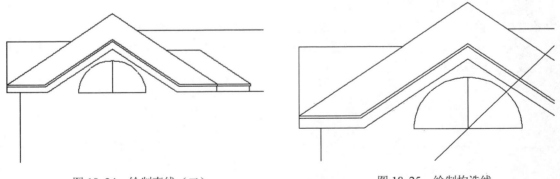

图 18-24　绘制直线（二）　　　　　　　　　图 18-25　绘制构造线

步骤 **05**　重复执行"XL"（构造线）命令，在命令行提示下，输入"A"（角度）选项，按〈Enter〉键确认，输入角度值为"-45"并确认，在绘图区中的圆心点上单击，绘制一条构造线，并修剪多余的构造线，如图 18-26 所示。

步骤 **06**　执行"A"（圆弧）命令，在命令行提示下，输入"C"（圆心）选项，按〈Enter〉键确认，捕捉中心点为圆心点，依次捕捉合适的端点为圆弧的起点和终点，绘制圆弧，效果如图 18-27 所示。

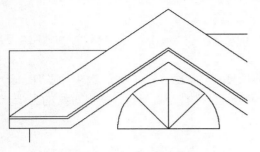

图 18-26 绘制并修剪构造线

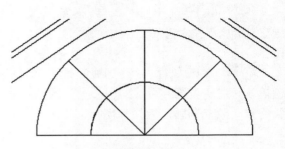

图 18-27 绘制圆弧（二）

步骤 07 执行"CO"（复制）命令，在命令行提示下，选择步骤 1～步骤 6 中所绘制完成的图形为复制对象，捕捉左下方端点，输入"@2800,0"，按〈Enter〉键确认，复制图形，效果如图 18-28 所示。

步骤 08 执行"REC"（矩形）命令，在命令行提示下，输入"FROM"（捕捉自）命令，按〈Enter〉键确认，捕捉中间三角形的上端点，依次输入"@-185,-347""@150,-87"并确认，绘制矩形，效果如图 18-29 所示。

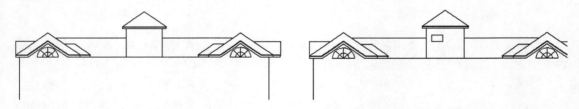

图 18-28 复制图形（一）   图 18-29 绘制矩形（一）

步骤 09 执行"L"（直线）命令，在命令行提示下，捕捉矩形下侧边的中点，向上引导光标，输入"150"，按〈Enter〉键确认，绘制直线，如图 18-30 所示。

步骤 10 重复执行"L"（直线）命令，在命令行提示下，连接合适的端点，绘制两条直线，如图 18-31 所示。

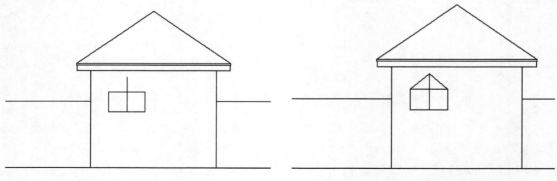

图 18-30 绘制直线（三）   图 18-31 绘制直线（四）

步骤 11 执行"CO"（复制）命令，在命令行提示下，选择步骤 8～步骤 10 中绘制完成的图形为复制对象，捕捉新绘制图形左下方端点，输入"@218,0"，按〈Enter〉键确认，复制图形，如图 18-32 所示。

步骤 12　执行"PL"（多段线）命令，在命令行提示下，输入"FROM"（捕捉自）命令，按〈Enter〉键确认，捕捉合适的端点，依次输入"@135,-150""@0,9""@115,81""@115,-81""@0,-9""@-230,0"并确认，绘制多段线，如图 18-33 所示。

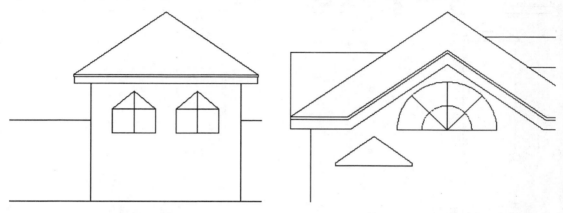

图 18-32　复制图形（二）　　　　　　　　图 18-33　绘制多段线

步骤 13　执行"X"（分解）命令，在命令行提示下，分解新绘制的多段线对象；执行"C"（圆）命令，在命令行提示下，捕捉水平直线中点为圆心，输入半径为"40"，按〈Enter〉键确认，绘制圆，并对图形进行修剪处理，效果如图 18-34 所示。

步骤 14　执行"O"（偏移）命令，在命令行提示下，设置偏移距离均为"3"，将新绘制的图形向内侧偏移，并对偏移后的直线进行修剪处理，如图 18-35 所示。

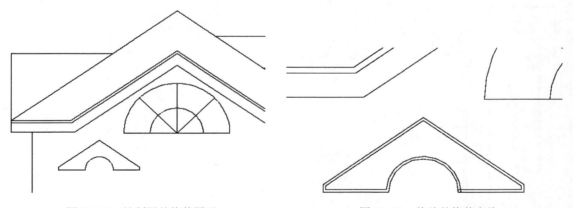

图 18-34　绘制圆并修剪图形　　　　　　　图 18-35　偏移并修剪直线

步骤 15　执行"REC"（矩形）命令，在命令行提示下，输入"FROM"（捕捉自）命令，按〈Enter〉键确认，捕捉新绘制图形的左下方端点，依次输入"@15,0""@180,-460"并确认，绘制矩形，如图 18-36 所示。

步骤 16　执行"O"（偏移）命令，在命令行提示下，设置偏移距离为"10"，将新绘制的矩形向内偏移，如图 18-37 所示。

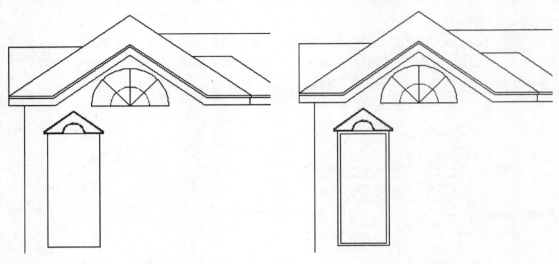

图 18-36　绘制矩形（二）　　　　　　　　　　　　　图 18-37　偏移矩形

步骤 17　执行"X"（分解）命令，在命令行提示下，分解矩形对象；执行"L"（直线）命令，在命令行提示下，依次捕捉中间矩形的上、下边的中点，绘制直线，并修剪图形，如图 18-38 所示。

步骤 18　执行"O"（偏移）命令，在命令行提示下，设置偏移距离为"44"，将分解后的矩形的上方直线向下偏移 9 次，偏移效果如图 18-39 所示。

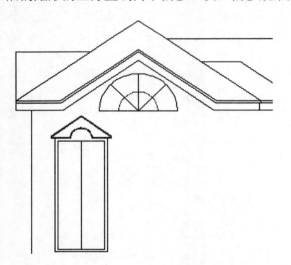

图 18-38　绘制并修剪直线

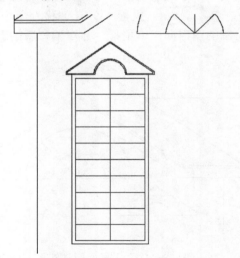

图 18-39　偏移直线（一）

步骤 19　重复执行"O"（偏移）命令，在命令行提示下，选择新绘制图形最下方直线为偏移对象，向下进行偏移处理，设置偏移后相邻直线间的距离分别为"40""10""140""70""30"和"10"，如图 18-40 所示。

步骤 20　执行"L"（直线）命令，在命令行提示下，连接偏移后的直线的左侧端点，绘制直线，如图 18-41 所示。

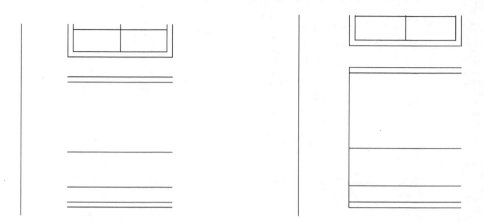

图 18-40　偏移直线（二）　　　　　　　　　　图 18-41　绘制直线（五）

步骤 21　重复执行"O"（偏移）命令，在命令行提示下，将新绘制直线向右进行偏移，设置偏移后相邻直线间的距离分别为"10""90""90"和"10"，如图 18-42 所示。

步骤 22　执行"TR"（修剪）命令，在命令行提示下，修剪绘图区中多余的直线对象，如图 18-43 所示。

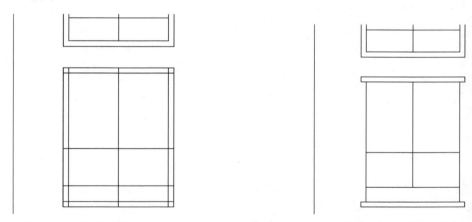

图 18-42　偏移直线（三）　　　　　　　　　　图 18-43　修剪直线

步骤 23　执行"CO"（复制）命令，在命令行提示下，选择合适图形为复制对象，捕捉左上方端点，向下引导光标，依次输入"300""600""900""1180""1500""1800""2100""2400"和"2700"，按〈Enter〉键确认，复制图形，效果如图 18-44 所示。

步骤 24　执行"TR"（修剪）命令，在命令行提示下，修剪绘图区中多余的直线对象；执行"E"（删除）命令，在命令行提示下，删除多余的直线，如图 18-45 所示。

专家提醒 ☞

在进行室外建筑设计时，建筑设计外观的好坏，取决于建筑立面设计。根据观察方向不同，可能有几个方向的立面图，而立面图的绘制是在建筑平面图的基础上进行的。

步骤 25　执行"REC"（矩形）命令，在命令行提示下，输入"FROM"（捕捉自）命令，按〈Enter〉键确认，捕捉左上方合适端点，依次输入"@-150,-24.5""@90,-150"并确认，绘制矩形，如图 18-46 所示。

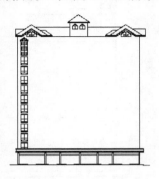

图 18-44　复制图形（三）

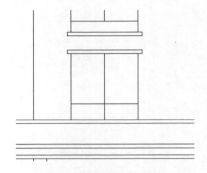

图 18-45　修剪并删除多余直线

步骤 **26**　执行"X"（分解）命令，在命令行提示下，分解矩形对象；执行"O"（偏移）命令，在命令行提示下，将矩形左侧直线向右偏移"45"，将矩形上侧直线向下偏移"40"，如图 18-47 所示。

图 18-46　绘制矩形（三）

图 18-47　偏移直线（四）

步骤 **27**　执行"CO"（复制）命令，在命令行提示下，选择合适图形为复制对象，捕捉左上方端点，向下引导光标，依次输入"300""600""900""1180""1500""1800""2100""2400""2700""3000"和"3300"，按〈Enter〉键确认，复制新绘制的图形，如图 18-48 所示。

步骤 **28**　执行"MI"（镜像）命令，在命令行提示下，选择合适的图形对象，对其进行镜像处理，如图 18-49 所示。

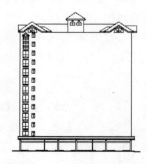

图 18-48　复制图形（四）

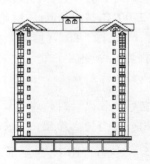

图 18-49　镜像图形

18.1.4　完善室外建筑图

完善室外建筑图的具体操作步骤如下。

案例实战 214——完善室外建筑图

素材文件	光盘\素材\第 18 章\窗户组合.dwg、门组合.dwg
效果文件	光盘\效果\第 18 章\室外建筑图.dwg
视频文件	光盘\视频\第 18 章\案例实战 214.mp4

步骤 01　执行"I"（插入）命令，弹出"插入"对话框，单击"浏览"按钮，弹出"选择图形文件"对话框，选择"窗户组合.dwg"图形文件，如图 18-50 所示。

步骤 02　单击"打开"按钮，返回到"插入"对话框，单击"确定"按钮，在绘图区中任意指定一点插入图块，并将其移动到合适的位置，如图 18-51 所示。

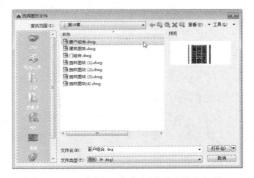

图 18-50　选择"窗户组合"图形文件

图 18-51　插入"窗户组合"图块

步骤 03　重复执行"I"（插入）命令，弹出"插入"对话框，单击"浏览"按钮，弹出"选择图形文件"对话框，选择"门组合.dwg"图形文件。单击"打开"按钮，返回到"插入"对话框，单击"确定"按钮，在绘图区中任意指定一点插入图块，并将其移动到合适的位置，并修剪图形，如图 18-52 所示。

步骤 04　将"标注"图层设置为当前图层，执行"PL"（多段线）命令，在命令行提示下，捕捉合适端点，输入点坐标"@-718,0""@135<-45""@135<45"，再输入"C"（闭合）选项，按〈Enter〉键确认，绘制的标高符号如图 18-53 所示。

图 18-52　插入"门组合"图块

图 18-53　绘制标高符号

步骤 **05** 执行"ATTDEF"（定义属性）命令，弹出"属性定义"对话框，设置"标记"为"4.5"，"文字高度"为"150"，如图 18-54 所示。

步骤 **06** 单击"确定"按钮，在屏幕的合适位置单击，插入文字，如图 18-55 所示。

图 18-54　设置参数　　　　　　　　　　　　　图 18-55　插入文字

步骤 **07** 执行"CO"（复制）命令，在命令行提示下，选择新绘制的标注图形，捕捉下方端点，进行复制处理，并修改对应的文字，创建的标注如图 18-56 所示。

步骤 **08** 将"墙体"图层置为当前图层，执行"MT"（多行文字）命令，在命令行提示下，设置"文字高度"为"180"，在绘图区中下方的合适位置处，创建文字并调整其位置，如图 18-57 所示。

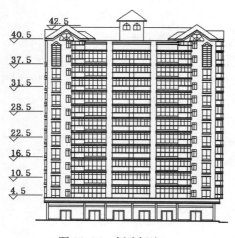

图 18-56　创建标注

图 18-57　创建文字

步骤 **09** 执行"L"（直线）命令，在命令行提示下，在文字下方，绘制一条长度为"2400"的直线；执行"OFFSET"命令，在命令行提示下，将绘制直线向下偏移"100"，如图 18-58 所示。

步骤 **10** 执行"PL"（多段线）命令，在命令行提示下，指定线宽为"30"，依次捕捉新绘制直线的端点，绘制多段线，如图 18-59 所示，至此完成"住宅建筑图"的绘制。

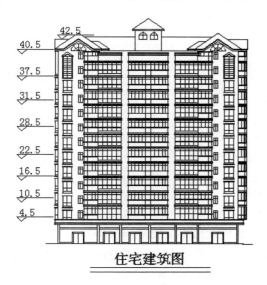

图 18-58　创建并偏移直线

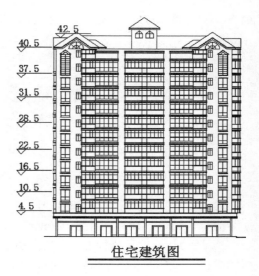

图 18-59　绘制多段线

18.2　道路平面图

本实例介绍道路平面图的绘制，效果如图 18-60 所示。

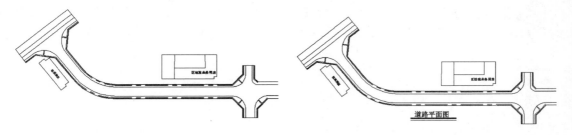

图 18-60　道路平面图

18.2.1　绘制街道

绘制街道的具体操作步骤如下。

案例实战 215——绘制街道

素材文件	无
效果文件	无
视频文件	光盘\视频\第 18 章\案例实战 215.mp4

步骤 **01**　　新建一个 CAD 文件；执行"LA"（图层）命令，弹出"图层特性管理器"
面板，新建"红线"图层（红、CENTER）、"道路"图层、"标注"图层，如图 18-61 所示。

步骤 **02**　　在"红线"图层上，单击鼠标右键，在弹出的快捷菜单中选择"置为当前"

命令，即可将"红线"图层置为当前图层，如图 18-62 所示。

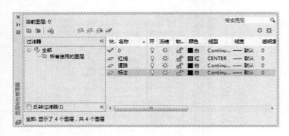

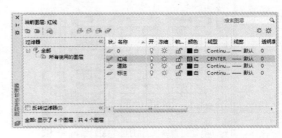

图 18-61　创建图层　　　　　　　　　　　　　　　　图 18-62　置为当前图层

步骤 **03**　关闭面板，执行"L"（直线）命令，在命令行提示下，任意捕捉一点，向右引导光标，输入"163"，并按〈Enter〉键确认，创建直线，效果如图 18-63 所示。

步骤 **04**　重复执行 L（直线）命令，在命令行提示下，捕捉新创建直线的右端点，输入"@15，-15"，并按〈Enter〉键确认，创建直线，效果如图 18-64 所示。

图 18-63　创建直线（一） 　　　　　　　　　　　　　　图 18-64　创建直线（二）

步骤 **05**　重复执行"L"（直线）命令，在命令行提示下，捕捉新创建直线的右端点，向下引导光标，输入"13"，并按〈Enter〉键确认，创建直线，效果如图 18-65 所示。

步骤 **06**　执行"A"（圆弧）命令，在命令行提示下，捕捉水平直线的左端点，依次输入"@-35，8"和"@-27，22"，按〈Enter〉键确认，创建圆弧，如图 18-66 所示。

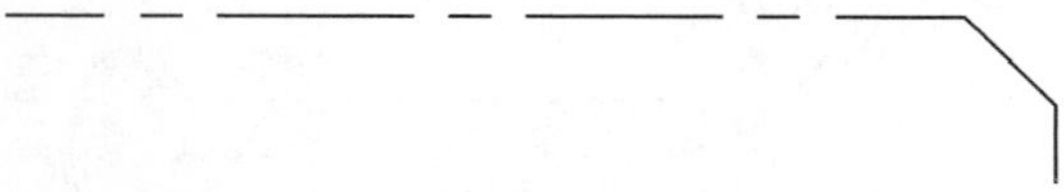

图 18-65　创建直线（三） 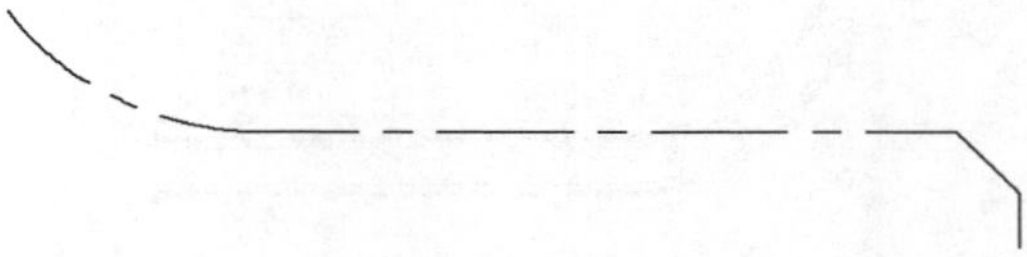　　　　　　　　　　　　　　图 18-66　创建圆弧（一）

步骤 **07**　执行"L"（直线）命令，在命令行提示下，捕捉新创建圆弧上端点，输入"@-24，30"，按〈Enter〉键确认，创建直线，效果如图 18-67 所示。

步骤 **08**　重复执行"L"（直线）命令，在命令行提示下，捕捉新创建直线上端点，输入"@-28，4"，按〈Enter〉键确认，创建直线，效果如图 18-68 所示。

图 18-67　创建直线（四） 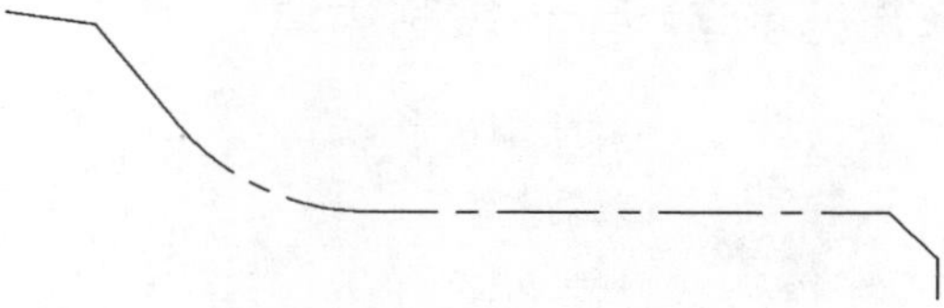　　　　　　　　　　　　　　图 18-68　创建直线（五）

步骤 **09**　重复执行"L"（直线）命令，在命令行提示下，捕捉新创建直线左端点，输入"@-14，-11"，按〈Enter〉键确认，创建直线，效果如图 18-69 所示。

步骤 10　执行 "OFFSET"（偏移）命令，在命令行提示下，设置偏移距离均为 "1"，将新创建的所有图形对象，向上、向左或向右进行偏移处理，效果如图 18-70 所示。

图 18-69　创建直线（六）　　　　　　　图 18-70　偏移图形效果（一）

步骤 11　执行 "FILLET"（圆角）命令，在命令行提示下，设置半径为 "0"，对偏移后的图形进行圆角处理，效果如图 18-71 所示。

步骤 12　执行 "L"（直线）命令，在命令行提示下，输入 "FROM"（捕捉自）命令，按〈Enter〉键确认，捕捉左上方端点，依次输入 "@11，-1.7" 和 "@2，14" 并确认，创建直线，如图 18-72 所示。

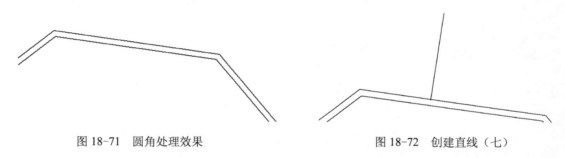

图 18-71　圆角处理效果　　　　　　　　图 18-72　创建直线（七）

步骤 13　执行 "OFFSET"（偏移）命令，在命令行提示下，设置偏移距离为 "1"，将新创建的直线向右进行偏移处理，并修剪多余的图形，效果如图 18-73 所示。

步骤 14　执行 "L"（直线）命令，在命令行提示下，输入 "FROM"（捕捉自）命令，按〈Enter〉键确认，捕捉右上方端点，依次输入 "@-7，7" 和 "@5，5" 并确认，创建直线，如图 18-74 所示。

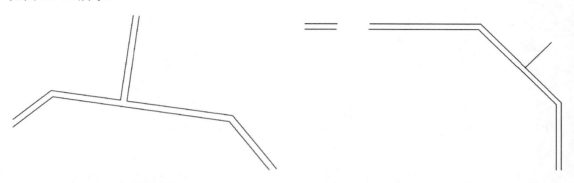

图 18-73　偏移并修剪图形（一）　　　　　图 18-74　创建直线（八）

步骤 15　执行 "OFFSET"（偏移）命令，在命令行提示下，设置偏移距离为 "1"，将新创建的直线向左进行偏移处理，并修剪多余的图形，效果如图 18-75 所示。

步骤 **16** 执行"L"（直线）命令，在命令行提示下，依次捕捉合适的点对象，在绘图区中创建 3 条长度为"18"的直线，效果如图 18-76 所示。

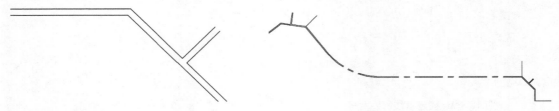

图 18-75　偏移并修剪图形（二）　　　　　　　　图 18-76　创建 3 条直线

步骤 **17** 执行"MI"（镜像）命令，在命令行提示下，选择右下方合适的图形为镜像图形，以右下方水平直线中点的极轴线为镜像线，进行镜像处理，效果如图 18-77 所示。

步骤 **18** 重复执行"MI"（镜像）命令，在命令行提示下，分别选择绘图区中合适的图形为镜像对象，对其进行镜像处理，并删除新创建的直线，效果如图 18-78 所示。

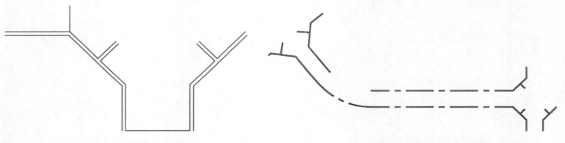

图 18-77　镜像图形（一）　　　　　　　　图 18-78　镜像图形（二）

步骤 **19** 执行"A"（圆弧）命令，在命令行提示下，捕捉上方第二条水平直线左端点，依次输入"@-26，6"和"@-21.7，16.2"，按〈Enter〉键确认，创建圆弧，如图 18-79 所示。

步骤 **20** 执行"OFFSET"（偏移）命令，在命令行提示下，设置偏移距离为"1"，将新创建的圆弧向上进行偏移处理，并使用夹点拉伸两个的圆弧的左端点，效果如图 18-80 所示。

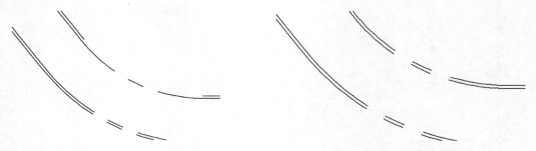

图 18-79　创建圆弧（二）　　　　　　　　图 18-80　偏移并拉伸圆弧

步骤 **21** 执行"L"（直线）命令，在命令行提示下，输入"FROM"（捕捉自）命令，捕捉右侧上方的左端点，依次输入"@15，0""@0，-20"和"@5，-5"，创建两条直线，效果如图 18-81 所示。

步骤 22　执行"OFFSET"（偏移）命令，在命令行提示下，设置偏移距离均为"1"，将新创建的两条直线依次向右进行偏移处理，并对偏移后的直线进行圆角处理，效果如图 18-82 所示。

图 18-81　创建两条直线　　　　　　　　　图 18-82　偏移并对直线进行圆角

专家提醒 ☞

用地红线是国家拨给建筑用地单位的限定边界线，是待建建筑与周围构建物的明确划分，一般由城市规划管理部门根据道路边线确定，是待建建筑物测量、放线的依据。

18.2.2　创建道路轮廓

创建道路轮廓的具体操作步骤如下。

案例实战 216——创建道路轮廓

素材文件	案例实战 215 效果文件
效果文件	无
视频文件	光盘\视频\第 18 章\案例实战 216.mp4

步骤 01　将"道路"图层置为当前。执行"OFFSET"（偏移）命令，在命令行提示下，设置偏移距离均为"0.5"，将最上方和最下方的所有红线进行偏移处理，效果如图 18-83 所示。

步骤 02　选择偏移后的所有直线，单击"图层管理器"面板右侧的下拉按钮，在弹出的列表中，选择"道路"图层，并按〈Esc〉键退出，替换图层，并修剪图形，如图 18-84 所示。

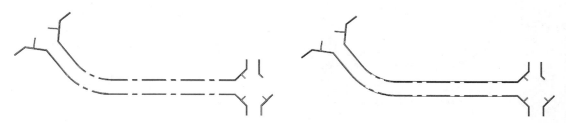

图 18-83　偏移直线　　　　　　　　　　图 18-84　转换图层并修剪图形

步骤 03　执行"L"（直线）命令，在命令行提示下，捕捉最右侧的两条直线的端点，向右引导光标，分别创建长度为"14"和"28"的两条直线，效果如图 18-85 所示。

步骤 04 执行"OFFSET"（偏移）命令，在命令行提示下，设置偏移距离为"4"，将最外侧的除转角倾斜直线外的所有图形依次进行偏移处理，并夹点拉伸偏移后的图形，如图18-86 所示。

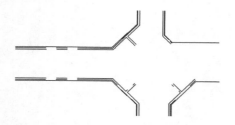

图 18-85 创建两条直线（一）

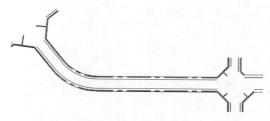

图 18-86 偏移直线效果（一）

步骤 05 执行"A"（圆弧）命令，在命令行提示下，依次捕捉右下方偏移直线的左端点、上端点和相应建筑红线端点，创建圆弧，效果如图18-87 所示。

步骤 06 重复执行"A"（圆弧）命令，在命令行提示下，依次捕捉偏移后直线转角处的端点，在绘图区中的其他位置处，创建圆弧对象，效果如图18-88 所示。

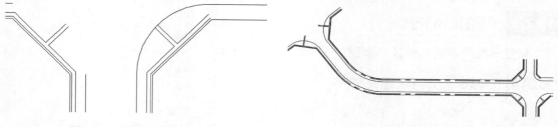

图 18-87 创建圆弧

图 18-88 创建其他圆弧

步骤 07 执行"TR"（修剪）命令，在命令行提示下，修剪绘图区中多余的直线对象，效果如图18-89 所示。

步骤 08 执行"L"（直线）命令，在命令行提示下，连接右侧最上方和最下方的相应端点，创建两条直线，效果如图18-90 所示。

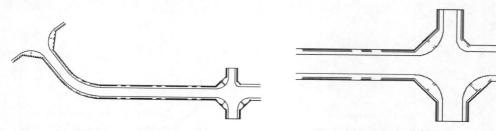

图 18-89 修剪多余直线

图 18-90 创建两条直线（二）

步骤 09 执行"L"（直线）命令，在命令行提示下，输入"FROM"命令，捕捉左侧最上方图形的端点，输入"@-13，16"和"@-73，58"；重复进行操作，捕捉右侧下方图形的端点，输入"@-13，16"和"@-73，58"，执行"L"（直线）命令，连接新绘制两条直线的端点，并删除原直线，效果如图18-91 所示。

步骤 `10`　执行"OFFSET"（偏移）命令，在命令行提示下，依次设置偏移距离为"9"和"6"，将新创建的直线，依次向内进行偏移处理，效果如图 18-92 所示。

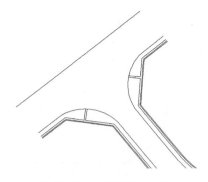

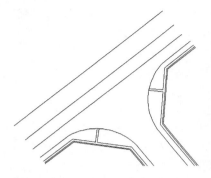

图 18-91　创建直线（一）　　　　　　　　图 18-92　偏移直线效果（二）

步骤 `11`　执行"L"（直线）命令，在命令行提示下，依次捕捉新创建的直线的上端点和上方相应端点，创建直线，效果如图 18-93 所示。

步骤 `12`　重复执行"L"（直线）命令，在命令行提示下，依次捕捉新创建的直线的下端点和下方相应端点，创建直线，如图 18-94 所示。

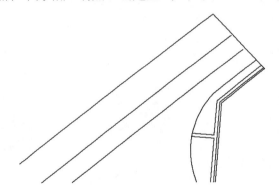

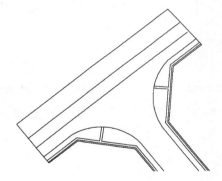

图 18-93　创建直线（二）　　　　　　　　图 18-94　创建直线（三）

18.2.3　完善道路平面图

完善道路平面图的具体操作步骤如下。

案例实战 217——完善道路平面图

素材文件	案例实战 216 效果文件
效果文件	光盘\效果\第 18 章道路平面图.dwg
视频文件	光盘\视频\第 18 章\案例实战 217.mp4

步骤 `01`　将"标注"图层置为当前；执行"INSERT"（插入）命令，弹出"插入"对话框，单击"浏览"按钮，弹出"选择图形文件"对话框，选择合适的图形文件，如图 18-95 所示。

步骤 02 单击"打开"按钮，返回到"插入"对话框，单击"确定"按钮，在绘图区中任意指定一点，插入图块，并将其移动至合适的位置，如图 18-96 所示。

图 18-95 选择合适的图形文件

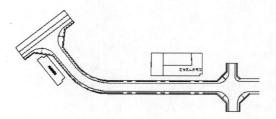

图 18-96 插入图块

步骤 03 执行"MT"（多行文字）命令，在命令行提示下，捕捉合适角点和对角点，打开文本编辑框和"文字编辑器"选项卡，输入文字，如图 18-97 所示。

步骤 04 选择输入的文字，设置"文字高度"为"7"，在绘图区中的空白位置处单击鼠标左键，创建文字，并调整其至合适的位置，效果如图 18-98 所示。

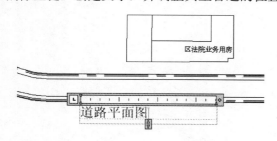

图 18-97 输入文字

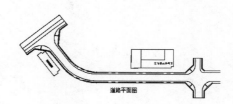

图 18-98 编辑文字

步骤 05 执行"L"（直线）命令，在命令行提示下，捕捉文字下方合适的端点，向右引导光标，输入"65"，创建直线，如图 18-99 所示。

步骤 06 执行"OFFSET"（偏移）命令，在命令行提示下，设置偏移距离为"3"，将新创建的直线向下进行偏移处理，效果如图 18-100 所示。

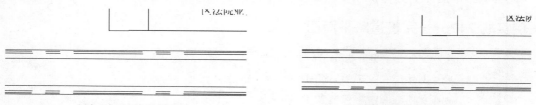

图 18-99 创建直线

图 18-100 偏移直线效果

步骤 07　执行"PL"（多段线）命令，在命令行提示下，捕捉上方直线的左端点，输入"W"，按〈Enter〉键确认，输入"1.5"，如图 18-101 所示。

步骤 08　连续按两次〈Enter〉键确认，在上方直线的右端点上，单击鼠标左键，并按〈Enter〉键确认，创建多段线，效果如图 18-102 所示。

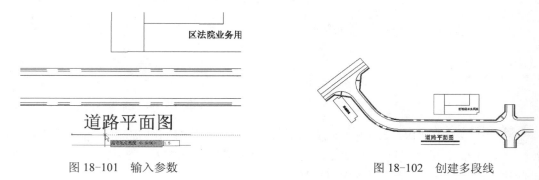

图 18-101　输入参数 　　　　　　　　　　图 18-102　创建多段线

18.3　园林规划图

本实例介绍园林规划图的绘制，效果如图 18-103 所示。

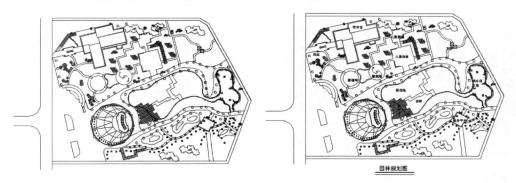

图 18-103　园林规划图

18.3.1　创建园林轮廓

创建园林轮廓的具体操作步骤如下。

案例实战 218——创建园林轮廓

	素材文件	无
	效果文件	无
	视频文件	光盘\视频\第 18 章\案例实战 218.mp4

步骤 01　新建一个 CAD 文件。执行"LA"（图层）命令，弹出"图层特性管理器"面板，新建"道路"图层、"标注"图层、"绿化"图层（绿色），如图 18-104 所示。

步骤 02 在"道路"图层上，单击鼠标右键，在弹出的快捷菜单中，选择"置为当前"命令，即可将"道路"图层置为当前图层，如图 18-105 所示。

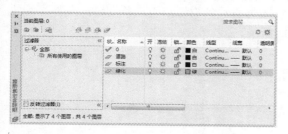

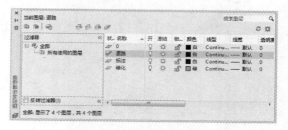

图 18-104　创建图层　　　　　　　　　　　　　　　图 18-105　置为当前图层

步骤 03 执行"PL"（多段线）命令，在命令行提示下，任意捕捉一点，依次输入"@0，18236""@18257，0""@1115，−732""@5184，−9767""@−2896，−8017"和"@−21670，0"，创建多段线，并分解图形，如图 18-106 所示。

步骤 04 执行"OFFSET"（偏移）命令，在命令行提示下，设置偏移距离均为"311"，将新创建的多段线除最左侧的垂直直线外均向内进行偏移处理，并对偏移后的直线进行修剪处理，效果如图 18-107 所示。

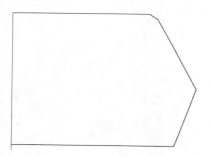

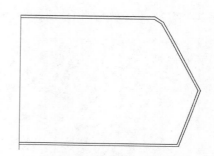

图 18-106　创建并分解多段线　　　　　　　　　　　图 18-107　偏移并修剪图形

步骤 05 执行"OFFSET"（偏移）命令，在命令行提示下，依次设置偏移距离为"1439""1502"和"2306"，将左侧垂直直线向左进行偏移处理，效果如图 18-108 所示。

步骤 06 重复执行"OFFSET"（偏移）命令，在命令行提示下，依次设置偏移距离为"3335""1499""1200"和"1499"，将最下方水平直线向上进行偏移处理，效果如图 18-109所示。

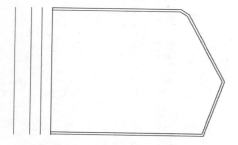

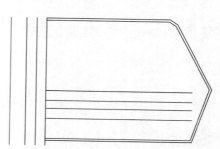

图 18-108　偏移直线效果（一）　　　　　　　　　　图 18-109　偏移直线效果（二）

步骤 07 执行"E"（延伸）命令，延伸偏移后的水平直线；执行"TRIM"（修剪）命令，修剪绘图区中多余的直线；执行"ERASE"（删除）命令，删除绘图区中多余的直线，效果如图 18-110 所示。

步骤 08 执行"FILLET"（圆角）命令，在命令行提示下，设置圆角半径为"1500"，依次对修剪后的相应图形对象进行圆角处理，效果如图 18-111 所示。

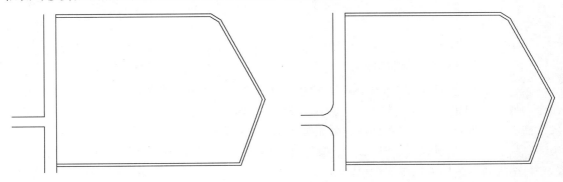

图 18-110 延伸并修剪直线　　　　　　　　　　　图 18-111 圆角图形对象

步骤 09 执行"PL"（多段线）命令，在命令行提示下，输入"FROM"命令，捕捉左下方合适端点，依次输入"@2741，1523""@-468，1844""@777，189""@338，-1375"，"A"，"@-146，-459""@-396，-274"，"L"，"@-104，-25"和"C"，创建多段线，效果如图 18-112 所示。

步骤 10 重复执行"PL"（多段线）命令，在命令行提示下，输入"FROM"命令，捕捉左下方合适端点，依次输入"@1840，4942""@-433，1853""@105，23"，"A"，"@477，-77""@333，-349"，"L"，"@300，-1383""@-782，-171"和"C"，创建多段线，如图 18-113 所示。

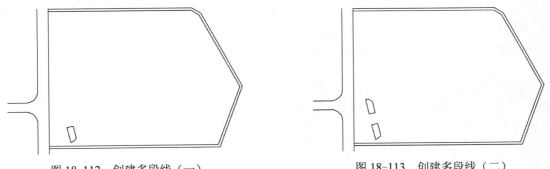

图 18-112 创建多段线（一）　　　　　　　　　　图 18-113 创建多段线（二）

步骤 11 执行"SPLINE"（样条曲线）命令，在命令行提示下，输入"FROM"命令，捕捉左下方合适端点，输入"@6628，1031"，按〈Enter〉键确认，确定起点，依次捕捉合适的点，创建样条曲线，效果如图 18-114 所示。

步骤 12 重复执行"SPLINE"（样条曲线）命令，在命令行提示下，输入"FROM"命令，捕捉左下方合适端点，输入"@9500，4156"，按〈Enter〉键确认，确定起点，依次捕捉合适的点，创建样条曲线，效果如图 18-115 所示。

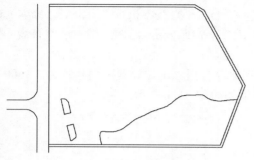

图 18-114 创建样条曲线（一）

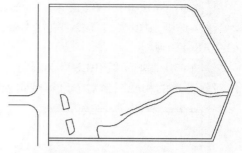

图 18-115 创建样条曲线（二）

步骤 13 重复执行"SPLINE"（样条曲线）命令，在命令行提示下，输入"FROM"命令，捕捉新创建样条曲线左端点，输入"@1679，825"，按〈Enter〉键确认，确定起点，依次捕捉合适的点，创建样条曲线，效果如图 18-116 所示。

步骤 14 重复执行"SPLINE"（样条曲线）命令，在命令行提示下，输入"FROM"命令，捕捉新创建样条曲线左端点，输入"@-6242，2690"，按〈Enter〉键确认，确定起点，依次捕捉合适的点，创建样条曲线，效果如图 18-117 所示。

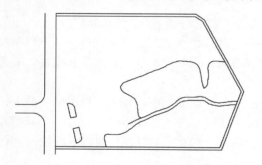

图 18-116 创建样条曲线（三）

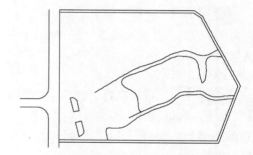

图 18-117 创建样条曲线（四）

步骤 15 执行"L"（直线）命令，在命令行提示下，输入"FROM"命令，捕捉新创建样条曲线左端点，依次输入"@-505，143"和"@-410，1210"，创建直线，效果如图 18-118 所示。

步骤 16 执行"A"（圆弧）命令，在命令行提示下，捕捉最上方样条曲线的左端点为圆弧起点，输入"@-295，-77"，捕捉新创建直线下端点为终点，创建圆弧，效果如图 18-119 所示。

图 18-118 创建直线

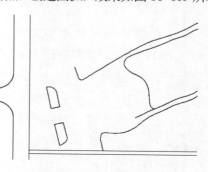

图 18-119 创建圆弧

步骤 17　执行"PL"（多段线）命令，在命令行提示下，输入"FROM"命令，捕捉新创建直线上端点，依次输入"@-2727, 1500""@-322, -129""@-880, 3742", "A", "@-4, 206""@76, 182", "L", "@1785, 2643"和"@3284, 798"，创建多段线，效果如图 18-120 所示。

步骤 18　执行"A"（圆弧）命令，在命令行提示下，捕捉新创建多段线的右下端点为圆弧起点，依次输入"@2221, -404"和"@430, -2216"，创建圆弧；执行"OFFSET"命令，依次设置偏移距离为"304""400"和"347"，将新创建圆弧向左偏移，效果如图 18-121 所示。

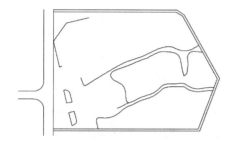

图 18-120　创建多段线（三）

图 18-121　创建并偏移圆弧

步骤 19　执行"L"（直线）命令，在命令行提示下，依次捕捉多段线右下角点、最小圆弧左端点以及圆弧的右端点，创建两条直线，效果如图 18-122 所示。

步骤 20　执行"OFFSET"（偏移）命令，在命令行提示下，设置偏移距离均为"300"，将新创建的两条直线依次向内偏移两次，并修剪多余的直线，效果如图 18-123 所示。

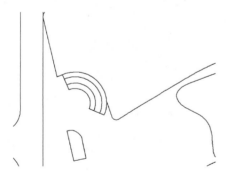

图 18-122　创建两条直线

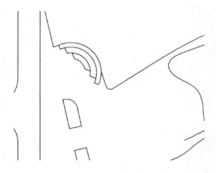

图 18-123　偏移并修剪直线

18.3.2　布置园林规划图

布置园林规划图的具体操作步骤如下。

案例实战 219——布置园林规划图

素材文件	光盘\素材\第 18 章\园林图块（1）.dwg、园林图块（2）.dwg、园林图块（3）.dwg、园林图块（4）.dwg
效果文件	无
视频文件	光盘\视频\第 18 章\案例实战 219.mp4

步骤 **01** 执行"INSERT"（插入）命令，弹出"插入"对话框，单击"浏览"按钮，弹出"选择图形文件"对话框，选择合适的图形文件，如图 18-124 所示。

步骤 **02** 单击"打开"按钮，返回到"插入"对话框，单击"确定"按钮，在绘图区中任意指定一点，插入园林图块（1），并将其移动至合适的位置，如图 18-125 所示。

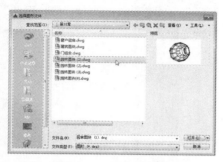

图 18-124 选择合适的图形文件

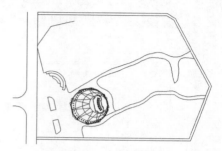

图 18-125 插入园林图块（一）

步骤 **03** 重复执行"INSERT"（插入）命令，在绘图区中其他合适的位置处，插入园林图块（2），并调整其位置，效果如图 18-126 所示。

步骤 **04** 重复执行"INSERT"（插入）命令，在绘图区中其他合适的位置处，插入其他图块，并调整其位置，效果如图 18-127 所示。

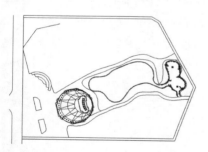

图 18-126 插入园林图块（二）

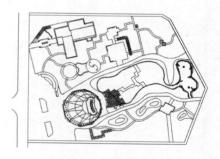

图 18-127 插入其他图块

步骤 **05** 将"绿化"图层置为当前；执行"INSERT"（插入）命令，弹出"插入"对话框，单击"浏览"按钮，弹出"选择图形文件"对话框，选择合适的图形文件，如图 18-128 所示。

步骤 **06** 单击"打开"按钮，返回到"插入"对话框，单击"确定"按钮，在绘图区中任意指定一点，插入图块，并将其移动至合适的位置，效果如图 18-129 所示。

图 18-128 选择合适的图形文件

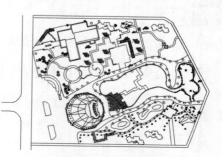

图 18-129 插入园林图块（三）

18.3.3　完善园林规划图

完善园林规划图的具体操作步骤如下。

案例实战 220——完善园林规划图

	素材文件	案例实战 219 效果文件
	效果文件	光盘\效果\第 18 章\园林规划图.dwg
	视频文件	光盘\视频\第 18 章\案例实战 220.mp4

步骤 **01**　将"标注"图层置为当前；执行"MT"（多行文字）命令，在命令行提示下，设置"文字高度"为"300"，在绘图区中下方的合适位置处，创建文字，并调整其位置，如图 18-130 所示。

步骤 **02**　重复执行"MT"（多行文字）命令，在命令行提示下，在绘图区中的其他合适位置处，创建相应的文字，并调整其位置，效果如图 18-131 所示。

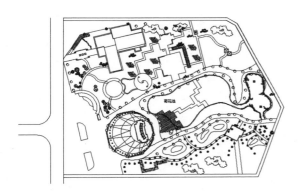

图 18-130　创建文字

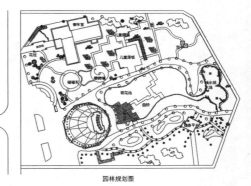

图 18-131　创建其他文字

步骤 **03**　执行"L"（直线）命令，在命令行提示下，在最下方文字的下方，创建长度为"4797"的直线，并将新创建的直线向下偏移"300"，如图 18-132 所示。

步骤 **04**　执行"PL"（多段线）命令，在命令行提示下，指定宽度为"50"，依次捕捉新创建上方直线的左右端点，创建多段线，效果如图 18-133 所示。

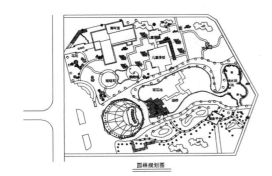

图 18-132　创建并偏移直线

图 18-133　创建多段线